云计算和大数据系列丛书

教育部人文社会科学研究项目（23YJC910011）资助

鲁棒自适应机器学习方法及应用

张佳铭　著

图书在版编目(CIP)数据

鲁棒自适应机器学习方法及应用 / 张佳铭著. -- 武汉 : 武汉大学出版社, 2024.10(2025.5 重印). -- 云计算和大数据系列丛书. -- ISBN 978-7-307-24529-7

Ⅰ. TP181

中国国家版本馆 CIP 数据核字第 2024XP0274 号

责任编辑:王　荣　　责任校对:汪欣怡　　版式设计:马　佳

出版发行:**武汉大学出版社**　(430072　武昌　珞珈山)

(电子邮箱:cbs22@ whu.edu.cn 网址:www.wdp.com.cn)

印刷:武汉邮科印务有限公司

开本:787×1092　1/16　印张:12.75　字数:256 千字　插页:1

版次:2024 年 10 月第 1 版　2025 年 5 月第 2 次印刷

ISBN 978-7-307-24529-7　定价:49.00 元

前　　言

近年来，伴随着计算机技术的发展，大数据和云计算逐渐走进人们的视野，我们在生产、生活中产生海量的数据，计算、分析这些数据是大数据和云计算应用的重要工作。当数据存在异质性且受到复杂的噪声干扰，样本量很大甚至以流式数据的方式呈现时，给传统的数据分析方法和统计模型带来诸多挑战。一方面，模型需要进行修正以适应复杂的数据结构；另一方面，无法一次性将数据导入内存，迫使算法必须依据少量多次获取的样本进行学习。在这一背景下，设计出满足实时更新需求的自适应学习算法以弥补已有方法的不足，成为当今获得广泛关注和应用的热点问题。

就在线学习而言，当伴有噪声的数据源源不断地进入，并且可能随着时间推移发生结构性突变时，已有的学习算法或是无法及时接收到这种突变并且对模型进行及时更新，或是将噪声当成有价值的信号来学习。遗憾的是，现有的线性或非线性在线学习算法都无法很好地对这一问题进行权衡。少量文献将控制算法引入在线学习框架中以获得一种鲁棒的学习方法，虽然这是一种很有启发性的研究思路，但依然存在严重的缺陷。另外，实际获得的数据往往维度较高，而这几种基于控制的算法都依赖大量的矩阵运算，计算量甚至会超过二阶梯度方法，导致这些方法仅仅可以在理论中实现而难以应用。由于格式的设定缺陷，这些基于控制的学习算法尚未解决分类问题，而数据挖掘中的分类往往比回归问题更多，因此基于控制的在线学习算法还需要进一步地改进和挖掘。

在已有研究基础上，本书提出一种基于二次型最优控制的鲁棒自适应机器学习方法，该方法将在线学习作为出发点，并向高维问题进行扩充，进一步应用于深度学习和微观计量经济学中的样本选择问题，其主要内容分为以下 4 个部分。第 1 部分提出在线回归问题在二次型最优控制框架下的求解方法，并对所提出的鲁棒自适应在线学习算法进行高维拓展，在保证算法的收敛性的同时减少计算负担。第 2 部分考虑到非线性情况，将算法应用到核模型中求解核回归问题，由于核模型的带宽决定了模型的平滑程度，本部分还将带宽作为自适应学习得到的未知参数之一，使得带宽自适应地随着输入数据的变动而改变，借助控制学习方法得到更好的学习效果。第 3 部分则给出基于控制梯度的深度学习优化器。在深度学习中的 ANN、CNN 和 RNN 模型这几个经典框架下，更新模式将如何作出相应的调整也是该部分重点研究的内容。第 4 部分基于控制的深度学习方法与微观计量经济学中的样本选择模型融合，构建深度 Tobit-Ⅰ、Tobit-Ⅱ网络两个框架，并使用本书第 3 部分提出的优化方法对未知参数进行学习，达到大规模数据下更优良的结构分析效果和预测准确度。

本书适合机器学习、最优控制及大数据背景下计量经济学分析领域的学者和专业人士阅读。由于作者水平有限，欢迎广大读者提出对此书的看法与意见，更欢迎读者指出书中的纰漏与谬误，以携作者日后改进，甚谢！

作　者

2024 年 3 月

目　　录

第1章　导　　论

1.1　研究背景

1. 海量数据与在线学习

近年来，随着4G网络和智能手机的全面普及，硬件技术的更新换代，以及数据存储与传输技术的不断升级，真正意义上的大数据时代已经到来。事实上，互联网中的数据正经历指数级的爆炸式扩张，据国际知名机构Statista的统计与分析，2019年全球数据总量已达到41ZB($1ZB = 2^{60}GB$)①。另一权威公司IDC也在其报告中预测，2025年全球数据量较现阶段将增加近4倍，达到163ZB②。毫不夸张地说，人类日常生活的每一个环节，包括交通出行、移动支付、娱乐社交、医疗健康，都在创造和接收着源源不断的数据。

批量学习(Batch Learning)是指基于内存的传统机器学习方法。该算法的关键在于训练集会被一次性地导入内存中，学习器需要在遍历所有样本后才能开始训练。批量学习的目标一般是建立在完整的训练集上(例如训练集上均方误差最小)，这使得在理想情况下，模型终将收敛到一个令所有训练样本都相对满意的结果。但其劣势也显而易见，一方面，当得到新的样本时，就需要在训练集中加入新的样本再重新进行训练，这种方式无疑会消耗较多额外的计算量；另一方面，批量学习有着较高的存储需求，当大规模数据无法被一次性导入内存中，或是受到当前计算机存储技术瓶颈的限制时，训练将举步维艰。

在线学习(Online Learning)是区别于批量学习的概念。在线学习的框架下，数据以序列的形式参与模型的训练，具体步骤可以概括为：①获得一个新样本；②用当前训练得到的模型对其预测；③获得该样本真实的标注；④根据真实值和预测值的

---

①　详见https：//www. statista. com/study/12322/global-internet-usage-statista-dossier/.

②　详见https：//www. seagate. com/files/www-content/our-story/trends/files/data-age-china-regional-idc. pdf.

差距调整模型。由此可以看出，在线学习所需要的存储空间远小于批量学习，对新进入系统的样本可以及时作出反应，因此，在线学习的算法设计对海量数据下的应用场景而言，具有重要的现实意义。例如，在量化投资行业，交易数据以高频或超高频的形式产生，交易算法也需要及时地进行更新，以保证累积收益最大化的目标得以实现；就电商平台的推荐系统而言，用户的喜好并非一成不变，也需要应用在线的算法快速地对用户行为作出反应。广泛应用的在线学习算法也正说明该类算法巨大的发展潜力。

在工程学中，鲁棒性(Robustness)是指一个系统或组织有抵御或克服不利条件的能力①。举例而言，在建造一座桥梁时需要考虑各种安全隐患对它的影响，如能否抵抗洪水、地震、大风等恶劣自然灾害，或是桥梁对行人和车辆的承载能力。在机器学习领域，“鲁棒性”的概念也沿袭了上述思想，即算法或模型能够适应不同的环境，例如训练数据中的噪声扰动和各种实际场景的学习任务。对在线学习而言，鲁棒性同样是一个不可或缺的重要性质：首先，算法应当及时捕获新进入样本所提供的信息，并对相关结构性变动作出反应，以达到快速收敛的目的；其次，海量数据并存着大量有效信息和噪声，这就要求在线学习算法对噪声具有鲁棒性，估计结果不容易受到噪声扰动而偏离真实值；最后，不同的数据结构对应着不同的模型与分析方法，这也要求相应的在线学习算法能够适应这些多样化的模型结构。如何设计出符合以上三个技术要点的鲁棒在线学习算法是本书研究的重点。

2. 机器学习及其经济学应用

当今的数据分析人员面临的数据形式总是多种多样，这就意味着依赖人类制定的经验性规则处理分析数据已经成为历史，由机器自主获取知识和提取经验信息的人工智能(Artificial Intelligence，AI)已是大势所趋，并且推动了诸多传统行业的革命。在医疗健康领域，计算机视觉(Computer Vision，CV)技术成为医疗影像诊断的辅助手段。在客服行业，由自然语言处理(Natural Language Processing，NLP)驱动的自动问答机器人可以协助客户完成一些较基础的操作，处理常见问题，大大节省了企业的人力成本，进而提升客户满意度。门禁系统的人脸识别、道路交通运输部门的电子监控异常事件，都起到快速侦测与排除隐患的作用，为人们的生命财产安全保驾护航。强化学习(Reinforcement Learning，RL)通过多次与环境进行交互，学习到能使自己获得更多奖励的策略，在机器人领域的平衡控制和轨迹跟踪任务上通常会取得不俗的表现。机器学习方法固然在复杂样本的特征提取和模式识别等任务中占据绝对优势，但其缺

① 详见 https：//www. lexico. com/definition/robust.

陷也十分明显，即机器学习不能很好地解释模型。在多数情况下，对学习结果我们只能"知其然，而不知其所以然"，将机器学习看作一个黑箱，仅仅考虑如何获取更好的学习精度和学习速率。在图像、文本处理等专注于准确度的任务中，这样的操作无伤大雅，但若将其应用到实际经济学研究中显然不具有可行性。因为多数经济学研究的侧重点并不在于准确地预测未来，而在于合理地提炼现有数据蕴含的信息，作出结构性分析和模型解释，从而推动相关政策的制定。

微观计量经济学是经济学和统计学的交叉学科，它的研究对象是微观数据，这些数据可以是个人、家庭户，或者是公司、企业。当需要对一些个体的集合进行实证分析时，微观计量经济学为人们提供了良好的工具。举例而言，妇女工作与否受到哪些因素的影响，而获取了工作的那部分妇女的收入由哪些因素决定，这些是劳动经济学的经典问题。在研究消费者行为时，微观计量经济学亦可用于刻画人的收入、年龄、时间紧迫程度等属性与出行选择使用何种交通工具的相关关系。近年流行的政策评价，则是利用处理组和实验组的微观信息进行建模，以度量政策实施前后目标变量是否朝着理想的方向作出改变及改变的幅度大小。然而，当我们获得的是海量甚至全部的微观数据时，经典微观计量经济学中教科书式的理想假设有可能不再满足，该框架下的实证研究需要更加谨慎地思考：一方面，微观数据的背后是个体的微观决策，其本身就具有高度的复杂性、异质性与非线性的特点，数据量的扩充可能会放大这些特征；另一方面，传统模型依赖对线性化参数结构与随机扰动项分布形式的假定，其从模型的形式和估计方法上可能不足以充分挖掘蕴藏在微观数据中丰富的信息，量化数据背后的微观决策过程。

综上所述，机器学习是处理复杂数据的强有力工具，但因其缺乏可解释性而不能直接应用于经济学相关研究；与之对应的，传统的微观计量经济学能够很好地研究变量间的影响因素和影响程度，但是在面对复杂的数据结构、异质性或不规则噪声扰动时，并不能保证良好的统计学性质。因此，现实生活中的"大样本"并不一定会提升微观计量经济学的估计效果，将机器学习和鲁棒性的学习算法融入经济学研究中，使其顺应现有数据结构，是值得计量经济学学者和数据科学学者共同探讨的话题，也是本书的另一个研究重点。

1.2 研究意义

本书从机器学习中针对大规模数据的在线学习算法入手，提出一套基于控制的鲁棒自适应在线学习算法的完整框架。不同于梯度方法具有的线性收敛性质，在此框架下模型的预测误差呈现出指数收敛，因此保证了对噪声的鲁棒性。进一步地，本书将算法应用于深度学习的参数更新，并且依托该算法以深度神经网络的视角重新解读微观计量经济学中的一些经典模型，在经济理论的实践中证实该算法的良好特性。

1.2.1 理论意义

本书针对传统的算法鲁棒性和收敛速度难以得到同时满足的特点，引入最优控制理论来提出一种新的在线的机器学习算法。该算法的数学形式并不复杂，计算规模小，且对于存储的要求不高，尤其适用于样本以序列化形式进入模型训练的情形。机器学习的几种常见模型：线性模型、核模型和深度学习模型均可在该算法的框架中得到求解，这不仅使得算法的使用范围成为一个完整的体系，也体现了其强大的灵活性和适应性，为将来在该领域的理论与应用研究打下基础。

另外，本书还以深度学习理论为基础，利用深度神经网络中的一些特殊结构和技巧，结合样本选择问题的经济学理念和计量模型的可解释性来构建新的模型。这一创新性的尝试避免了生硬套用深度学习方法，也为机器学习等数据科学方法与计量经济学、经济统计学的融合发展提供了全新的思路。

1.2.2 现实意义

一方面，虽然本书的主体部分为算法理论的研究，但并没有脱离实际场景而存在，大量实验结果表明，该算法在实际分类、回归、图像识别和文本分类任务上均表现出不输于传统算法的效果，充分说明了算法在实际应用中的可行性；另一方面，本书设计的深度样本选择网络也并非仅仅停留在方法层面，使用该模型分别分析了中国家庭购买住房和医疗保险金额的影响因素，并与传统的 Tobit-Ⅰ与 Tobit-Ⅱ模型估计结果对比，结果显示深度样本选择网络不仅可以检验变量显著性，而且其样本外预测效果略优于经典计量模型，因此可以认为本书的方法同样适用于计量经济学的实证研究。

1.3 研究现状

就目前而言，在线学习已经获得了业界和学术界的广泛关注，并且产生了重要进展和大量的研究成果。近年来，少量研究将控制论方法用于在线学习，以提升在线算法的鲁棒性，但这类方法易受到计算复杂度与模型结构的限制，因此并未得到广泛应用。本书首先对经典的线性与非线性在线学习算法进行梳理；接着，简单总结常见的控制方法和一些已有文献中基于控制的在线学习算法；随后，本书列举出常见的深度学习模型及优化器；另外，将机器学习融入经济学，特别是实证经济学的研究，是一个虽然起步较晚但发展迅速的课题，本书同样对相关文献进行探讨。

1.3.1 在线线性学习

1. 一阶算法

在线学习的一阶算法，就是利用一阶信息对模型进行更新的一类算法。最古老的一阶算法——感知器(Perceptron)，早在20世纪50年代被提出(Rosenblatt，1958；Agmon，1954；Novikoff，1963)。感知器模拟了生物神经细胞在收到其他神经细胞的信息时的行为，即当信号量超过某一阈值时，细胞体会激动，产生电位差并形成脉冲。单层感知机是一种线性二分类算法，若新接收的样本在现有的参数下无法正确地被分类，则更新参数，反之，则保持参数不变。感知器算法有很多变体(韩力群，2006)，如多层感知器(Pal et al.，1992)用于处理线性不可分问题，平均感知器(Collins，2002)将每次更新得到的感知器进行平均获取最终值，表决感知器(Freund et al.，1999)是每次更新的感知器以迭代次数加权平均的结果。

Crammer等(2006)提出的主动被动算法(Passive Aggressive，PA)也是一类常见的在线学习算法，当新的样本进入，且误差超过某个阈值才会更新，PA算法的更新原则有两点：参数的更新幅度尽可能小和更新后的预测误差尽可能小。不同于仅在模型分类发生错误时更新的感知器算法，PA算法是在损失函数不为0时就进行主动的更新，而损失函数在分类正确时并不一定为0。因此，尽管PA与感知器有着相同的误差界，但多数实验表明PA算法的学习效果优于感知器。此外，PA的更新取决于损失函数是否超过范围，因此回归问题和二分类问题都可使用该算法求解。当学习任务转化为一个凸优化问题时，可以应用在线梯度下降(Online Gradient Descent，OGD)方法解决(Shalev-Shwartz，et al.，2007)。OGD的更新总是沿着损失函数对未知参数的导数相反的方向，而更新步长则由事先选择的学习率决定。OGD的最终目的是获得在所有训练样本上的经验风险最小化，其收敛率和渐进误差都已有文献给出(Zinkevich，2003)。此外，OGD算法的一些改进，如自适应OGD(Adaptive OGD)(Hazan，2008)和小批量OGD(mini-batch OGD)(Dekel et al.，2012)都从一定程度上优化了学习效果。

上述算法均未将模型的稀疏性纳入考虑范围，为了进行特征选择和降低计算复杂度，人们又对现有模型增加了正则项。例如，加入L1正则的截断梯度(Truncated Gradient，TG)算法(Langford et al.，2009)和前向后向切分(Forward Backward Splitting，FOBOS)算法(Singer et al.，2009)均获得了较好的预测精度；正则对偶平均

(Regularized Dual Averaging，RDA)算法(McMahan et al.，2010)虽然牺牲了一部分精度，但拥有更高的稀疏性；结合上述两者优点的FTRL(Follow the Regularized Leader)算法(Xiao，2010)。一些不规则的目标函数可能会引发鞍点和局部极小值的问题，如果不能很好地处理也将影响学习效率，Xu等(2018)仅仅利用了一阶信息就能够缓解这个问题，并且保证了接近线性收敛速度；Allen-Zhu(2018)使用NC-搜索(Negative-Curvature-Search)结合梯度方法达到类似的效果。另外，Dvinskikh等(2019)运用了自适应梯度方法提升了梯度法在非凸优化算法中的有效性。Fang等(2018)将SPIDER方法(Stochastic Path-Integrated Differential EstimatoR)与标准化的随机梯度方法结合，提出的SPIDER-SFO算法在随机搜索的收敛精度和效率上得到很大提升。

2. 二阶算法

一阶算法利用的信息较少(仅包含梯度信息)，收敛速度相对于加入二阶信息的各类二阶算法更慢。因此，上述经典的一阶算法均存在对应二阶版本。二阶感知器(Second Order Perceptron，SOP)(Cesa-Bianchi et al.，2005)是对一阶感知器的拓展，它发掘了数据中包含的被一阶感知器所遗漏的二阶几何性质。SOP中，二阶信息以相关系数矩阵的形式表示，尽管通常需要利用所有样本计算相关系数矩阵，但SOP使用到目前所获得的样本迭代而得到其近似值。

事实上，模型更新的方向受不同特征出现频率的影响，差异较大、出现次数更多的特征会多次被更新，而差异较小、出现频率低的特征获得更新的机会较少。这显然会导致学习速率的缓慢，考虑到这一特征，Dredze等(2008)提出了置信加权算法(Confidence Weighted learning，CW)。该方法借鉴了PA算法的思想，当新样本的预测误差超过某个阈值则进行更新，且保证新的模型参数与原有的模型参数分布差别不大，CW算法假定未知参数服从一个多元正态分布，因此更新前后参数分布的差别可以由KL散度度量。一些研究者在CW算法的基础上进行了很多改进，例如在正则化项中加入损失和置信度的自适应权重正则化算法(Adaptive Regularization of Weights，AROW)(Crammer et al.，2009)，与给不同样本分配不同置信度的软置信度加权算法(Soft Confidence Weighted，SCW)(Wang et al.，2016)，前者对噪声更鲁棒，而后者可以获得更加准确和高效的结果。OGD依据损失函数的梯度进行更新，对应的二阶信息则为Hessian矩阵。利用梯度和Hessian矩阵同时对模型更新固然会加速收敛，但对参数较多的情况需要消耗大量的空间去存储较大的Hessian矩阵，而获取Hessian矩阵的逆也将增加很多的计算负担，这会使得单步的计算消耗较多的时间，甚至难以完成。为了加速运算，人们提出了一些近似求解Hessian矩阵或其逆矩阵的方法，例如：在线牛顿法(Online Newton Step，ONS)(Hazan et al.，2007)；由Broyden等(1970)提出的

BFGS 算法；仅仅保存最近几步迭代信息的 L-BFGS(Limited-memory BFGS)算法(Moritz et al.，2016)；Gower 等(2018)提出一种求解正定矩阵的逆的加速算法，将二阶算法的每一步转化为求解一个正定矩阵的逆，得到快速 BFGS 算法。这些二阶算法在一定程度上减少了计算复杂度和存储量，但是收敛速度仅与一阶算法相当。

近年来，也出现一些研究二阶算法的其他方向，例如使用随机 Hessian 矩阵向量积的一些二阶算法(Allen-Zhu et al.，2018)能够达到比梯度下降法更快的收敛速度。Wang 等(2020)提出了动量项改进二阶算法的新思路，该算法同样继承了动量方法加速收敛的优良性质。还有一些二阶算法致力于逃离鞍点与局部极小值，以获取全局最优解，主要解决方法是加入一定量的随机噪声(Carmon et al.，2018)。Arjevani 等(2020)则指出，方差递降的 Hessian 矩阵向量积法能够提升学习效果，还证明了方差递降的技巧同样能够提升更高阶算法的效果。Kohler 等(2017)和 Xu 等(2020)借助重采样技术改进了已有的基于 Hessian 矩阵的求解方法，并获得较理想的收敛阶与计算复杂度。

1.3.2 在线核学习

线性学习器无法解决机器学习中的非线性任务，例如非线性函数的拟合与线性不可分问题，因此需要引入非线性模型的概念。将输入的特征向量映射到更高维空间，再在该空间中进行建模是实现非线性关系的常见做法(周志华，2016)。尽管很难直接找到这样的高维映射，但可以存储一些样本作为支撑向量(Support Vector，SV)。使用核函数度量支撑向量与新进入系统的样本的相似程度，这些核函数的值与待估系数的内积构成了一个非线性模型(Soentpiet，1999；Scholkopf et al.，2018)，该方法称为核技巧。借助核技巧，核模型与线性模型相差无几，前文所提到的线性模型都可以自然而然地推广到核学习的版本，其中具代表性的包括核感知器(Kernelized Perceptron)(Freund et al.，1999)、核 OGD(Kernelized OGD)(Kivinen et al.，2004)与核主动被动算法(kernel PA)(Crammer et al.，2006)。

在上述算法中支撑向量的个数是单调增加的，这不仅会增加存储负担，而且“核诅咒”也会带来过拟合的问题，进而影响模型的精度。因此，诸多算法都致力于减小 SV 的规模，降低存储负担与计算复杂度，达到提高模型的泛化能力的目的。一类较直接的解决方法是对 SV 的个数的上界给定一个预算，核学习使用的 SV 个数不得超过这个上界，常见的维护 SV 个数的方式包括删除法(SV Removal)、投影法(SV Projection)和合并法(SV Merging)。其中，删除法是指当已有 SV 个数达到预算时，加入新的 SV 的同时删除一个已有的 SV，删除准则包括随机删除 SV(Kivinen et al.，2004；

Cavallanti et al., 2007)，删除最旧的 SV(Dekel et al., 2006)和穷尽式搜索对模型影响最小的 SV(Crammer et al., 2003)。投影法则是先遵循删除法的思路选择需要删除的 SV，再选取已有支撑向量的子集作为投影集，最后用这个投影集的线性组合去近似被删除的 SV(Orabona et al., 2009；Wang et al., 2010)。合并法则是在已有的 SV 集合中选择两个合并，再加上新的 SV，此方法可以在模型预测误差尽可能小的同时保持支撑向量个数不变(Wang et al., 2012)。给定预算的这一大类在线核学习算法中，投影法和合并法的计算复杂度相对于删除法更大，但可以获得更好的学习效果。另一类方法是 Hoi 等(2018)提出的基于核函数近似的方法，该方法并不直接存储支撑向量，而是找到一个能够近似给定核函数的显示特征映射，接着在这个新的特征空间上进行学习。Hoi 等(2018)提出两种具体方法：一种是随机傅里叶变换法，另一种是 Nystrom 方法，由于在线学习在显示映射的特征空间进行，且不需要考虑 SV 的存储和更新，学习效率得到显著提升。

尽管上述在线核学习算法在现实中已经获得广泛应用，但依然存在一些需要解决的问题。举例而言，在线核学习的带宽选择会影响模型学习效果，一个较小的带宽可以对非线性系统进行更加精确的刻画，但有可能存在过拟合的问题，即学习到一些随机噪声；相反，一个较大的带宽有利于捕捉变量间关系的总体趋势，但也有可能造成模型的欠拟合。在批量学习任务中可以很好地解决这个问题，即采用交叉验证法(Cawley et al., 2004；Arlot et al., 2010)选择最优的带宽，但这一方法对在线学习而言显然并不适用。因此，当数据序列化的被接收时需要自适应地调整到适合当前数据特性的带宽，现有的部分研究已开始着手探讨这个问题。例如在线多核学习方法(Jin et al., 2010；Diethe et al., 2013)事先设定了一组不同种类、不同带宽的核函数，在学习的过程中动态调整各个核函数所占的权重。此外，还有一些基于一阶梯度的方法(Chen et al., 2016；Fan et al., 2016)也将带宽作为未知参数加入学习过程中，以达到对带宽的在线更新。

除上述几种固定模式的核学习方法，还有一些另辟蹊径但同样取得较好的学习效果的算法。例如，Engel 等(2004)提出的 KRLS 算法(Kernel Recursive Least Squares algorithm)拥有较简单的函数形式，但在很多学习任务中表现优良。直至现在还有很多研究者对其进行改进与推广(Han et al., 2018；Guo et al., 2020)。Liu 等(2008)提出 KLMS 算法(Kernel Least-Mean-Square algorithm)，它使用了最小均方损失作为优化目标。KLMS 算法简单易行，但需要存储所有的样本作为基向量，这对存储空间与计算复杂度而言都是不小的挑战。Luo 等(2017)将熵作为度量样本不确定性的指标，将无法提供有效信息的样本剔除，达到减小运算负担的目的。Guo 等(2020)利用 Nyström 方法可以限制网络规模的特点而提出 NysKLMS 算法，该算法可以达到与 KLMS 相当的预测精度，但计算复杂度大大减小。

1.3.3 基于控制的机器学习方法

有一种观点认为，控制论和相对论是20世纪上半叶最伟大的发明，两者均带来了人类文明的飞跃，这足以说明控制论在自然科学中的地位(宋健，1996)。控制论是系统工程和系统科学的基础，控制系统的性能直接关乎到生产的效率和质量甚至工作人员的生命安全，航空航天事业、通信领域、化工行业炉膛压力监控和电力系统调度等问题都离不开拥有优秀性能的控制系统。此外，控制论还是一种方法论的科学，在人文社科领域同样得到广泛应用，如人口控制、环境与生态控制、宏观经济控制和量化投资。控制论发展到今天已经是一门相当成熟的学科，产生了许多最优控制方法。在这一部分我们将先对最优控制理论进行梳理，再简要介绍已有文献中控制方法与机器学习的交叉研究。

PID控制由比例环节(P)、积分环节(I)和微分环节(D)构成，算法首先计算给定值与实际输出的误差，再将该差值依次通过上述三个环节，对被控制的变量进行调控(陶永华，2002)。PID控制是现代控制理论中最早出现，也是在很长一段时间内应用最多的控制方法。John Ziegler和Nathaniel Nichols(1942)提出Ziegler-Nichols Method这一简单有效的PID调节方法，然而该方法需要对控制器作出相关假设，这导致更激进的更新，因此在复杂噪声环境下较容易受到干扰。基于POLPD模型的Cohen Coon方法(Bennett，1984)则试图通过抑制负载的干扰来改善这一缺陷，随后的研究也使用了基于干扰函数的调整方法(Ziegler et al.，1942)对其进一步优化。接着，一系列的启发式算法被用于PID控制的优化中，如免疫算法(Cohen，1953)、蚁群算法(Kim，2005)和遗传算法(Dorigo et al.，1999；Chiha et al.，2012；Kumar et al.，2008)等，这些算法可以辅助改善PID控制器的性能，在抑制干扰和增益方面表现良好。模型预测控制(Model Predictive Control，MPC)是1978年诞生的一种闭环控制方法(Rault et al.，1978)，问世未及半个世纪的它已经成为继PID过后最成功、应用最广泛的控制算法。MPC的基本框架由三个部分组成：预测模型、滚动优化和反馈修正，其中，反馈修正环节抑制了噪声的扰动，使闭环系统的稳定性得到保证。20世纪80年代初，两种不同思路的MPC相继产生，一种是基于越阶响应模型的动态矩阵控制(Dynamic Matrix Control，DMC)(Cutler，1978；Cutler et al.，1980)，另一种是基于脉冲响应的模型算法控制(Model Algorithm Control，MAC)(Rouhani et al.，1982)，这两种算法由于不受物理机理的限制而受到业界的欢迎。随着现代控制学理论的发展，系统内部复杂的动态行为被通过状态空间方程刻画出来，一些经典的MPC算法也如雨后春笋般涌出，例如线性矩阵不等式(Linear Matrix Inequality, LMI)(刘晓华等, 2008)、预测函数控制(Predictive Function Control, PFC)(韩璞等, 2003; 夏泽中等, 2005)和Lyapunov稳定控制结构(Mayne, 2014; Fontes, 2010)。除上述两种方法, 还有一种主流控制方法—— H_∞ 控制。H_∞ 控制属于鲁棒控制范畴, 最初由Zames(1981)提出, 与MPC的目标一样, H_∞ 控制将重点放在抑制噪声干扰上, 从而实现鲁棒性的要求。其主要思想是用传递函数的范数作为目标函数, 并且将一定干扰信号下的灵敏度函数的 H_∞ 范数作为优化指标, 这样就达到在一定噪声范围内闭环系统稳定的解。H_∞ 控制必须确定被控对象具体的函数形式, 在此基础上将模型转化为标准的 H_∞ 控制问题, 随后利用黎卡提方程处理法(Doyle et al., 1988)、算子方法(张显库等, 1999)和LMI方法(Iwasaki et al., 1994)等求解。需要注意的是, H_∞ 控制是基于"最坏情况"的考量, 它的鲁棒性是以牺牲了一部分动态性能为代价的, 因此属于一种较保守的控制方法。

事实上, 控制算法与机器学习算法(尤其是在线学习算法)在功能与思想上都存在一定的共通之处, 两者都是依据样本信息动态地寻找最优的结果。不同的是, 用于工业生产的控制算法需要保证较强的鲁棒性和稳定性, 并且对模型形式的要求比较严格; 而机器学习对模型形式并不作严格假定, 仅以获得更好的学习效果为目标, 因此常常会忽略噪声扰动对模型估计的影响。使用机器学习算法改进控制方法, 达到取长补短的目的, 也是近年来的一个重要研究方向。例如, 神经网络和SVM都被用于自整定PID控制器的研究中(Iplikci, 2010), 结果表明SVM在噪声扰动更大时表现更好。关于MPC的拓展也有很多, 一大批利用神经网络(Dalamagkidis et al., 2010)、模糊理论(Sarimveis et al., 2003)、强化学习(Mehndiratta et al., 2018)、智能优化算法(Wang et al., 2005)以及微分几何(梁志珊等, 2000)等方法设计与改进MPC的研究正不断地完善该领域的理论体系。与此同时, 传统的机器学习算法, 尤其是基于梯度的在线学习算法容易受到噪声干扰, 即缺乏鲁棒性的缺点也被暴露出来。一些研究试图利用控制方法的优良性质改进已有的机器学习算法, 以增强其鲁棒性。具体而言, 这些方法使用MPC、PID和 H_∞ 等常见的控制器(Jing, 2011, 2012a, 2012b; Ning et al., 2018), 将在线学习问题转化为输出反馈控制问题。对于线性学习, 每一步的预测误差被视为一组线性控制系统的状态变量, 最优控制问题的控制输入即为在线学习算法的更新法则, 它可以保证即使是在噪声扰动下, 模型依然会收敛到最优值。非线性学习的方法与之类似, 仅仅是转化为再生核Hilbert空间(Reproducing Kernel Hilbert Space, RKHS)上的最优控制问题, 学习对象为每一个支撑向量对应的权重。尽管这些方法在很多机器学习应用中取得了对噪声鲁棒的学习效果, 并且收敛速度也得到显著提升, 但仍然存在一系列的问题。第一, 控制方法的每一步更新都需要借助迭代法(Lewis et al., 2012)或LMI(Boyd et al., 1994)技巧求解, 由于计算复杂度的限制, 它们几乎无法应用于模型参数较多的情形。第二，不同于从分类问题出发的感知机，或是PA和OGD这些传统的机器学习算法，已有文献的控制学习算法因为受到连续控制系统结构的限制而仅针对回归问题进行设定，对于分类问题尚未有研究涉足。然而，现实生活中的分类任务相对回归任务更常见(Nguyen et al.，2019)，因此能否将控制算法推广到分类任务中是一个值得探讨的问题。第三，在核学习中带宽是影响学习效果的一个重要参数，以最常见SVM模型中的高斯核为例，带宽决定了分类问题决策边界的粗糙程度，因此在估计权重的同时自适应地对带宽进行更新，可以极大地提升模型表现。遗憾的是，鲜少有人研究变带宽的核学习方法(Lu，2019；Chen et al.，2016)。综上所述，控制算法所具有的鲁棒性优势可以用于改进机器学习算法，但已有研究尚未形成体系，多数实际问题并没有得到很好解决，因而设计一套完整的基于最优控制的机器学习算法具有重要意义。

1.3.4 深度学习

深度学习(Deep Learning，DL)是当今计算机科学领域较重要的分支之一，在越来越多的应用场景有着接近甚至超过人类的表现，例如癌症的诊断、自动驾驶、语音辨识、人脸识别等。这里将从深度学习的发展历史、常见的深度学习模型和深度学习中的优化算法这三个方面进行文献梳理和简要概述。

1. 发展历史

Frank Rosenblatt(1958)提出了仅包含输入层和输出层的神经网络的原型——单层感知器，因为可以处理简单的模式识别问题，它的提出引发了学术界的轰动，人们开始憧憬人工智能时代的到来。然而好景不长，MIT的两位教授Minsky和Papert(1969)指出感知器甚至连简单的线性不可分(XOR)问题都无法解决，神经网络由此进入了漫长的沉寂。直到20世纪80年代，通过加入一个或多个隐藏层并且借助反向传播(Backpropagation，BP)算法，XOR问题终于得到了解决。万能近似定理(Universal Approximation Theorem)指明(Cybenko，1989；Hornik，1991)，当给定的隐藏层中神经元足够多时，具有一个隐藏层的前馈神经网络可以近似任意的连续函数。既然如此，人们开始探讨包含更多隐藏层的神经网络存在的必要性，但在当时受制于计算机硬件性能，具有更加复杂结构的神经网络无法得到训练，就从根本上限制了其发展。

事实上，多层感知器(Multilayer Perceptron，MLP)与现代的深度神经网络(Deep neural network，DNN)的原理几乎完全相同，DNN的最大优点在于无须针对数据性质手工提取特征，而是从大量样本中直接提取重要特征，同时完成从数据到结果的映射。

但输入数据与输出目标之间的函数关系较复杂，非线性关系难以用一个简单的具有单隐藏层的较浅的神经网络完成。Seide(2011)认为 DNN 的模块化结构可以高效地表示复杂函数，而浅层结构的隐藏层则需要数量庞大的神经元才能实现同样的功能。2009年开始，Nvidia 不断推出新的高性能计算芯片 GPU，配合 Cuda 和 CuDnn 等加速库，以及大量的开源框架 PyTorch①、Keras②、TensorFlow③ 和 Caffe④ 等，计算速度问题从硬件和软件上都得到很好的解决。解决了计算问题，意味着深度学习研究者可以把更多的精力放在设计适应各类任务的网络结构，或是着眼于开发更高效和稳定的深度学习算法中。

2. 常见的深度学习模型

为了解决不同领域或实际场景中的具体问题，人们开发了很多针对性的深度学习模型。例如，用于计算机视觉和图像处理的卷积神经网络(Convolution Neural Network，CNN)，用于时间序列的建模与预测的循环神经网络(Recurrent Neural Network，RNN)，用于图像生成的自编码器(Autoencoder，AE)和生成对抗网络(Generative Adversarial Network，GAN)，以及处理网络图结构的图神经网络(Graph Neural Networks，GNN)。下面以 CNN 和 RNN 为例进行简单介绍。

受到动物的视觉皮层细胞对图像处理过程的启发，Fukushima 和 Miyake(1980)提出了神经认知机(predecessor)，它被认为是 CNN 的雏形。随后，LeCun 等(1990)提出了一个真正意义上的 CNN 模型 LeNet，并且在手写数字的识别任务中取得了成功。但由于缺乏足够的数据和算力，CNN 的研究就此搁浅了数十年。直到 2012 年，Alex Krizhevsky 等提出了 LeNet 的一个重要的变体 AlexNet，与前者相比，AlexNet 具有更大和更深的网络结构，并在 ILSVRC-2012⑤ 中拔得头筹。Szegedy 等(2014)几位谷歌的研究人员提出了 GoogleNet，GoogleNet 拥有 22 层神经元，可以更好地利用网络中的计算资源，因其拥有比 AlexNet 更少的参数而在 ILSVRC-2014 取得第一名。同年被提出的 VGGNet(Simonyan et al.，2014)探索了卷积神经网络的深度和性能之间的关系，获得了的亚军，并且至今仍然是图像特征提取的主流模型。后来，人们发现单纯加深 CNN 并不能带来效果的提升，因而 ResNet(He et al.，2016)横空出世，它使用多个隐藏层

① 详见 https：//pytorch. org/.

② 详见 https：//keras. io/.

③ 详见 https：//www. tensorflow. org/.

④ 详见 https：//caffe. berkeleyvision. org/.

⑤ ILSVRC(ImageNet Large Scale Visual Recognition Challenge)是机器视觉领域一年一度较具权威的学术竞赛之一，代表了图像处理领域的最高水平。ILSVRC 竞赛使用的是 ImageNet 数据集，以 2012 年为例，比赛的训练集包含 1281167 张图片，验证集包含 50000 张图片，测试集为 10 万张图片。

来学习输入、输出之间的残差表示而非直接学习输入、输出之间的映射，ResNet 无论从收敛速度还是预测精度而言都取得了显著的成功。值得一提的是，最初的 CNN 多用于处理图像的识别问题，随着研究的跟进，CNN 的作用在其他计算机视觉任务中也逐渐显现，如目标跟踪(Wei et al.，2019)、姿态估计(Mehta et al.，2017)、文字检测与识别(Ding et al.，2019)和景物标记(Shuai et al.，2016)等。

RNN 与前馈神经网络和 CNN 不同，它的样本输入是有先后顺序的，网络需要提取并记忆先前输入得到的一些状态信息，并作为影响当前输出的依据。举例而言，当人类阅读一段话时并不会把单个汉字分割开来理解，而是一边从前往后阅读，一边在大脑中提炼总结前文的主题思想以帮助理解后文。RNN 的设计思路和人脑类似，Jordan(1986)提出的 Jordan 网络和 Elman(1990)提出的 Elman 网络是最早的 RNN 结构，两者的细微差别在于前者将上一个网络输出作为下一个隐藏层的输入。而后者是将上一个隐藏层的输出作为下一个隐藏层的输入。现在人们所提到的 RNN 一般是指 Elman 网络。由于 RNN 的特殊结构无法直接使用 BP 算法，通常使用基于时间的反向传播算法(Back Propagation Trough Time，BPTT)(Werbos，1990)对网络中的参数进行更新。RNN 的重要缺陷在于梯度弥散和梯度爆炸(Pascanu et al.，2013)，Hochreiter 等(1997)提出的长短期记忆模型(Long Short-Term Memory，LSTM)设计了包含输入门、输出门和遗忘门的记忆单元弥补了这个不足，现在 LSTM 已广泛用于谷歌、苹果、亚马逊等公司的语音辨识系统(Metz，2016)。LSTM 的一个简化的变体——门控循环单元(Gated Recurrent Unit，GRU)(Chung et al.，2014；Cho et al.，2014)取消了输出门以减少参数避免过拟合，GRU 在一些简单的数据集上可以获得比 LSTM 更好的效果。另外，双向 RNN(Bidirectional Recurrent Neural Networks，BRNN)同时学习上下文的信息(Schuster et al.，1997)，使得对序列的判断更准确，但缺点是必须在整个序列得到后才可以开始学习，并且增加了一倍的未知参数。RNN 及其变体的使用范围很广，涵盖了文本情感分析(Arras et al.，2017)、文本摘要(Duan et al.，2017)、语音辨识(Graves et al.，2013)和机器人对话(Casillo et al.，2020)等序列模型。

3. 深度学习优化算法

深度学习的优化目标与大多数机器学习模型一样，也是使得训练集上的损失函数值尽可能小，借助泰勒展开式和 BP 算法，深度学习的参数更新算法在本质上与线性模型的在线学习无异。不同的是深度学习涉及的样本更多，网络中未知参数也常常以万计数，因此需要把计算复杂度和消耗的存储空间纳入考虑范围，人们多数选择基于梯度的一阶算法及其衍生。

深度学习中使用时间最长、最简单的优化器是随机梯度下降法(Stochastic Gradient

Descent，SGD)(Cauchy，1847)，它与一阶线性方法 OGD 唯一的不同点是作用在一组小批量(mini batch)样本上而非单个样本。SGD 需要预先设定学习率，过大或过小的学习率都会影响学习效果，因此有一系列改进的梯度方法。在 SGD 基础上的改进思路可以分为两个流派，其一为动量方法，而另一种则是自适应学习率的方法。动量方法的代表是 SGDM(SGD with Momentum)(Rumelhart et al.，1986)，它的更新由当前的梯度和上一次的更新值两部分组成，NAG(Nesterov Accelerated Gradient)(Nesterov，1983)则是加入更新后的梯度对 SGDM 进行调整。另一种思路起源于 Adagrad(Duchi et al.，2011)，它以从训练开始到当前时刻对应位置梯度平方和的倒数作为学习率的调整项，以避免不同方向梯度大小差异带来的振荡。Adagrad 中梯度的平方和随着时间的推移而单调增加，调整的学习率最终趋于零导致学习停止，RMSProp(Tieleman et al.，2012)使用加权移动平均的梯度平方项代替 Adagrad 的平方和部分，以实现相同的功能。Adam(Kingma et al.，2014)则整合了 SGDM 和 RMSProp 两种方法的优点，尽管 2014 年才被提出，因其适用于大多数机器学习模型且具有较快的收敛速度，已成为深度学习领域最著名、使用范围最广的优化器。

在实际应用中，多数任务默认使用 Adam 或 SGDM 作为优化器，Adam 收敛更快，但泛化性能稍差，而 SGDM 收敛稍慢，但拥有较高的样本外预测精度，深度学习研究者同样在突破这两种算法上做出了很多大胆的尝试。Keskar 等(2017)提出的 SWATS 在训练的开始使用 Adam 加速收敛，在达到某个准则时停止，改用 SGDM 继续进行训练；RAdam(Liu et al.，2019)则恰恰相反，它以 SGDM 开始，以 Adam 结束。AMSGrad(Reddi et al.，2019)和 AdaBound(Luo et al.，2019)对学习率进行了裁剪，避免出现过大或过小的学习率以影响学习效果。Cyclical LR(Smith，2017)、SGDR(Loshchilov，2016)和 One-cycle LR(Smith et al.，2019)则致力于设计 SGDM 中给定学习率的变动方式。此外，Hinton 等(2019)提出 Lookahead 技巧，它的主要思想是先观察未来几步更新后的结果，再进行一次性的更新。值得一提的是，Lookahead 是一种学习技巧，它适用于任何深度学习优化器，以改进其学习效果。

1.3.5 经济学研究中的机器学习

相对于机器学习，经济学是一门历史悠久的学科，经济学中的实证分析多借助计量经济学方法完成。机器学习善于处理海量数据及其内部蕴含的复杂非线性结构，并获得较高的预测精度，但可解释性不强；恰恰相反，传统的计量经济学无法做到较高的拟合优度，但在一定假设条件下对变量间的边际效用和弹性关系刻画得较准确，因而可以为决策作出参考。近年来，一些研究将两者有机结合，得到了有趣的结论，下面对已有的相关文献进行简要概述。

第一类研究是利用机器学习方法获取和生成待研究的数据。当收集的数据为半结构或非结构化数据时需要进行数据清洗后才能使用，而人工清洗海量数据显然并不现实，机器学习则是完成这项任务的强有力手段。Cavallo 等(2013)首次利用网络中商品的价格数据构建通货膨胀指数，但这一方法在当时存在争议，人们认为该方法获得的通货膨胀率数据受到地区、年龄和交易商品价格的限制。随着互联网技术的扩张，人们越来越依赖网络进行交易，这一方法又重新获得学界的关注。孙易冰等(2014)参照 CPI 的官方预测方法，利用网络爬虫技术设计并实现了一种价格指数的计算模型，该方法在时效性和准确度上都占据很大优势。其他电商网站也成为获取数据的来源，张汉中等(2017)抓取了链家网的上海市二手房交易数据，结合地段、户型等基本信息，分析了二手房价格走势。此外，自然语言处理成为研究网络舆情和行为金融学的有力工具。杨晓兰等(2016)使用了 90 万条东方财富股吧的创业板发帖数据，结合 IP 地址和情感分析，研究了投资者分别在积极和消极情绪下对本地上市公司关注程度的差异性。易洪波等(2015)同样使用东方财富上证指数吧的发帖内容作为数据来源，使用情绪词典的方法构建多空双方情绪指数，并使用 VAR 模型研究其与成交量、收益率之间的相互作用关系。除了文本数据，图像数据也可以作为经济学研究的辅助内容，例如 Engstrom 等(2017)通过 CNN 识别卫星图像中的房屋、公路、车辆的数量信息作为估算某地区的社会福利状况的依据。

机器学习在经济学中的第二个重要作用是做预测。计量经济学预测效果不理想的原因之一在变量的选取，若变量过多则易导致多重共线性，而重要变量的缺失会使得估计结果有偏非一致①。LASSO (Least Absolute Shrinkage and Selection Operator) 由 Tibshirani(1996)提出，该方法将最小二乘法的残差平方和加上了系数向量的 L_1 范数作为惩罚项，以达到不重要的解释变量的系数估计为 0 的效果。随后，Tibshirani(1997)、Osborne 等(2000)和 Knight 等(2000)对 LASSO 的统计性质进行了研究，结果显示在给定条件下，其估计的结果具有渐进一致性。但传统的 LASSO 方法有一个缺陷，即 L_1-惩罚 $P_\lambda(\beta)=\lambda\sum|\beta_j|$ 对较大的 $|\beta_j|$ 将有更大的惩罚，这将对真实值较大的 β 给予过多的惩罚，SCAD(Fan et al., 2001)和 MCP(Zhang, 2010)等方法将对 0 附近的 β 给予 L_1-惩罚，当超过某一阈值时换成某一常数作为惩罚。然而，在现实中，L_1-惩罚不如 L_0-惩罚来得直观，因为 L_0-惩罚的罚函数是一个 β_j 是否为 0 的示性函数，这更符合逻辑，但这种不连续的非凸优化问题比 LASSO 的求解更复杂。Konstantinos 等(2017)使用 L_0-惩罚作为指数跟踪的变量选择，使用该惩罚的主要原因是对某个资产的选择只

① 伍德里奇 J M. 计量经济学导论：现代观点[M]. 北京：中国人民大学出版社，2003.

会存在“是”或“否”，即非黑即白的假定，使用一个连续函数对示性函数逼近，继而使用二次逼近的 MM 算法估计参数，得到稀疏指数跟踪的结果。非线性关系通常也难以被传统的计量经济学模型准确地描述，神经网络或深度学习模型恰好可以为这类问题提供一个很好的解决方案。Lin 等(2010)结合了径向基函数网络(Radial Basis Function Network，RBFN)和正交试验设计(Orthogonal Experimental Design，OED)，提出一种改进的 RBFN(ERBFN)方法用于能源市场价格的预测。杨青等(2019)运用 LSTM 模型准确预测了全球股票指数，Lago 等(2018)使用了四种不同的深度学习模型对电价进行预测。综上所述，当可能的解释变量较多，或是需要对复杂的时间序列进行预测时，机器学习可以作为经济学研究的一个有力工具。

经济学实证领域还有一个研究者关心的问题——因果分析，传统的因果分析思路包括双重差分(Difference-in-Difference，DID)、断点回归(Regression Discontinuity，RD)和工具变量(Instrumental Variable，IV)。机器学习运用其独特优势，为因果分析增加了新的思路。Imai 等(2013)、Tian 等(2014)在稀疏的高维线性模型假定下运用 LASSO 方法进行因果推断。Bhattacharya 等(2012)加入正则项对协变量做变量选择，并用于最优策略的参数和非参数估计。Taddy 等(2016)将带有 Dirichlet 先验的贝叶斯非参数方法用于估计数据生成过程，再使用回归树与正则化方法估计低维特征空间中的带有异质性的处置效应(treatment effects)，但该方法并没有保证估计的渐进性质。还有一些基于树的因果推断方法，Su 等(2009)和 Zeileis 等(2008)建立决策树模型度量处置效应，并对叶子节点位置的判断依据给出统计检验。Athey 和 Imbens(2016)首次提出因果树的概念，他们将最终得到的每一个叶片中的样本视为一组，决策树天然具有的聚类属性使得叶片上的样本性质相似，随机森林则相当于多次重复实验，据此他们估计出平均的处置效应及其置信区间。

1.3.6 文献评述

纵观上述研究文献可以看出，虽然在线学习算法和深度学习的研究已经积累丰富的成果，一些研究者也将较成熟的机器学习方法作为实证经济学的补充，但已有研究仍然存在以下几个方面的局限与不足。

(1)就在线学习而言，当伴有噪声的数据源源不断地进入，并且可能随着时间推移发生结构性突变时，已有的学习算法或是无法及时接收到这种突变并且对模型进行及时更新，或是将噪声当成有价值的信号学习。遗憾的是，现有的线性或非线性在线学习算法都无法很好地对这一问题进行权衡，因此迫切需要设计一种对噪声较为鲁棒的在线学习算法。

(2)少量文献将控制算法引入了在线学习框架中以获得一种鲁棒的学习方法，这虽然这是一种很有启发性的研究思路，但依然存在严重的缺陷。需要注意的是，实际获得的数据往往维度较高，而这几种基于控制的算法都依赖大量的矩阵运算，计算量甚至会超过二阶梯度方法，导致这些方法仅仅可以在理论中实现而难以应用。另外，由于格式的设定缺陷，这些基于控制的学习算法尚未解决分类问题，而数据挖掘中的分类往往比回归存在更多问题。因此，基于控制的在线学习算法还需要进一步改进和挖掘。

(3)深度学习的框架虽然层出不穷，但被普遍认可的优化器却寥寥无几，其原因在很大程度上是受到计算量和存储空间的限制。因此，常用的优化器均为一阶梯度算法 SGD 和它的一些改进的算法，改进的思路也多集中于 SGDM 代表的动量法和 Adam 代表的自适应学习率方法。尽管这些改进的算法相对于 SGD 已经有了很大的进步，但仍然存在梯度方法所特有的对学习率敏感和收敛速度较缓慢等问题尚待解决。

(4)机器学习在实证经济学中的应用是一个近 10 年来才兴起的课题，其发展尚未形成体系。尽管少量文献尝试将树模型和 LASSO 等应用于因果分析与模型降维中，其中多数相关文献中，机器学习仅仅实现了精度较高的预测功能，或是将预测结果作为传统计量经济学的解释变量，并未实现与经济学的深度融合。计量经济学和机器学习各自拥有成熟的理论，如何将两者有机结合，发挥各自的优势，也是一个值得探讨的话题。

1.4　研究方法与内容结构

1.4.1　研究方法

1. 理论研究法

本书的理论研究涵盖了鲁棒最优控制框架下的在线学习、深度学习与微观计量经济学的相关理论。主要包括最优控制方法中的二次型最优控制、在线学习中线性模型与核模型下的分类与回归问题、深度学习的优化器及其改进、微观计量经济学中样本选择模型与深度学习相关模型的结合。因此，算法的更新格式、收敛性的证明与算法应用的合理性都将由理论研究法得到。

2. 对比研究法

本书涉及的各个领域，包括在线学习、深度学习和微观计量经济学，都已经积累很多广泛应用的研究成果。一方面，在进行文献收集与整理时梳理常见的经典方法，分析它们的优点与局限性，并据此提出自己的方法；另一方面，为了验证算法是否有效，在实证研究环节选取相同的数据集，分别使用本书的算法和经典算法训练同一模型，比较它们在测试集上的预测精度与收敛速度。

3. 计算机模拟实验法

为了说明本书所提出方法的效果，基于生成数据的模拟实验是本书研究的重要环节。模拟实验由计算机生成的伪随机数得到，通过模拟实验可以研究不同人为设定的模型下算法的表现。

4. 实证研究法

模拟实验方法的人为干扰因素较大，需要以真实数据进行实证研究，选取的真实数据一般为经典的机器学习数据集或微观数据库中的数据。这些数据已经多次被不同文献使用，极大地方便了对比研究，也便于读者自行验证。

1.4.2 内容结构与组织

在已有研究基础上，本书提出一种基于二次型最优控制的鲁棒自适应机器学习方法，该方法将以在线学习作为出发点，并向高维问题进行扩充，进一步应用于深度学习和微观计量经济学中的样本选择问题，其主要内容分为以下几个部分：

(1)线性模型的在线学习算法是本书的基础，首先考虑在线回归问题在二次型最优控制框架下的求解，随后将其扩展到线性二分类和多分类问题。事实上，原始的二次型最优控制方法涉及计算量较大，还不能完全契合大数据的高维或超高维的特点，因此在该部分对所提出的鲁棒自适应在线学习算法进行高维拓展，在保证算法的收敛性的同时减少计算负担。

(2)非线性问题可以由核模型求解，而核模型又能通过表示定理分解成线性问题，因此线性框架下提出的学习算法也同样适用于非线性情形。此外核模型的带宽决定了模型的平滑程度，本书还将带宽作为自适应学习得到的未知参数之一，使得带宽自适应地随着输入数据的变动而改变，并借助控制学习方法得到更好的学习效果。这一部分被分为变带宽的回归问题的求解与基于交替优化策略的可变带宽核分类问题及其求解。

(3)作为本书提出的鲁棒自适应学习算法的应用之一，第三部分则给出基于控制梯度的深度学习优化器。在深度学习中的 ANN、CNN 和 RNN 模型这几个经典框架下，更新模式将如何作出相应的调整也是该部分重点研究的问题。

(4)最后，本书将基于控制的深度学习方法与微观计量经济学中的样本选择模型融合，构建深度 Tobit-Ⅰ、Tobit-Ⅱ网络两个框架，并使用本书第三部分提出的优化方法对未知参数进行学习，以期达到大规模数据下更优良的结构分析效果和预测准确度。

根据以上内容，本书的技术路线图可归纳如图 1-1 所示。

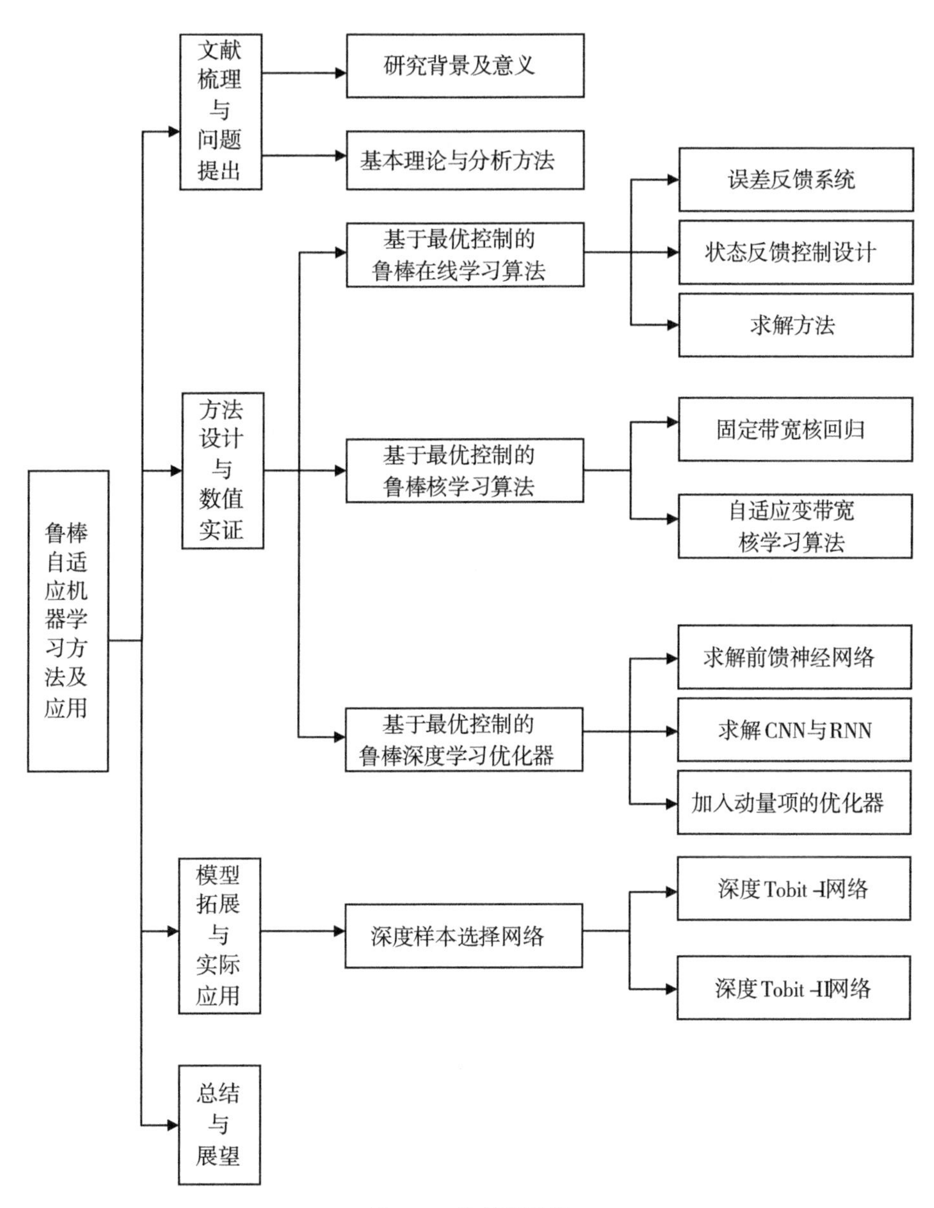

图 1-1　技术路线图

1.5 研究创新之处

(1)在线学习中常用的算法均是基于梯度的思想，近年来的控制学习方法虽然更鲁棒，但是在计算量上并不具有优势。本书提出一种基于二次型最优控制的在线学习算法(OLQR)，在指数收敛的同时取得了较高的精度，并且解决了控制算法计算复杂度较高、难以应用到高维场景的缺陷。

(2)由于核学习和线性学习具有一定的相通性，本书进一步提出在线核学习方法(OKLQR)，考虑到带宽可能会随着时间推移而发生变化，分别针对回归和分类问题提出自适应在线核回归方法(OAKL)和基于交替优化策略的自适应在线核分类方法(CAOKC)。这一系列算法都是从控制学习的视角出发，解决在线核学习问题，并实现相较于传统算法更稳定、更准确的学习效果。

(3)深度学习是近年来的热门话题，但兼顾收敛速度和计算精度的优化算法寥寥无几，这在很大程度上与深度学习所需要学习的参数较多有关。本书将OLQR算法的高维版本(ROHDL)应用到深度学习中，得到一种基于控制梯度的学习方法(CSGC)，这种方法本质上是依据控制方法自适应地调整学习率，这也是多数已有的优化器的主要思路。同样地，该优化方法保留了线性和非线性LQR算法具有的鲁棒性、收敛速度快、预测精度高等特点。

(4)作为CSGC在微观计量经济学的进一步拓展，本书构建了两种不同的深度样本选择网络。一方面，网络不需要对随机扰动项的分布作出任何假定，极大地保证了模型的灵活性和泛化能力；另一方面，网络没有对参数化结构作很强的限制，因而在从大样本、非线性数据提取信息上有着更好的效果。

(5)已有的方法尚未将深度学习和经济学理念很好地结合，本书避免了生硬地套用深度学习方法，转而利用深度神经网络中的一些特殊结构和技巧，结合样本选择问题的经济学理念和计量模型的可解释性来构建新的模型。这种创新的尝试也为机器学习等数据科学方法与计量经济学、经济统计学的融合发展提供了全新的思路。

第2章 背景知识

开展鲁棒自适应机器学习方法的研究，首先需要明确在线学习、最优控制方法和深度学习的理论基础，本章将系统介绍这三个方面的相关知识，为全书具体的算法研究提供相关的理论依据。

2.1 线性学习

2.1.1 线性模型与在线学习

在线学习的任务既包括以分类和回归为主的监督学习，也包括聚类、降维、推荐系统、强化学习等半监督和非监督学习。在线学习的主流是监督学习，这就要求学习器从给定的流式训练集学习到一个函数，依据这个函数获取下一个新增样本的预测结果，接着对该函数进行修正。本节将以分类与回归问题为例，对常见的在线学习算法作简要介绍。

假设有成对出现的一系列样本：

$$\{(x(1),\ y(1)),\ (x(2),\ y(2)),\ \cdots,\ (x(n),\ y(n)),\ \cdots\} \tag{2-1}$$

式中，$x(n)\in \mathbf{R}^{M+1}$ 为第 n 个样本的特征向量。$y(n)$ 的形式则取决于具体任务：对于回归问题，$y(n)\in \mathbf{R}$，对于二分类问题，$y(n)\in\{-1,\ 1\}$；对于多分类，则 $y(n)\in\{1,\ 2,\ \cdots,\ c\}$。

线性回归模型需要学习的函数形式为

$$f(x)=x\beta^{*} \tag{2-2}$$

式中，$\beta^{*}=(\beta_1,\ \beta_2,\ \cdots,\ \beta_M,\ \beta_{M+1})^{\mathrm{T}}$ 是目标向量，而 $x=(x_1,\ x_2,\ \cdots,\ x_M,\ 1)$，最后一维 β_{M+1} 可以视为截距项，在不需要考虑时可以省略。当训练进行到第 n 个样本时可以对样本的回归值进行预测，即

$$\hat{y}(n)=x(n)\beta(n) \tag{2-3}$$

式中，$\beta(n) \in \mathbf{R}^{M+1}$ 为该时刻的系数向量。

而对于线性可分情况下的二分类问题，则假设存在以下最优的超平面：

$$f(x) = x\beta^* = 0 \tag{2-4}$$

可以将正例与负例完全分开，当训练到第 n 个样本时，算法会依据学到的 $\beta(n) \in \mathbf{R}^{M+1}$ 对样本分类标签作出预测：

$$\hat{y}(n) = \mathrm{sign}(x(n)\beta(n)) \in \{-1, 1\} \tag{2-5}$$

包含 c 个类别的多分类问题，则需要 c 个最优超平面 $\beta_j^* \in \mathbf{R}^{M+1}$ $(j = 1, 2, \cdots, c)$，通过一个 c 维向量 $(x(n)\beta_1(n), x(n)\beta_2(n), \cdots, x(n)\beta_c(n))$，可以得到第 n 个样本的预测：

$$\hat{y}(n) = \underset{j\in\{1, 2, \cdots, c\}}{\mathrm{argmax}}\ x(n)\beta_j(n) \tag{2-6}$$

需要注意的是，无论面对的是回归、二分类，或是多分类问题，在线学习都可以归纳为如图 2-1 所示的流程。假设在第 n 步训练时获得的样本为 $x(n)$，此时模型训练得到的参数为 $\beta(n)$，根据具体模型选择式(2-3)、式(2-5)或式(2-6)获取 $x(n)$ 对应的预测值 $\hat{y}(n)$。此时，$x(n)$ 对应的真实响应为 $y(n)$，由此得到瞬时损失 $l(\beta(n); (x(n), y(n)))$，它度量了目前训练得到的模型 $\beta(n)$ 预测 $x(n)$ 的准确程度，依据瞬时损失可以将 $\beta(n)$ 更新至 $\beta(n+1)$，并且等待下一个训练样本 $x(n+1)$，如此构成一个循环。

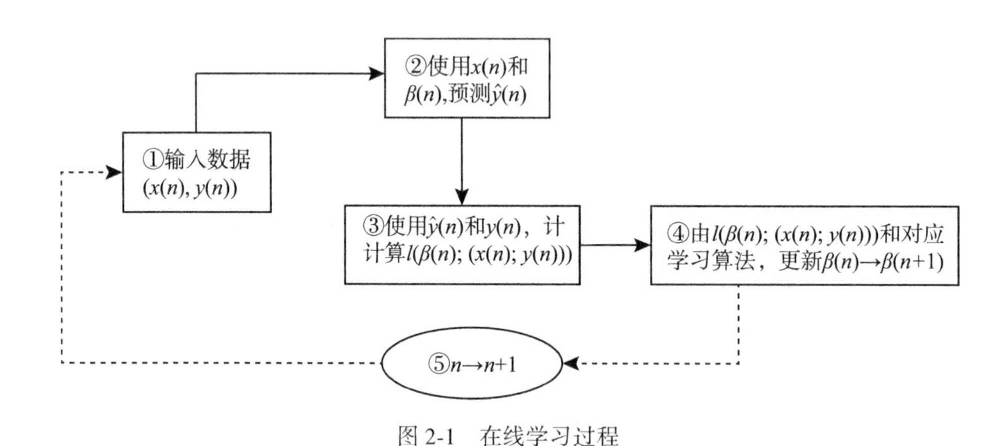

图 2-1　在线学习过程

图 2-1 中用到的损失函数需要根据不同问题选取，例如回归问题常选择 ϵ-不敏感损失、平均绝对误差和均方误差损失，二分类问题选择 0-1 损失、Hinge 损失、交叉熵损失，多分类问题也多使用交叉熵损失。常见的损失函数及其计算方式如表 2-1 所示。

表 2-1 常见的损失函数 $l(\boldsymbol{\beta};(x,y))$

损失函数	计算方式
ϵ-不敏感损失	$l(\beta;(x,y)) = \max\{0, \lvert x\beta - y\rvert - \epsilon\}$
平均绝对误差	$l(\beta;(x,y)) = \lvert x\beta - y\rvert$
均方误差损失	$l(\beta;(x,y)) = (x\beta - y)^2$
0-1 损失	若 $\mathrm{sign}(x\beta) \neq y$，则 $l(\beta;(x,y)) = 1$；否则 $l(\beta;(x,y)) = 0$
Hinge 损失	$l(\beta;(x,y)) = \max\{0, 1 - x\beta\}$
交叉熵损失(二分类)	$l(\beta;(x,y)) = -[y\cdot\log(p) + (1-y)\log(1-p)]$，其中 $p = \dfrac{e^{x\beta}}{1+e^{x\beta}}$
交叉熵损失(多分类)	$l(\beta;(x,y)) = -\sum_{j=1}^{c} y_j\log(p_j)$，其中 $y_j \in \{0, 1\}$ 是真实类别的独热(one-hot)编码，$p_j = \dfrac{e^{x\beta_j}}{1+e^{x\beta_j}}$

在线学习的最终目标是最小化在所有训练样本上的损失函数的和，为此，在线学习需要在每一步针对损失函数进行模型更新。当损失函数 $l(\beta;(x,y))$ 是凸函数时，在线学习问题即可转化为凸优化问题来进行求解。另外，在一些情况下为了避免过拟合，可在表 2-1 所示的损失函数的基础上加上一个惩罚项，例如 L_1-惩罚 $\lambda\|\beta\|_1$ 或 L_2-惩罚 $\lambda\|\beta\|_2^2$。

2.1.2 线性模型的梯度算法

梯度算法是凸优化问题中较常见的求解方法之一，因此被广泛应用于在线学习中。下面以回归问题为例进行详细介绍，假设成对出现的随机样本 $(x(n), y(n))(n=1, 2, \cdots)$ 由下列真实模型生成：

$$y(n) = f(x(n)) + \varepsilon(n) = x(n)\beta^* + \varepsilon(n) \tag{2-7}$$

式中，$x(n)\in R^M$，$y(n)\in R$，$\varepsilon(n)$ 为随机扰动。记 $\beta(n)$ 为第 n 步时 β^* 的估计值，此刻的预测误差记为 $e(n) = y(n) - x(n)\beta(n)$。在随机梯度方法中，加入 L_2-惩罚项后，需要最小化瞬时损失为：

$$l(\beta(n);(x(n), y(n))) = \frac{1}{2}e(n)^2 + \frac{1}{2}\lambda\|\beta(n)\|_2^2 \tag{2-8}$$

则依据梯度信息的更新规则为：

$$\beta(n+1) = \beta(n) - \eta\frac{\partial l(\beta(n);(x(n), y(n)))}{\partial\beta(n)}$$

$$= (1-\eta\lambda)\beta(n) + \eta(y(n) - x(n)\beta(n))\,x(n)^{\mathrm{T}}$$
$$= (1-\eta\lambda)\beta(n) + \eta\, e(n)x(n)^{\mathrm{T}} \tag{2-9}$$

其中，η 是学习率，$\lambda > 0$ 是正则化系数，当 $\lambda = 0$ 时则模型不包含正则项，更新规则可重新写作

$$\beta(n+1) = \beta(n) + \eta e(n)\,x(n)^{\mathrm{T}} \tag{2-10}$$

式(2-10)描述的就是经典的随机梯度方法，也叫最小均方算法。式中，$e(n)$ 作为当前训练得到的 $\beta(n)$ 和真实的 β^* 之间距离的度量。如果 $e(n)=0$，则可以认为 β^* 已经被准确地估计，对 $\beta(n)$ 不需要做进一步更新和调整；否则，需要将 $\beta(n)$ 更新为 $\beta(n+1)$。注意到

$$e(n) = y(n) - x(n)\beta(n) = x(n)(\beta^* - \beta(n)) + \varepsilon(n) \tag{2-11}$$

则 $\beta(n)$ 的更新可以写成

$$\beta(n+1) = \beta(n) + \eta x(n)(\beta^* - \beta(n))\,x(n)^{\mathrm{T}} + \eta\varepsilon(n)\,x(n)^{\mathrm{T}} \tag{2-12}$$

从式(2-12)可以看出，梯度算法的一个主要缺陷是容易受到噪声干扰。具体而言，误差信号 $e(n)$ 会不可避免地受到噪声 $\varepsilon(n)$ 的干扰，这将为在线学习过程提供错误的信息，因而难以获得鲁棒性。另一个缺陷则是学习率 η 的大小需要事先确定，但最优的 η 往往并不容易得到。一个较大的学习率将加速收敛，但也会带来更多的振荡；反之，一个较小的学习率可能会获得渐进收敛的结果，却会带来收敛缓慢的问题，并且面对持续变化的系统无法及时做出响应。尽管多数梯度方法会选择相对较小的学习率以保证收敛，但对于在线学习而言，不同阶段的学习对应的最优学习率或许并不相同。一些文献也就如何自适应地调整学习率进行了研究，但这类方法通常需要启发式知识或引入额外的计算量(Smale et al.，2006)。

在主动被动(Passive Aggressive，PA)算法(Crammer et al.，2006)中，假设在第 n 步获得 $(x(n),\ y(n))$，并且有预测值 $\hat{y}(n) = x(n)\beta(n)$。依据预测值和真实值，PA 算法定义了如下$\epsilon$-不敏感损失：

$$l_\epsilon(\beta;\ (x,\ y)) = \begin{cases} 0, & |x\beta - y| < \epsilon \\ |x\beta - y| - \epsilon, & \text{其他} \end{cases} \tag{2-13}$$

式中，ϵ 是一个决定更新的敏感度的正值。PA 算法的更新规则就是求解最优化问题：

$$\beta(n+1) = \underset{\beta\in\mathbf{R}^M}{\operatorname{argmin}} \frac{1}{2}\lambda\ \|\beta - \beta(n)\|_2^2$$
$$\text{s.t.}\quad l_\epsilon(\beta;\ (x(n),\ y(n))) = 0 \tag{2-14}$$

式(2-14)的闭式解可以写成：

$$\beta(n+1) = \beta(n) + \operatorname{sign}(y(n) - \hat{y}(n))\,\tau_n x(n) \tag{2-15}$$

式中，$\tau_n = l_\epsilon(\beta(n);\ (x(n),\ y(n)))$。由式(2-14)和式(2-15)可以看出，噪声 $\varepsilon(n)$

必然会对 $\text{sign}(y(n) - \hat{y}(n))$ 和 τ_n 两部分都造成影响。因此和梯度方法类似，PA 算法同样面临受噪声干扰的问题。就目前而言，这个问题同样只能通过启发式地选取超参数 ϵ 的方式来解决。

除噪声干扰和超参数的选取存在困难以外，我们还注意到，真实的噪声往往存在异质性和自相关性，甚至并不服从正态分布。因此在大多数情况下，需要对算法做一定的调整。例如对于具有异方差形式的噪声，需要使用加权最小二乘法进行处理：

$$\begin{aligned} &\min \sum \sigma_n e(n)^2 + \lambda \|\beta(n)\|_2^2 \\ &\text{s.t.} \quad e(n) = y(n) - \hat{y}(n) \end{aligned} \tag{2-16}$$

式中，σ_n 为由误差方差获取的权重参数，在批量学习(离线学习)中可以很容易地得到；然而对于在线学习问题，则很难实时地获取 σ_n 的估计值。

2.2 核 学 习

2.2.1 重构核模型

当式(2-1)的训练样本不可分，或是 $y(n)$ 不能由 $x(n)$ 线性地表示时，就需要借助非线性模型，对应的学习方法也就是非线性算法。核学习是一种使用范围最广的非线性学习方法，它首先需要把样本的特征向量映射到高维的再生核希尔伯特空间(Reproducing Kernel Hilbert Space，RKHS) H 中，即 $\phi(x)$：$\mathbf{R}^d \to H$，再在核空间 H 中完成学习任务。然而 ϕ 很难被显式表达，因此借助核函数 $K(x_1, x_2) = \langle \phi(x_1), \phi(x_2) \rangle$ 实现模型的非线性化。核函数可以度量两个样本之间的相似程度，常见的核函数包括以下四类：

(1)线性核，$K(x_1, x_2) = x_1 x_2^{\mathrm{T}}$；

(2)多项式核，$K(x_1, x_2) = (\gamma x_1 x_2^{\mathrm{T}} + r)^k$，$\gamma > 0$；

(3)高斯核，$K(x_1, x_2) = \exp(-\gamma \|x_1 - x_2\|^2)$，$\gamma = \dfrac{1}{\sigma^2} > 0$；

(4)sigmoid 核，$K(x_1, x_2) = \tanh(\gamma x_1 x_2^{\mathrm{T}})$，$\gamma > 0$。

其中，γ、σ、r 和 k 为超参数。可以计算 Gram 矩阵，也叫核矩阵(Kernel Matrix)，矩阵中的元素定义为

$$G_{ij} = K(x_i, x_j) = \langle \phi(x_i), \phi(x_j) \rangle, \quad i, j = 1, 2, \cdots, M \tag{2-17}$$

假设 $f(\cdot)$ 是高维的核空间 H 中的坐标，$\phi(x) = K(\cdot, x)$，并且有 $f(x) \in \mathbf{R}$，$f(x)$ 可以表示为新的特征空间中的内积，即

$$f(x)=f(\cdot)^{\mathrm{T}}\phi(x)=\langle f(\cdot),\ \phi(x)\rangle_H \tag{2-18}$$

考虑向量空间

$$\operatorname{span}(\{\phi(x):\ x\in\mathbf{R}^d\})=\left\{f(\cdot)=\sum_{i=1}^{M}\alpha_i K(\cdot,\ x_i):\ M\in\mathbf{N},\ x_i\in\mathbf{R}^d,\ \alpha_i\in\mathbf{R}\right\} \tag{2-19}$$

根据 K 的可再生性

$$\langle f,\ K(\cdot,\ x)\rangle=\sum_i\alpha_i K(u_i,\ x)=f(x) \tag{2-20}$$

令 $f=\sum_i\alpha_i K(\cdot,\ u_i)$，$g=\sum_j\beta_j K(\cdot,\ v_j)$，于是有

$$\langle f,\ g\rangle=\sum_{i,\ j}\alpha_i\beta_j K(u_i,\ v_j) \tag{2-21}$$

因此 $\langle f,\ g\rangle$ 是满足以下三个条件的内积：

(1)对称性：$\langle f,\ g\rangle=\sum_{i,\ j}\alpha_i\beta_j K(u_i,\ v_j)=\sum_{i,\ j}\beta_j\alpha_i K(v_j,\ u_i)$

(2)双线性：$\langle f,\ g\rangle=\sum_i\alpha_i g(u_i)=\sum_j\beta_j f(v_j)$

(3)正定性：$\langle f,\ f\rangle=\alpha^{\mathrm{T}}G\alpha\geqslant 0$，当且仅当 $f=0$ 时等号成立。

显然，Gram 矩阵是一个半正定矩阵。只要一个对称函数所对应的 Gram 矩阵半正定，它就可以作为核函数来使用。事实上，对于任意半正定的核矩阵，总能找到一个与之对应的 ϕ，也就是说，任何一个核函数都隐式地定义了一个特征空间 RKHS。这就解决了在本节开头提到的高维空间难以显式表示的问题。

表示定理是核学习中的一个重要定理，根据表示定理，无论分类问题还是回归问题都可以表示成 $K(x,\ x_i)$ 的线性组合，具体如下：

给定 x_1，x_2，…，x_M，对于最优化目标

$$\min_{f\in H}D(f(x_1),\ \cdots,\ f(x_M))+P(\|f\|_H^2) \tag{2-22}$$

式中，$P(\cdot)$ 单调递减，$D(\cdot)$ 是由 $f(x_1)$，…，$f(x_M)$ 计算得到的损失。式(2-22)的最优解可以表示为 $f=\sum_{i=1}^{M}\alpha_i K(\cdot,\ x_i)$，其中 $\alpha_i\in\mathbf{R}$。

借助表示定理，无穷维空间中的优化问题可以很容易地转化为一个有限维问题。特别地，令

$$K(x_1,\ x_2)=\sum_{l=1}^{\infty}\phi_l(x_1)\phi_l(x_2),\ f(x)=\sum_{l=1}^{\infty}f_l\phi_l(x) \tag{2-23}$$

式中，l 表示无穷维向量的第 l 维，并且有 $\sum_{l=1}^{\infty}f_l^2<\infty$，那么有

$$f(x)=\langle f,\ \phi(x)\rangle_H=\sum_{l=1}^{\infty}f_l\phi_l(x)$$

$$= \sum_{l=1}^{\infty}\left(\sum_{i=1}^{M}\alpha_i K(\cdot, x_i)\right)\phi_l(x)$$

$$= \langle \sum_{i=1}^{M}\alpha_i\,\phi_l(x_i),\ \phi_l(x)\rangle$$

$$= \sum_{i=1}^{M}\alpha_i K(x_i, x) \tag{2-24}$$

定义这 M 个 x_i 为支撑向量(SV)，非线性模型 $f(x)$ 的求解可以转化为支撑向量的选择和 α_i $(i=1, 2, \cdots, M)$ 的估计。

2.2.2 在线核学习算法

对核模型的在线学习算法，本节将就回归任务和分类任务分别介绍一些现有的算法和相关技术，并指出现有的这些方法存在的局限性，从而引出下文针对核模型提出的鲁棒最优控制在线学习方法。

1. 回归问题

令 H_σ 为对应核函数为 K_σ 的 RKHS，假设 K_σ 为高斯核，即对于任意 x_1，$x_2 \in \mathbf{R}^d$，$K_\sigma(x_1, x_2) = \exp\left(-\dfrac{\|x_1 - x_2\|^2}{\sigma^2}\right)$，其中 d 为原始的线性空间维数，σ 为高斯核的带宽(Berlinet et al., 2011)。假设成对出现的随机样本 $(x(n), y(n))$ $(n=1, 2, \cdots)$ 由下列模型生成：

$$y(n) = f(x(n)) + \varepsilon(n) \tag{2-25}$$

式中，f 是未知的非线性函数；$x(n) \in \mathbf{R}^d$；$y(n) \in \mathbf{R}$；$\varepsilon(n)$ 为随机项。由式(2-22)，核模型的批量学习(Zhao et al., 2012, 2014)就是求解下列含有惩罚项的最优化问题，

$$\min_{\hat{f}}\sum_{n=1}^{N} e(n)^2 + \lambda\,\|\hat{f}\|^2 \tag{2-26}$$

式中，$e(n) = y(n) - \hat{f}(x(n))$，$\lambda > 0$ 为正则化参数；$\hat{f}$ 为 f 在核空间中的近似。

下面考虑在线学习情形，根据表示定理(Dabbagh et al., 2005)，对于第 n 步训练，f 可以以核模型的形式表示：

$$\hat{y} = \hat{f}_n(x) = \sum_{i=1}^{M}\alpha_i(n)\,K_\sigma(u_i, x) \tag{2-27}$$

式中，$\hat{f}_n$ 为在第 n 步时估计的函数；u_i 为选定的第 i 个支撑向量；$\alpha_i(n)$ 为对应的系数；M 为支撑向量的个数。对于实现给定的带宽 σ，因此对任意 i 有 $K_\sigma(u_i, x) = \exp\left(-\dfrac{\|x - u_i\|^2}{\sigma^2}\right)$，样本 $(x(n), y(n))$ 的瞬时均方误差损失定义为

$$l(\hat{f}_n;\ (x(n),\ y(n))) = \frac{1}{2}e(n)^2 \tag{2-28}$$

式中，$e(n) = y(n) - \hat{f}_n(x(n))$，通常使用梯度下降的方法使 $l(\hat{f}_n;\ (x(n),\ y(n)))$ 减小，对于任意的 i，$\alpha_i(n)$ 的更新可以写成

$$\begin{aligned}\alpha_i(n+1) &= \alpha_i(n) - \eta\frac{\partial l(\hat{f}_n;\ (x(n),\ y(n)))}{\partial \alpha_i(n)} \\ &= \alpha_i(n) - \eta\frac{\frac{1}{2}\left(y(n) - \sum_{i=1}^{M}\alpha_i(n)K_\sigma(u_i,\ x(n))\right)}{\partial \alpha_i(n)} \\ &= \alpha_i(n) + \eta e(n)K_\sigma(u_i,\ x(n))\end{aligned} \tag{2-29}$$

式中，η 为学习率；$K_\sigma(u_i,\ x(n)) = \exp\left(-\frac{\|x(n) - u_i\|^2}{\sigma^2}\right)$。令 $\alpha(n) = (\alpha_1(n),\ \alpha_2(n),\ \cdots,\ \alpha_M(n))^{\mathrm{T}}$，则 $\alpha(n)$ 的更新为

$$\alpha(n+1) = \alpha(n) + \eta e(n)\overline{K_\sigma}(x(n)) \tag{2-30}$$

式中，$\overline{K_\sigma}(x(n)) = (K_\sigma(u_1,\ x(n)),\ K_\sigma(u_2,\ x(n)),\ \cdots,\ K_\sigma(u_M,\ x(n)))^{\mathrm{T}}$。

为了解决过拟合的问题，需要对式(2-28)加入正则化项并构成一个含有正则项的瞬时损失函数

$$l(\hat{f}_n;\ (x(n),\ y(n))) = \frac{1}{2}e(n)^2 + \frac{1}{2}\lambda\|\hat{f}_n\|^2 \tag{2-31}$$

式中，λ 为正则化参数；$\|\hat{f}_n\|^2 = \alpha(n)^{\mathrm{T}}G\alpha(n)$；$G = [K_\sigma(u_i,\ u_j)]_{i,\ j=1,\ 2,\ \cdots,\ M}$，$G$ 是 $(i,\ j)$ 位置元素为 $K_\sigma(u_i,\ u_j)$ 的 Gram 矩阵。当使用梯度方法求解式(2-31)的最小值时，有

$$\alpha(n+1) = (I - \eta\lambda G)\alpha(n) + \eta e(n)\overline{K_\sigma}(x(n)) \tag{2-32}$$

式(2-30)和式(2-32)给出的更新方法就是著名的随机梯度下降法，该方法的主要局限性在于梯度方法容易受到噪声干扰。误差信号 $e(n)$ 被用于度量 $\hat{f}_n$ 和目标函数之间的差距。只要 $e(n) \neq 0$，$\hat{f}_n$ 总会向着某一方向更新。注意到

$$e(n) = y(n) - \hat{f}_n(x(n)) = f(x(n)) - \hat{f}_n(x(n)) + \varepsilon(n) \tag{2-33}$$

$e(n)$ 的大小受到随机误差 $\varepsilon(n)$ 的影响，因此可能会对梯度方向提供错误的信息，进而影响学习的鲁棒性和收敛性。

除此之外，核模型的学习效果还很容易受到带宽选择的影响，在批量学习中，通常使用交叉验证(Cross-validation，CV)的方法进行选择。以 k 折交叉验证为例，需要把所有样本随机分为 k 组，使用其中 $k-1$ 组作为训练集，余下一组为验证集，重复 k

次后，换用其他的带宽直到获得在验证集上表现最好的带宽。然而，在线学习中该方法并不能被直接应用，假设有区间 $[n_0, n_1] \cup [n_1+1, n_2]$，$n_0$、$n_1$ 和 n_2 为正整数。当 $n \in [n_0, n_1]$ 时，$y(n) = f_1(x(n)) + \varepsilon(n)$； 当 $n \in [n_1+1, n_2]$ 时，$y(n) = f_2(x(n)) + \varepsilon(n)$。当 f_1 和 f_2 是完全不同的函数时，很难应用 CV 对样本进行划分，继而选出最优的带宽。对此，研究者提出一些在线对带宽进行调整的基于梯度的方法（Chen et al.，2016），例如下面的两步更新算法

$$\hat{f}_{n+1}(\cdot) = \hat{f}_n(\cdot) + \eta_1 e(n) K_{\sigma(n)}(x(n), \cdot) \tag{2-34}$$

$$\begin{aligned}\sigma(n+1) &= \sigma(n) + \eta_2 e(n) e(n-1) \\ &= \|x(n) - x(n-1)\|^2 \frac{K_{\sigma(n)}(x(n-1), x(n))}{\sigma(n)^3}\end{aligned} \tag{2-35}$$

式中，$K_{\sigma(n)}(x(n-1), x(n)) = \exp\left(-\frac{\|x(n) - x(n-1)\|^2}{\sigma(n)^2}\right)$； η_1 和 η_2 是学习率。

在第一步中，由式(2-34)的 $\hat{f}_n$ 被更新为 $\hat{f}_{n+1}$，具体地，式(2-34)相当于

$$\hat{f}_{n+1}(x) = \hat{f}_n(x) + \eta_1 e(n) K_{\sigma(n)}(x(n), x) \quad (\text{对 } \forall x) \tag{2-36}$$

式中，$K_{\sigma(n)}(x(n), x) = \exp\left(-\frac{\|x(n) - x\|^2}{\sigma(n)^2}\right)$。

在第二步，根据式(2-35)，$\sigma(n)$ 被更新到 $\sigma(n+1)$。这个方法虽然在一定程度上解决了带宽的选择问题，但随机梯度方法存在的鲁棒性和收敛性问题仍尚待解决。

2. 分类问题

分类的情形和回归问题基本类似，假设成对出现的随机样本 $(x(n), y(n))$ $(n = 1, 2, \cdots)$，$x(n) \in \mathbf{R}^d$ 为输入值，$y(n) \in \{-1, 1\}$ 为对应的分类标签。将 $x(n)$ 映射到 H_σ 中，在第 n 步的预测值为

$$\hat{y}(n) = \operatorname{sign}(f_n(x(n))) = \operatorname{sign}(w(n)^{\mathrm{T}} \phi_\sigma(x(n))) \tag{2-37}$$

式中，$w(n)$ 是核空间中的系数向量，并且有 $f_n(x(n)) = w(n)^{\mathrm{T}} \phi_\sigma(x(n))$。对二分类问题，若 $w(n)^{\mathrm{T}} \phi_\sigma(x(n)) \geqslant 0$ 则 $\hat{y}(n) = 1$；反之，$w(n)^{\mathrm{T}} \phi_\sigma(x(n)) < 0$ 时，$\hat{y}(n) = -1$。在线的核分类问题就是在数据序列化地进入系统时，做出实时的预测，并依据真实值更新模型。

对于分类问题，定义软阈值损失 $L_\rho(f(x), y) \equiv \max(0, \rho - yf(x))$，其中 $\rho \geqslant 0$ 是阈值参数。也就是说，只要 $yf(x)$ 未能达到阈值 ρ，就会存在正值的损失 $L_\rho(f(x), y)$。尤其是预测错误时，$yf(x) < 0$，此时有 $L_\rho(f(x), y) > \rho$。对任意的 n，假设 f_n 为 H_σ 中估计的模型，ι_n 为此时 f_n 是否在 $(x(n), y(n))$ 上造成软阈值损失的指示函数，即若

$y(n)f_n(x(n)) \leqslant \rho$ 时，$\iota_n = 1$；反之，则为 0。

在随机梯度方法中，对任意的 n，系统获取样本 $(x(n), y(n))$，并使用 f_n 获取预测值和对应的瞬时损失

$$l(f_n; (x(n), y(n))) = L_\rho(f_n(x(n)), y(n)) + \frac{\lambda}{2}\|f_n\|^2 \tag{2-38}$$

最小化式(2-38)可以得到更新规则

$$f_{n+1}(\cdot) = (1 - \eta\lambda)f_n(\cdot) + \eta\,\iota_n y(n)\,K_\sigma(x(n), \cdot) \tag{2-39}$$

式中，λ 为正则化参数；η 为学习率。

软阈值 L_ρ 用于度量当前学习的模型和目标模型之间的距离。式(2-39)中更新法则在于减小瞬时损失，使得 f_n 朝着目标函数的方向更新。在梯度方法中 η 扮演着重要作用，过大或过小的学习率会对收敛速度或鲁棒性造成影响。另一方面，在梯度算法中，支撑向量的个数总是单调增加的，因此一些方法为支撑向量个数给定预算上界(Wang et al.，2012)，以避免核诅咒。

在线主动被动(OPA)算法同样提出了针对二分类任务的版本。在 OPA 中，通过使用 Hinge 损失 $l(f(x), y) = \max\{0, 1 - yf(x)\}$，并且有 $f_n(x(n)) = w(n)^{\mathrm{T}}\phi_\sigma(x(n))$，算法的更新规则即为求解下列最优化问题

$$\begin{aligned} w(n+1) &= \underset{w}{\operatorname{argmin}}\,\frac{1}{2}\lambda\,\|w - w(n)\|^2 + C\xi \\ \text{s.t.}\quad & l(w(n)^{\mathrm{T}}\phi_\sigma(x(n)), y(n)) \leqslant \xi,\ \xi \geqslant 0 \end{aligned} \tag{2-40}$$

式中，C 为权重系数；ξ 为用于解决噪声问题的松弛变量；记 $l(f_n(x(n)), y(n))$ 为 L_n，式(2-40)拥有闭式解，即

$$\begin{aligned} f_{n+1}(\cdot) &= f_n(\cdot) + \rho(n)y(n)\,K_\sigma(x(n), \cdot) \\ \rho(n) &= \min\{C, L_n / K_\sigma(x(n), x(n))\} \end{aligned} \tag{2-41}$$

式中，$K_\sigma(x(n), x(n)) = 1$。OPA 也可以认为是一个基于梯度的方法，因此同样具有梯度方法的相关缺陷。此外，也有一些为避免核诅咒对 OPA 算法进行的调整，如稀疏主动被动算法(Sparse Passive Aggressive，SPA)(Lu et al.，2016，2018)。在这些已有的在线核分类方法中，和回归问题一样，带宽也需要被事先给定。显然，一个具有自适应带宽的核模型可以自动地寻找最优的 RHKS，进而提升估计效果和预测精度。尽管有少量文献(Chen et al.，2016)提出了自适应核学习算法，但多局限于回归问题，无法直接使用到分类任务中。

综上所述，在线核模型的经典算法面临的困难在于梯度方法特有的对噪声干扰缺乏鲁棒性、高度依赖于学习率的事先给定，以及核模型的带宽选择问题。因此，本书将在第 4 章提出基于最优控制的在线核学习方法，并进一步对带宽的优化作出改进。

2.3 最优控制方法

控制论涵盖范围非常广泛，本书讨论的是基于最优控制的在线学习算法，因此这里将主要介绍最优控制的相关理论基础。控制系统设计的目的一般是对系统施加一定控制，以使得系统的某个性能达到理想的状态。而“理想”的状态通常需要定量表示，如果控制的目的是使得某个指标达到最小或最大，我们可以称之为最优控制(万百五等，2014)。

2.3.1 最优控制的基本概念

考虑确定性连续时间控制系统

$$\begin{cases} \dot{x}(t) = f(t, x(t), u(t)), & t \geqslant t_0 \\ x(t_0) = \hat{x} \in \mathbf{R}^n \end{cases} \tag{2-42}$$

假定容许控制是 r 维空间一个不变的集合 U，即 $u(t) \in U$，$\forall t \geqslant t_0$，U 可以表示为

$$U = \{u \in \mathbf{R}^r: g(u) \leqslant 0\} \tag{2-43}$$

式中，$g: \mathbf{R}^r \to \mathbf{R}^l$ 是一个非线性向量函数，所以这是一个不等式约束决定的 r 维空间的子集。

控制的目标函数为

$$J(u) = \int_{t_0}^{t_f} L(t, x(t), u(t))\mathrm{d}t + \theta(t_f, x(t_f)) \tag{2-44}$$

式中，L 和 θ 都是标量函数，而积分表示的是整个过程的泛函数(即向量函数 $x(t)$ 和 $u(t)$ 的函数)，最后一项是终点时间的泛函数(即向量函数 $x(t_f)$ 的函数)。但由于受到式(2-42)中的等号约束，式(2-44)本质上只是控制 $u = \{u(t): t_0 \leqslant t \leqslant t_f\}$ 的泛函数。最优控制问题就是在式(2-42)和式(2-43)约束下，使目标函数式(2-44)达到最大值或最小值。

最优控制问题的求解涉及很复杂的数学问题，其解法之一是使用贝尔曼(Bellman)动态规划算法。以下给出贝尔曼最优性原理：对上述最优控制问题，无论系统的初始状态 $x(t_0)$ 如何，也不管 $t \geqslant t_0$ 时刻以前施加于系统的控制输入 $u(\tau)$，$t_0 \leqslant \tau \leqslant t$ 如何，只要系统按当前状态 $x(t)$ 以及未来控制输入 $u(\tau)$，$t \leqslant \tau \leqslant t_f$ 进行演化，由目标函数

$$J(u) = \int_{t}^{t_f} L(t, x(t), u(t))\mathrm{d}t + \theta(t_f, x(t_f)) \tag{2-45}$$

所确定的最优控制 $u^*(\tau)$，$t \leqslant \tau \leqslant t_f$，就是原最优控制在该时间段的部分。

2.3.2　离散时间线性二次型最优控制问题

考虑离散时间线性定常系统

$$\begin{cases} x_{k+1} = A x_k + B u_k \\ x_0 = \hat{x} \in \mathbf{R}^n \end{cases} \tag{2-46}$$

目标是二次型泛函数

$$J(u) = \frac{1}{2}\sum_{k=1}^{N} [x_k^{\mathrm{T}} Q_k x_k + u_{k-1}^{\mathrm{T}} R_{k-1} u_{k-1}] \tag{2-47}$$

下面介绍动态规划方法求解这个线性二次型(LQ)最优控制问题。

设最末时间点上的优化函数为

$$V_{N-1}(x_{N-1}) = \min_{u_{N-1}} \frac{1}{2}[x_N^{\mathrm{T}} Q_N x_N + u_{N-1}^{\mathrm{T}} R_{N-1} u_{N-1}] \tag{2-48}$$

令

$$\begin{aligned} & x_N^{\mathrm{T}} Q_N x_N + u_{N-1}^{\mathrm{T}} R_{N-1} u_{N-1} \\ &= (A x_{N-1} + B u_{N-1})^{\mathrm{T}} Q_N (A x_{N-1} + B u_{N-1}) + u_{N-1}^{\mathrm{T}} R_{N-1} u_{N-1} \\ &= x_{N-1}^{\mathrm{T}} A^{\mathrm{T}} Q_N A x_{N-1} + 2 u_{N-1}^{\mathrm{T}} B^{\mathrm{T}} Q_N A x_{N-1} + u_{N-1}^{\mathrm{T}} (B^{\mathrm{T}} Q_N B + R_{N-1}) u_{N-1} \end{aligned} \tag{2-49}$$

利用二次型函数优化可得

$$u_{N-1}^{*} = -(B^{\mathrm{T}} Q_N B + R_{N-1})^{-1} B^{\mathrm{T}} Q_N A x_{N-1} = -L_{N-1} x_{N-1} \tag{2-50}$$

这是一个线性负反馈控制律。从而得到

$$\begin{aligned} V_{N-1}(x_{N-1}) &= \frac{1}{2} x_{N-1}^{\mathrm{T}} A^{\mathrm{T}} [Q_N - Q_N B (B^{\mathrm{T}} Q_N B + R_{N-1})^{-1} B^{\mathrm{T}} Q_N] A x_{N-1} \\ &= \frac{1}{2} x_{N-1}^{\mathrm{T}} \Gamma_{N-1} x_{N-1} \end{aligned} \tag{2-51}$$

假定在 $k+1$ 时刻已经得到 $V(x_k) = \frac{1}{2} x_k^{\mathrm{T}} \Gamma_k x_k$，然后按最优性原理给出 t 时刻的优化函数

$$\begin{aligned} V_{k-1}(x_{k-1}) &= \min_{u_{k-1}} \left\{ V_k(x_k) + \frac{1}{2}[x_k^{\mathrm{T}} Q_k x_k + u_{k-1}^{\mathrm{T}} R_{k-1} u_{k-1}] \right\} \\ &= \min_{u_{k-1}} \frac{1}{2}[x_k^{\mathrm{T}} (Q_k + \Gamma_k) x_k + u_{k-1}^{\mathrm{T}} R_{k-1} u_{k-1}] \end{aligned} \tag{2-52}$$

令

$$\begin{aligned} & x_k^{\mathrm{T}} (Q_k + \Gamma_k) x_k + u_{k-1}^{\mathrm{T}} R_{k-1} u_{k-1} \\ &= (A x_{k-1} + B u_{k-1})^{\mathrm{T}} (Q_k + \Gamma_k)(A x_{k-1} + B u_{k-1}) + u_{k-1}^{\mathrm{T}} R_{k-1} u_{k-1} \end{aligned}$$

$$= x_{k-1}^{\mathrm{T}} A^{\mathrm{T}}(Q_k + \Gamma_k)A x_{k-1} + 2 u_{k-1}^{\mathrm{T}} B^{\mathrm{T}}(Q_k + \Gamma_k)A x_{k-1} + u_{k-1}^{\mathrm{T}}(B^{\mathrm{T}}(Q_k + \Gamma_k)B + R_{k-1}) u_{k-1} \tag{2-53}$$

利用二次型函数优化可得

$$u_{k-1}^{*} = -[B^{\mathrm{T}}(Q_k + \Gamma_k)B + R_{k-1}]^{-1} B^{\mathrm{T}}(Q_k + \Gamma_k)A x_{k-1} = -L_{k-1} x_{k-1} \tag{2-54}$$

这仍然是一个线性负反馈控制律。从而得到

$$\begin{aligned} V_{k-1}(x_{k-1}) &= \frac{1}{2} x_{k-1}^{\mathrm{T}} A^{\mathrm{T}}\{(Q_k + \Gamma_k) - (Q_k + \Gamma_k)B[B^{\mathrm{T}}(Q_k + \Gamma_k)B + R_{k-1}]^{-1} B^{\mathrm{T}}(Q_k \\ &\quad + \Gamma_k)\}A x_{k-1} \\ &= \frac{1}{2} x_{k-1}^{\mathrm{T}}\{A^{\mathrm{T}}(Q_k + \Gamma_k)A - L_{k-1}^{\mathrm{T}}[B^{\mathrm{T}}(Q_k + \Gamma_k)B + R_{k-1}] L_{k-1}\} x_{k-1} \\ &= \frac{1}{2} x_{k-1}^{\mathrm{T}} \Gamma_{k-1} x_{k-1} \end{aligned} \tag{2-55}$$

这样进行反向递推，即可求得每个时刻的最优控制律。

2.3.3 最优控制与在线学习

最优控制和在线学习的共同点是在某个约束下求解一个最优化问题。因此，下面将从在线学习的角度对离散线性系统的最优控制问题重新描述。考虑线性控制系统：

$$Z(n+1) = AZ(n) + B\theta(n), \quad n \geqslant 0 \tag{2-56}$$

式中，A 和 B 为系数矩阵；$Z(n)$ 是状态向量序列；$\theta(n)$ 是输入控制向量。对特定的控制增益 F 和控制输入 $\theta(n)=FZ(n)$，闭环系统 $Z(n+1)=(A+BF)Z(n)$ 具有稳定性，即 $A+BF$ 是收缩的。在最优控制中，可以通过最小化一个同时惩罚状态和控制输出的损失函数求得最优的 F，即

$$\sum_{\tau=0}^{N-1} (Z(\tau)^{\mathrm{T}} Q_0 Z(\tau) + \theta(\tau)^{\mathrm{T}} R_0 \theta(\tau)) + Z(N)^{\mathrm{T}} S_0 Z(N) \tag{2-57}$$

式中，Q_0、R_0 和 S_0 为常对称矩阵；N 为一个正常数。

正如本章的前两节所述，可以使用预测误差来度量当前的估计参数和真实参数之间的距离，在线学习据此对系数进行更新（$\Delta\beta(n)=\beta(n+1)-\beta(n)$），以使得预测误差尽可能减小。这个过程和控制论中的稳定性问题不谋而合，具体来说，通过寻找一系列合适的 $\theta(n)$ 使系统(2-56)达到稳定，即 $Z(n)$ 收敛到原点。因此，可以将在线学习中的预测误差作为控制系统的状态变量，参数的更新值作为控制的输入，从而建立最优控制和在线学习之间的联系。

2.4 深度学习

在基于控制的深度学习优化器和深度样本选择网络中，都运用了大量包括全连接层、卷积层、LSTM结构等基础的神经网络模块，以及多种经典优化器和提升学习效果的技巧(Goodfellow et al.，2016)。因此，本节将对相关神经网络模块、训练方法与学习技巧作出简要介绍，以方便对后文理解。

2.4.1 神经网络模块

1. 全连接网络

全连接层是深度学习中最基础的结构，它将全部输入值以某个权重进行加权，接着将输出传递到下一层。全连接网络则由多个全连接层依序构成，因此也称为多层前馈神经网络或深度前馈神经网络。全连接网络的结构如图2-2所示。

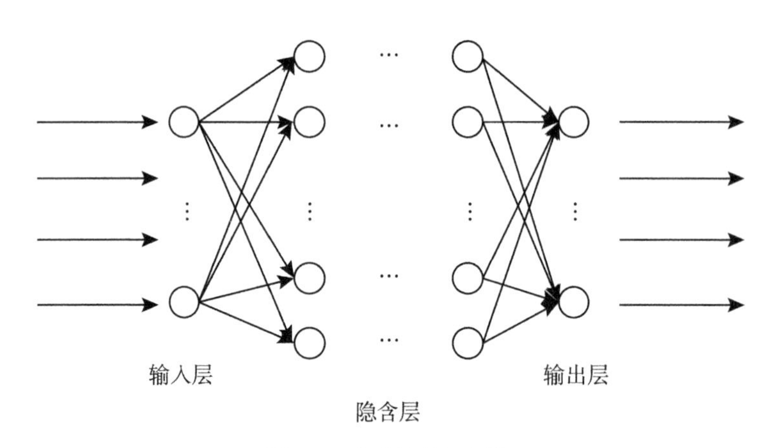

图2-2　全连接神经网络

基于该图，给出网络输入和输出之间的模型：输入$x \in \mathbf{R}^m$，输出$y \in \mathbf{R}^s$，隐层的输出记为

$$h^{(l)} = \varphi^{(l)}\left(\sum_{i=1}^{n_{l-1}} h_i^{(l-1)} w_i^{(l)} + b^{(l)}\right), \quad l = 1, 2, \cdots, L \tag{2-58}$$

其中，输入层为$h^{(0)} = x$，输出层为$h^{(L)} = y$，隐层共计有$L-1$个，整个网络包含输入和输出总共$L+1$层，$[n_0, n_1, \cdots, n_{L-1}, n_L]$为各层的维数，$(\varphi_1, \cdots, \varphi_{L-1}, \varphi_L)$为对应的激活函数，并且有$n_0 = m$，$n_L = s$。待学习参数记为

$$\begin{cases}\theta = (\theta_1, \theta_2, \cdots, \theta_L) \\ \theta_l = (w^{(l)} \in \mathbf{R}^{n_{l-1}\times n_l}, b^{(l)} \in \mathbf{R}^{n_l}), \quad l = 1, 2, \cdots, L\end{cases} \tag{2-59}$$

则输入和输出的关系为：

$$\begin{aligned} y = h^{(L)} &= \varphi^{(L)} \left(\sum_{i_L=1}^{n_L} h_{i_L}^{(L-1)} w_{i_L}^{(L)} + b^{(L)} \right) \\ &= \varphi^{(L)} \left[\sum_{i_L=1}^{n_L} \varphi^{(L-1)} \left(\sum_{i_{L-1}=1}^{n_{L-1}} h_{i_{L-1}}^{(L-2)} w_{i_{L-1}}^{(L-1)} + b^{(L-1)} \right) w_{i_L}^{(L)} + b^{(L)} \right] \\ &= \cdots = \varphi^{(L)} [\varphi^{(L-1)}(\cdots \varphi^{(1)}(x, \theta_1)\cdots, \theta_{L-1}), \theta_L] \end{aligned} \tag{2-60}$$

2. 卷积层与池化层

卷积层和池化层是卷积神经网络所特有的结构，下面将详细解决这两种结构。数学中，卷积是一种重要的线性运算，数字信号处理中常用的卷积运算包括 Full 卷积、Same 卷积和 Valid 卷积。假设输入信号是一维信号，即 $x \in \mathbf{R}^n$，卷积核(滤波器)也是一维的，即 $w \in \mathbf{R}^m$，则有

1) Full 卷积

$$\begin{cases} y = \text{conv}(x, w, \text{'full'}) = (y(1), \cdots, y(t), \cdots, y(n+m-1)) \in \mathbf{R}^{n+m-1} \\ y(t) = \sum_{i=1}^{m} x(t-i+1) \cdot w(i) \end{cases} \tag{2-61}$$

式中，$t = 1, 2, \cdots, n+m-1$。

2) Same 卷积

$$y = \text{conv}(x, w, \text{'same'}) = \text{center}(\text{conv}(x, w, \text{'}full\text{'}), n) \in \mathbf{R}^n \tag{2-62}$$

其返回的结果为 Full 卷积中与输入信号 $x \in \mathbf{R}^n$ 尺寸相同的中心部分。

3) Valid 卷积

$$\begin{cases} y = \text{conv}(x, w, \text{'valid'}) = (y(1), \cdots, y(t), \cdots, y(n-m+1)) \in \mathbf{R}^{n-m+1} \\ y(t) = \sum_{i=1}^{m} x(t+i-1) \cdot w(i) \end{cases} \tag{2-63}$$

式中，$t = 1, 2, \cdots, n-m+1$，需要注意 $n > m$。

在 CNN 中，除非特别说明，卷积层使用的是 Valid 卷积。由于 CNN 处理的多为图像任务，因此需要扩展到二维和三维。具体而言，假设有维度为 $C \times D \times D$ 的卷积核，其中 C 为通道个数，D 为卷积核的大小，一个卷积层包含 N 个需要估计的卷积核(滤波器)。当输入的图像 X 的维度为 $C \times H \times W$ 时，所有滤波器的输出组合成新的图像 Y，

Y 的维度为 $N \times H \times W$，即

$$Y_{k,\ m,\ n} = \sum_{c=1}^{C} \sum_{i=-D'}^{D'} \sum_{j=-D'}^{D'} W_{k,\ c,\ i+D',\ j+D'} \cdot X_{c,\ m+i,\ n+j} \tag{2-64}$$

式中，$D' = \lfloor D/2 \rfloor$。在实际使用中，还需要指定两个参数，即滤波器移动步长 stride 和周围补齐的 0 的圈数 padding 值，两者共同作用决定了下一次输出图像的形状，

图 2-3 给出了经典的卷积层表现形式。

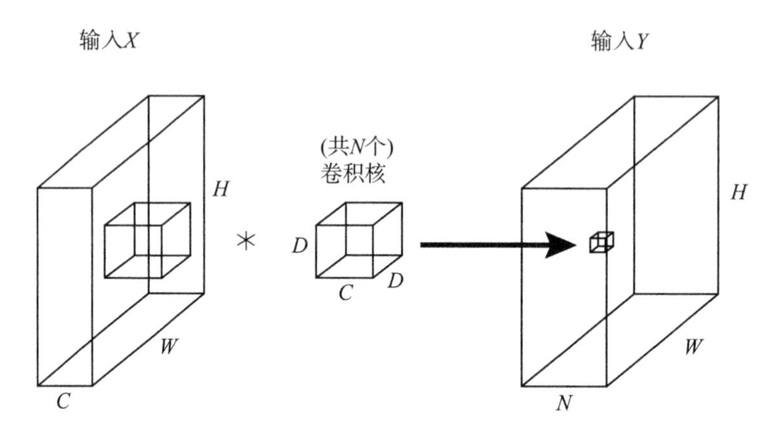

图 2-3　卷积层结构示意图

池化层通常作用于输入图像进行下采样操作，其意义在于减少计算量，刻画平移不变性；约减下一层的输入维度，有效降低过拟合风险。池化层的操作可以有多种形式，常见的如最大池化、平均池化、范数池化和对数概率池化等。例如，对于输入图像 $X \in \mathbf{R}^{C \times H \times W}$，最大池化就是求得每个特征区域的最大值作为输出，即

$$Y_{c,\ m,\ n} = \max(\{X_{c,\ m+i,\ n+j} \mid i,\ j \in \{-D',\ \cdots,\ D'\}\}) \tag{2-65}$$

式中 $D' = \lfloor D/2 \rfloor$。平均池化则将每个特征区域的平均值作为输出，即

$$Y_{c,\ m,\ n} = \frac{1}{D^2} \sum_{i=-D'}^{D'} \sum_{j=-D'}^{D'} X_{c,\ m+i,\ n+j} \tag{2-66}$$

最大池化和平均池化示意如图 2-4 所示。

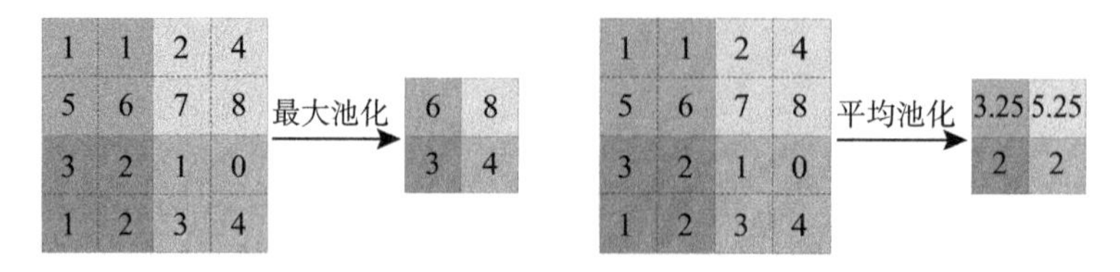

图 2-4　最大池化和平均池化结构示意图

3. 循环神经网络——RNN 与 LSTM

循环神经网络(Recurrent Neural Networks)不同于正常的前馈神经网络，通过引入(某隐层)定向循环，它能够更好地表征高维度信息的整体逻辑性。简单的循环神经网络结构如图 2-5 所示，可以看出，循环神经网络类似一个动态系统。

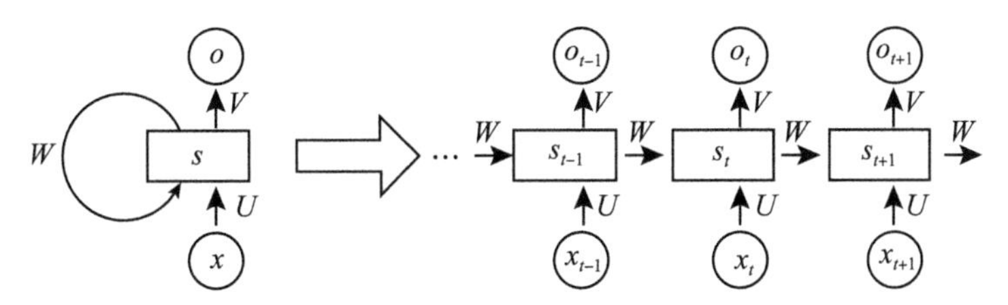

图 2-5　简单 RNN 结构示意图

假设 x_t 表示 t 时刻的输入，该序列长度为 T；输出 y_t 与 t 时刻之前(包括 t 时刻)的输入有关系，即

$$y_t = f(x_1, x_2, \cdots, x_t), \{x_t \in \mathbf{R}^n, y_t \in \mathbf{R}^m\}_{t=1}^{\mathrm{T}} \tag{2-67}$$

则有模型

$$\begin{cases} s_t = \sigma(U \cdot x_t + W \cdot s_{t-1} + b) \\ o_t = V s_t + c \in \mathbf{R}^m \\ y_t = \mathrm{softmax}(o_t) \in \mathbf{R}^m \end{cases} \tag{2-68}$$

注意这里的 softmax 并不是分类器，而是作为激活函数，即将一个 m 维向量压缩成另一个 m 维的实数向量，即

$$\mathrm{softmax}(o_t) = \frac{[e^{(o_t(1))}, \cdots, e^{(o_t(m))}]^{\mathrm{T}}}{\sum_{j=1}^{m} e^{(o_t(j))}} \tag{2-69}$$

在一个简单的 RNN(式(2-68))中，需要估计的参数包括权重 U、W 和 V 与偏置 b 和 c。

然而，图 2-5 所示的简单 RNN 会随着时间间隔的增加而出现梯度爆炸和弥散。为了有效解决这一问题，通常引入一个门限机制，用于控制信息的积累和遗忘速度。这种机制下的循环神经网络包括长短期记忆网络(Long Short-Term Memory，LSTM)和门限自回归(Gate Recurrent Unit，GRU)。这里将重点给出 LSTM 的相关理论背景。

在 t 时刻的输入有 x_t，c_{t-1} 和 s_{t-1}；输出包括两个，即 c_t 和 s_t。网络的核心设计包含三个门，即输入门、遗忘门和输出门。输入门的主要作用是确定输入 x_t 有多少成分

保留在 c_t 中，即

$$\begin{cases} i_t = \sigma(U_i \cdot x_t + W_i \cdot s_{t-1} + V_i \cdot c_{t-1}) \\ \tilde{c}_t = \tanh(U_c \cdot x_t + W_c \cdot s_{t-1}) \end{cases} \tag{2-70}$$

这里的 i 代表“input”；其中 i_t 为 t 时刻输入门的输入，通过输入门后保留在 c_t 中的成分为 $i_t \otimes \tilde{c}_t$，其中符号“ $\otimes$ ”表示对应向量中对应元素相乘。遗忘门的目的是确定 t 时刻输入中的 c_{t-1} 有多少成分保留在 c_t 中，即

$$f_t = \sigma(U_f \cdot x_t + W_f \cdot s_{t-1} + V_f \cdot c_{t-1}) \tag{2-71}$$

这里的 f 代表“forget”；这个公式是遗忘门的门限，与输入门的门限 $\tilde{c}_t$ 一样，通过遗忘门后保留在 c_t 中的成分为 $f_t \otimes c_{t-1}$。输出门的目的是利用控制单元 c_t 确定输出 o_t 中有多少成分输出到隐层 s_t 中；经过输入门与遗忘门之后的状态 c_t 的实现公式为

$$c_t = i_t \otimes \tilde{c}_t + f_t \otimes c_{t-1} \tag{2-72}$$

式中，前一项为经过输入门后保留在 c_t 中的成分，后一项是经过遗忘门后保留在 c_t 中的成分。随后，为了确定 c_t 有多少成分保留在 s_t 中，给出输出的实现公式

$$o_t = \sigma(U_o \cdot x_t + W_o \cdot s_{t-1} + V_o \cdot c_t) \tag{2-73}$$

这里的 o_t 为 t 时刻的输出层上的状态。最后经过输出门，保留在隐层上的成分为

$$h_t = o_t \otimes \tanh(c_t) \tag{2-74}$$

4. 激活函数

激活函数的核心在于通过一些非线性映射的复合，使整个网络的对于非线性映射的刻画能力得到提升。若不存在激活函数，则输入到输出的映射仍为线性。在应用中，常见的激活函数有：修正线性单元 ReLU（加速收敛，增加稀疏性）、softplus 函数（ReLU 的光滑逼近），以及同属于 S 型函数的 sigmoid 函数和 tanh 函数：

$$\text{ReLU：} r(x) = \max(0, x) \tag{2-75}$$

$$\text{softplus：} \zeta(x) = \log(1 + \mathrm{e}^x) \tag{2-76}$$

$$\text{sigmoid：} \sigma(x) = \frac{1}{1 + \mathrm{e}^{-x}} \tag{2-77}$$

$$\text{tanh：} \tanh(x) = \frac{\mathrm{e}^x - \mathrm{e}^{-x}}{\mathrm{e}^x + \mathrm{e}^{-x}} \tag{2-78}$$

不同激活函数的图像如图 2-6 所示。

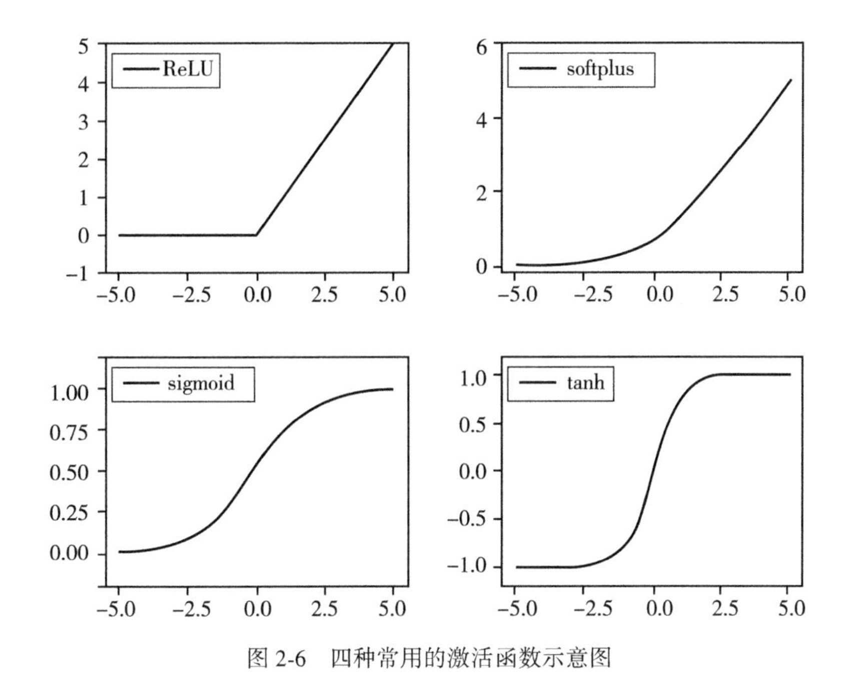

图 2-6 四种常用的激活函数示意图

2.4.2 训练方法

1. 反向传播算法

实际应用中，假设有小批量(mini-batch)样本 $(x^{(i)}, y^{(i)})$，$i = 1, 2, \cdots, m$，其中 $x^{(i)} \in \mathbf{R}^m$，$y^{(i)} \in \mathbf{R}^s$。所得到的优化目标函数为

$$\min_{\theta} J(\theta) = \frac{1}{m}\sum_{i=1}^{m} l(\theta; (x^{(i)}, y^{(i)})) \tag{2-79}$$

式中，θ 为当前所有的未知参数构成的集合；$l(\cdot)$ 为损失函数。为了说明反向传播算法，通过如下方法来更新参数

$$\theta_k = \theta_{k-1} - \alpha \cdot \nabla\theta\big|_{\theta=\theta_{k-1}},\ \nabla\theta\big|_{\theta=\theta_{k-1}} = \frac{\partial J(\theta)}{\partial\theta}\bigg|_{\theta=\theta_{k-1}} \tag{2-80}$$

其中，α 为学习率，具体到第 l 层上的参数更新为

$$\theta_k^{(l)} = \theta_{k-1}^{(l)} - \alpha \cdot \nabla\theta^{(l)}\big|_{\theta^{(l)}=\theta_{k-1}^{(l)}},\ \nabla\theta^{(l)}\big|_{\theta^{(l)}=\theta_{k-1}^{(l)}} = \frac{\partial J(\theta)}{\partial\theta^{(l)}}\bigg|_{\theta^{(l)}=\theta_{k-1}^{(l)}} \tag{2-81}$$

这里 $\theta_k^{(l)}$ 为第 l 层第 k 次迭代的更新，根据链式法则，将其展开为

$$\frac{\partial J(\theta)}{\partial \theta^{(l)}}=\frac{\partial h^{(l)}}{\partial \theta^{(l)}}\cdot\frac{\partial h^{(l+1)}}{\partial h^{(l)}}\cdot\cdots\cdot\frac{\partial h^{(L)}}{\partial h^{(L-1)}}\cdot\frac{\partial J(\theta)}{\partial h^{(L)}} \tag{2-82}$$

其中误差传播项记为

$$\delta^{(l)}=\frac{\partial J(\theta)}{\partial h^{(l)}} \tag{2-83}$$

进一步利用 $\theta^{(l)}=(w^{(l)}, b^{(l)})$，则有隐层输出关于对应的参数求导为

$$\begin{cases}\dfrac{\partial h^{(l)}}{w^{(l)}}=\dfrac{\partial \varphi^{(l)}((h^{(l-1)})^{\mathrm{T}}\cdot w^{(l)}+b^{(l)})}{w^{(l)}}=h^{(l-1)}\odot(\varphi^{(l)})' \\ \dfrac{\partial h^{(l)}}{b^{(l)}}=\dfrac{\partial \varphi^{(l)}((h^{(l-1)})^{\mathrm{T}}\cdot w^{(l)}+b^{(l)})}{b^{(l)}}=1\odot(\varphi^{(l)})'\end{cases} \tag{2-84}$$

其中，$\odot$ 是 Hadamard 积。

前馈神经网络的训练分为两步：一是根据当前的参数值，计算前向传播过程中每一层的输出值；二是根据实际输出与期望输出之间的差来反向传播计算每一层上的误差传播项，结合每一层输出关于该层的偏导数实现各层参数的更新；重复这两步，直至该过程收敛。

2. 深度学习优化器

使用反向传播算法可以很容易地实现基于梯度的参数更新，在获得梯度后可选用不同的优化器更新网络的参数。常见的优化器包括随机梯度下降(Stochastic Gradient Descent，SGD)、动量法(SGD with Momentum，SGDM)和 Adam(Adaptive Moment Estimation)优化器。下面将对三者进行详细介绍。

SGD 是最早的深度学习优化方法，它的更新公式和式(2-80)一致

$$\theta_{k+1}=\theta_k-\eta\,\nabla\theta\big|_{\theta=\theta_k} \tag{2-85}$$

在优化器中，一般用 η 表示学习率。尽管早期的深度学习模型多使用 SGD 作为优化器，但它存在很多不足。首先，在线学习中的梯度方法一样，人们往往难以选择一个大小合适的学习率，使得在保证收敛的同时提高收敛速度。其次，SGD 在各个方向的学习率是相同的，这就使得需要大幅度更新的方向和几乎不需要更新的方向具有相同的学习率，大大增加了学习的不稳定性。此外，深度学习的学习目标一般是一个高度非凸函数，其特点是包含多个局部极小值和鞍点，这使简单的 SGD 更新变得十分困难。

局部最小值附近的某两个方向往往需要不同的更新速率，动量法可以在一定程度上解决这一问题，其更新方式如下：

$$v_k=\gamma\,v_{k-1}+\epsilon\nabla\theta\big|_{\theta=\theta_k}$$

$$\theta_{k+1} = \theta_k - v_k \tag{2-86}$$

式中，v_k 代表了直到第 k 步的累积梯度；γ 和 ϵ 则共同决定了过去的梯度信息的重要性。一般来说，γ 的设定会相对 ϵ 更大一些，这说明历史累积的梯度相对当前的梯度更加重要。因此，动量法的更新思想在于对当前方向的更新存在惯性，如果在某个方向的梯度一直保持同号（同为正或同为负），则根据动量法的思想，该方向的更新步长也会相对较大；反之，若过去在该方向的梯度有正有负，不断振荡，则需要减小更新幅度，以保证稳定性。实验研究表明动量法相对 SGD 方法拥有更快的收敛速度，并且不容易受到噪声的干扰。

Adam 是深度学习优化器的后起之秀，与动量法的思路不同，Adam 构造了自适应更新的学习率，其参数更新的公式为

$$\theta_{k+1} = \theta_k - \frac{\eta}{\sqrt{\hat{v}_k} + \epsilon} \hat{m}_k$$

$$\hat{m}_k = \frac{m_k}{1 - \beta_1^k}, \quad \hat{v}_k = \frac{v_k}{1 - \beta_2^k}$$

$$m_k = \beta_1 m_{k-1} + (1 - \beta_1) g_t, \quad v_k = \beta_2 v_{k-1} + (1 - \beta_2) g_t^2 \tag{2-87}$$

式中，$g_t = \nabla\theta|_{\theta=\theta_k}$；$\epsilon$ 是接近 0 的正数，以避免分母为 0；β_1 和 β_2 是衰减因子，一般为 0.99 或 0.999。尽管在一部分任务中，Adam 的预测精度略逊于动量方法，但由于自适应调整学习率这一优良特性以及较快的收敛速度，Adam 方法很快在深度学习的众多优化器中脱颖而出，成为实际应用中的主流优化器。

第3章　基于最优控制的鲁棒在线学习算法

本章提出一个基于最优控制的鲁棒在线学习架构，该架构立足于线性学习，可以解决回归、二分类和多分类问题。传统的迭代法能够求解这个最优控制系统，而基于极分解的解法则大大简化了计算量，包含更多未知参数的线性模型得到快速求解。本章的最后给出了数值模拟和机器学习经典数据集上的学习结果和收敛状况。

3.1　回归模型

3.1.1　误差反馈系统

考虑包含 M 个输入变量的线性回归模型，假设存在数据流 $(x(k),\ y(k))$，$k=1,\ 2,\ \cdots$，由以下系统生成

$$y(k)=\sum_{j=1}^{M}\beta_j^*\, x_j(k)+\varepsilon(k)=x(k)\beta^*+\varepsilon(k) \tag{3-1}$$

式中，$\beta^*=(\beta_1^*,\ \beta_2^*,\ \cdots,\ \beta_M^*)^{\mathrm{T}}$ 是待学习的目标参数向量。大多数文献假设 $\varepsilon(k)$ 是白噪声，以便于统计分析。然而在本章中，对 $\forall k$，$x(k)$ 被限制在一个紧集中，$\varepsilon(k)$ 也被限制在常数 D_ε 内，即 $|\varepsilon(k)|<D_\varepsilon$，使得异方差和序列相关的噪声被囊括进来。

假设在第 n 个时间点已有估计 $\beta(n)=(\beta_1(n),\ \beta_2(n),\ \cdots,\ \beta_M(n))^{\mathrm{T}}$，$\beta(n)$ 即将被更新为 $\beta(n+1)=\beta(n)+\Delta\beta(n)$。通过 $\beta(n+1)$ 对 $y(k)$ 预测有

$$\hat{y}(k)=\sum_{j=1}^{M}\beta_j(n+1)\, x_j(k)+\varepsilon(k)=x(k)\beta(n+1) \tag{3-2}$$

令 $\hat{e}(n-l)=\hat{y}(n-l)-y(n-l)$ 为使用 $\beta(n+1)$ 对第 $n-l$ 个样本点 $y(n-l)$ 的预测误差，即

$$\begin{aligned}\hat{e}(n-l)&=x(n-l)\beta(n+1)-x(n-l)\beta^*-\varepsilon(n-l)\\&=x(n-l)(\beta(n+1)-\beta^*)-\varepsilon(n-l)\end{aligned} \tag{3-3}$$

对 $l=0,\ 1,\ \cdots,\ M_0$，其中 $0\leqslant M_0\ll M$，令 $e(n-l)$ 为使用 $\beta(n)$ 对第 $n-l$ 个样本点 $y(n-l)$ 的预测误差，即

$$e(n-l)=x(n-l)\beta(n)-x(n-l)\beta^{*}-\varepsilon(n-l)$$
$$=x(n-l)(\beta(n)-\beta^{*})-\varepsilon(n-l) \tag{3-4}$$

对 $l=0,1,\cdots,M_0$，有

$$\hat{e}(n-l)=x(n-l)(\beta(n)-\beta^{*}+\Delta\beta(n))-\varepsilon(n-l)$$
$$=x(n-l)(\beta(n)-\beta^{*})+x(n-l)\Delta\beta(n)-\varepsilon(n-l)$$
$$=e(n-l)+x(n-l)\Delta\beta(n) \tag{3-5}$$

对所有的 k，定义

$$\hat{E}(n)\equiv(\hat{e}(n),\hat{e}(n-1),\cdots,\hat{e}(n-M_0))^{\mathrm{T}} \tag{3-6}$$

$$E(n)\equiv(e(n),e(n-1),\cdots,e(n-M_0))^{\mathrm{T}} \tag{3-7}$$

$$\Delta\beta(n)\equiv(\Delta\beta_1(n),\Delta\beta_2(n),\cdots,\Delta\beta_M(n))^{\mathrm{T}} \tag{3-8}$$

$$B(n)\equiv\begin{pmatrix} x_1(n) & x_2(n) & \cdots & x_M(n) \\ x_1(n-1) & x_2(n-1) & \cdots & x_M(n-1) \\ \vdots & \vdots & & \vdots \\ x_1(n-M_0) & x_2(n-M_0) & \cdots & x_M(n-M_0) \end{pmatrix} \tag{3-9}$$

式(3-5)可以简写成

$$\hat{E}(n)=E(n)+B(n)\Delta\beta(n) \tag{3-10}$$

式中，$\hat{E}(n)\in\mathbf{R}^{M_0^+}$，$E(n)\in\mathbf{R}^{M_0^+}$，$\Delta\beta(n)\in\mathbf{R}^{M}$，$B(n)\in\mathbf{R}^{M_0^+\times M}$，$M_0^+=M_0+1$。为了方便从反馈控制的角度重新解读在线学习，式(3-10)亦可写成下列系统

$$E(n+1)=E(n)+B(n)U(n) \tag{3-11}$$

这是一个线性、离散的有限维误差动力学系统。其中 $E(n+1)\in\mathbf{R}^{M_0^+}$ 对应于式(3-10)中的 $\hat{E}(n)$，$B(n)$ 为参数向量，$U(n)=\Delta\beta(n)$ 为等待确定的反馈控制的输入。为了实现在线学习的功能，设定 $U(n)$ 为状态反馈，即 $U(n)=F(n)E(n)$，其中 $F(n)$ 为控制律。在第 n 步已知 $\beta(n)$，因此对 $\forall l$，$e(n-l)$ 可以被观测到，式(3-11)是拥有状态反馈的控制系统。随着 n 的增长，可以得到一系列的时不变控制系统。如果按顺序使这些系统稳定，就可以获得控制输入序列 $U(n+k)=\Delta\beta(n+k)$，$k=0,1,2,\cdots$，并且有

$$\beta(n+k)=\beta(n)+\sum_{j=0}^{k-1}U(n+j)=\beta(n)+\sum_{j=0}^{k-1}\Delta\beta(n+j) \tag{3-12}$$

我们的学习目标是获取一个能使系统(3-11)稳定的有效控制律 $F(n)$，并且使得状态 $E(n)$ 是收缩的；即对 $\forall n$，在样本集 $(x(n-i),y(n-i))$，$i=0,1,\cdots,M_0$ 由 $\beta(n)$ 获得的预测误差比 $\beta(n+1)$ 更大。给定控制律 $F(n)$，当 $k\to\infty$时，$\beta(n+k)$ 与 β^{*} 之间的距离将被限制在一个紧集，后文将对此给出证明。因此，对于模型

(3-1)，在第 n 步的更新可以被转化为式(3-12)所示的 M_0^+ 维的控制系统。

尽管式(3-11)与已有文献(Jing et al.，2012a；Jing，2011，2012b；Ning et al.，2018)的方法有一定的相似之处，但存在本质不同。当式(3-11)中的 M_0 较小时，可以设定一个特殊的控制问题，并且有稳定、有效的数值解。

3.1.2　基于最优控制的在线回归问题

本节通过使用无限时域 LQR 获取在线学习问题的最优反馈控制的输入。为了获取有效的最优控制输入 $U(n)$，构建如下的虚拟时不变系统

$$E_n(t+1)=E_n(t)+B_n U_n(t),\quad t=1,2,\cdots \tag{3-13}$$

其中，$B_n=B(n)$，由此，无论有无噪声，对于给定的 n，在线学习问题可以被转化为系统(3-11)对应的控制问题。显然，只要 B_n 满足行满秩的假定，式(3-13)具有完全的可控性和可观性。这意味着存在使式(3-13)稳定的最优控制(Camacho et al.，2013)。考虑如下无限时域 LQR 问题

$$V(E_n,U_n)=\min_{U_n(1),\cdots,U_n(N)}\sum_{t=1}^{\infty}E_n(t)^{\mathrm{T}}E_n(t)+\gamma U_n(t)^{\mathrm{T}}U_n(t) \tag{3-14}$$

受到式(3-13)的约束，并且有状态反馈 $U_n(t)=F_n(t)E_n(t)$。V 的第一项度量了预测的偏差，第二项则对控制输入 ($\Delta\beta(n)$) 的强度进行惩罚，$\gamma>0$ 平衡了上述两个优化目标。一旦获取式(3-14)的解，通过 MPC 的滚动优化策略，式(3-11)中的控制输出与参数更新由第一个控制输入 $U_n(1)$ 给出，即 $\Delta\beta(n)=U(n)=U_n(1)=F_n(t)E_n(t)$。在下一个时间点 $n+1$，式(3-13)中的 B_n 将会被更新为 B_{n+1}。为了获得 $\Delta\beta(n+1)$，最优化问题式(3-14)将会被重新求解。当新的数据流进入系统，上述流程将不断进行重复，以实现对模型的实时更新，这一过程就是滚动优化的 LQR。下列两个定理将给出该算法的更新法则和收敛结果。

定理 1　最优控制问题式(3-14)可以通过求解以下关于 P_n 的矩阵方程得到：

$$P_n B_n(\gamma I+B_n^{\mathrm{T}}P_n B_n)^{-1}B_n^{\mathrm{T}}P_n=I \tag{3-15}$$

此外，最优控制输入和参数更新法则为

$$\beta(n+1)=\beta(n)+F_nE(n)$$

$$F_n=-(\gamma I+B_n^{\mathrm{T}}P_n B_n)^{-1}B_n^{\mathrm{T}}P_n \tag{3-16}$$

证明　根据标准的最优控制理论，对于任意给定的 n，存在一个对称正定矩阵 P_n，使得 $V(E(n))=E(n)^{\mathrm{T}}P_nE(n)=E_n(1)^{\mathrm{T}}P_nE_n(1)$，因此 $V(E(n))$ 是一个二次型。则 Hamilton-Jacobi 方程可以写成

$$V(E(n))=\min_{U_n(1),\cdots,U_n(N)}\sum_{t=1}^{\infty}E_n(t)^{\mathrm{T}}E_n(t)+\gamma U_n(t)^{\mathrm{T}}U_n(t)$$

$$= \min_{U_n(1)} (E_n(1)^{\mathrm{T}} E_n(1) + \gamma U_n(1)^{\mathrm{T}} U_n(1) + V(E_n(1) + B_n U_n(1))) \tag{3-17}$$

即

$$V(E(n)) = \min_{U_n(1)} (E_n(1)^{\mathrm{T}} E_n(1) + \gamma U_n(1)^{\mathrm{T}} U_n(1) + (E_n(1) + B_n U_n(1))^{\mathrm{T}} P_n (E_n(1) + B_n U_n(1))) \tag{3-18}$$

为了最小化式(3-18)，对 $U_n(1)$ 求偏导，寻找偏导数为 0 的点

$$2 U_n(1)^{\mathrm{T}} \gamma I + 2 (E_n(1) + B_n U_n(1))^{\mathrm{T}} P_n B_n = 0 \tag{3-19}$$

求解可得

$$U_n^*(1) = -(\gamma I + B_n^{\mathrm{T}} P_n B_n)^{-1} B_n^{\mathrm{T}} P_n E_n(1) \tag{3-20}$$

则式(3-18)可以重新写为

$$\begin{aligned} V(E(n)) &= E_n(1)^{\mathrm{T}} P_n E_n(1) \\ &= (E_n(1) + B_n U_n^*(1))^{\mathrm{T}} P_n (E_n(1) + B_n U_n^*(1)) \\ &\quad + E_n(1)^{\mathrm{T}} E_n(1) + \gamma U_n^*(1)^{\mathrm{T}} U_n^*(1) \end{aligned} \tag{3-21}$$

由式(3-20)和式(3-21)的最优值 $U_n^*(1)$，我们有

$$\begin{aligned} & E_n(1)^{\mathrm{T}} P_n E_n(1) \\ &= E_n(1)^{\mathrm{T}} E_n(1) + \gamma U_n^*(1)^{\mathrm{T}} U_n^*(1) + (E_n(1) + B_n U_n^*(1))^{\mathrm{T}} P_n (E_n(1) + B_n U_n^*(1)) \\ &= E_n(1)^{\mathrm{T}} E_n(1) + E_n(1)^{\mathrm{T}} P_n E_n(1) \\ &\quad + \gamma E_n(1)^{\mathrm{T}} P_n B_n (\gamma I + B_n^{\mathrm{T}} P_n B_n)^{-1} (\gamma I + B_n^{\mathrm{T}} P_n B_n)^{-1} B_n^{\mathrm{T}} P_n E_n(1) \\ &\quad + E_n(1)^{\mathrm{T}} P_n B_n (\gamma I + B_n^{\mathrm{T}} P_n B_n)^{-1} B_n^{\mathrm{T}} P_n B_n (\gamma I + B_n^{\mathrm{T}} P_n B_n)^{-1} B_n^{\mathrm{T}} P_n E_n(1) \\ &\quad - 2 E_n(1)^{\mathrm{T}} P_n B_n (\gamma I + B_n^{\mathrm{T}} P_n B_n)^{-1} B_n^{\mathrm{T}} P_n E_n(1) \\ &= E_n(1)^{\mathrm{T}} E_n(1) + E_n(1)^{\mathrm{T}} P_n E_n(1) \\ &\quad + E_n(1)^{\mathrm{T}} P_n B_n (\gamma I + B_n^{\mathrm{T}} P_n B_n)^{-1} (\gamma I + B_n^{\mathrm{T}} P_n B_n) (\gamma I + B_n^{\mathrm{T}} P_n B_n)^{-1} B_n^{\mathrm{T}} P_n E_n(1) \\ &\quad - 2 E_n(1)^{\mathrm{T}} P_n B_n (\gamma I + B_n^{\mathrm{T}} P_n B_n)^{-1} B_n^{\mathrm{T}} P_n E_n(1) \\ &= E_n(1)^{\mathrm{T}} E_n(1) + E_n(1)^{\mathrm{T}} P_n E_n(1) \\ &\quad - E_n(1)^{\mathrm{T}} P_n B_n (\gamma I + B_n^{\mathrm{T}} P_n B_n)^{-1} B_n^{\mathrm{T}} P_n E_n(1) \end{aligned} \tag{3-22}$$

由于式(3-22)对于所有的 $E_n(1)$ 均成立，得到如下离散时间代数的 Riccati 方程：

$$P_n = I + P_n - P_n B_n (\gamma I + B_n^{\mathrm{T}} P_n B_n)^{-1} B_n^{\mathrm{T}} P_n \tag{3-23}$$

方程的解 P_n 是一个稳定的对称正定矩阵，并且在线学习的更新法则由最优输入给出，即 $\Delta\beta(n) = U_n^*(1) = F_n E_n(1) = F_n E(n)$，其中 $F_n = -(\gamma I + B_n^{\mathrm{T}} P_n B_n)^{-1} B_n^{\mathrm{T}} P_n$，显然式(3-23)可以简写为式(3-15)。得证。

定理 2 假设对 $\forall n$，$B(n)$ 为行满秩矩阵，对于任意初始值 $\beta(1)$，$\beta(n+1) = \beta(n) + U(j)$，其中根据式(3-15)，有 $U(j) = F_j E(j)$。给定谱半径 $\rho(\cdot)$（特征值的最

大模)、式(3-29)的 S_n 和常数 r，进一步假设

$$r_k \equiv \rho(S_{n+k}) \leqslant r < 1 \tag{3-24}$$

则存在 $D_e > 0(D_e = O(\varepsilon))$，使得

$$\lim_{n\to\infty}\|\beta(n) - \beta^*\| < D_e \tag{3-25}$$

此外，在没有噪声的情况下，有

$$\lim_{n\to\infty}\|\beta(n) - \beta^*\| = 0 \tag{3-26}$$

证明　为了节约篇幅，这里仅给出无噪声的情况（$\varepsilon(n)=0$，$\forall n$）（一般的情形与之类似）。由式(3-4)、式(3-15)和式(3-16)，有

$$\begin{aligned}\beta(n+1) - \beta^* &= \beta(n) - \beta^* + F_n E(n)\\ &= \beta(n) - \beta^* - (\gamma I + B_n^{\mathrm{T}} P_n B_n)^{-1} B_n^{\mathrm{T}} P_n B_n(\beta(n) - \beta^*)\\ &= (\gamma I + B_n^{\mathrm{T}} P_n B_n)^{-1}(\gamma I + B_n^{\mathrm{T}} P_n B_n)(\beta(n) - \beta^*)\\ &\quad - (\gamma I + B_n^{\mathrm{T}} P_n B_n)^{-1} B_n^{\mathrm{T}} P_n B_n(\beta(n) - \beta^*)\\ &= (I + \gamma^{-1} B_n^{\mathrm{T}} P_n B_n)^{-1}(\beta(n) - \beta^*)\end{aligned} \tag{3-27}$$

记 $\widetilde{\beta}(n) = (\beta_1(n) - \beta_1^*, \beta_2(n) - \beta_2^*, \cdots, \beta_M(n) - \beta_M^*)^{\mathrm{T}}$，对 $\forall n$，有

$$\widetilde{\beta}(n+1) = (I + \gamma^{-1} B_n^{\mathrm{T}} P_n B_n)^{-1} \widetilde{\beta}(n) \tag{3-28}$$

由于闭环系统矩阵

$$S_n \equiv (I + \gamma^{-1} B_n^{\mathrm{T}} P_n B_n)^{-1} \tag{3-29}$$

的特征值均被限制在单位圆内，则

$$\widetilde{\beta}(n+k) = \left[\prod_{i=0}^{k-1} (I + \gamma^{-1} B_{n+i}^{\mathrm{T}} P_{n+i} B_{n+i})^{-1}\right] \widetilde{\beta}(n) \tag{3-30}$$

对任意的 $k \geqslant 1$，借助 Sherman-Morrison-Woodbury 公式

$$\|(I + \gamma^{-1} B_{n+i}^{\mathrm{T}} P_{n+i} B_{n+i})^{-1}\| = \|S_{n+i}\| \leqslant r < 1 \tag{3-31}$$

由式(3-24)、式(3-30)和式(3-31)，我们有

$$\lim_{k\to\infty}\|\widetilde{\beta}(n+k)\| \leqslant (\lim_{k\to\infty} r^k)\|\widetilde{\beta}(n)\| = 0 \tag{3-32}$$

得证。

式(3-24)的假设并未考虑 S_n 的一部分特征值处于单位圆内而非单位圆上的情况，不过 $B(n)$ 具有随机性且每一步的 $B(n)$ 不尽相同，因此现实中一般并不会连续出现这种情况。通过式(3-16)给定的更新法则，$\beta(n)$ 将指数收敛到 β^* 的一个紧的邻域，并且无须考虑噪声的特性，进一步地，在无噪声情况下这个邻域将会非常小。因此本章提出的在线学习方法具有鲁棒性和快速收敛的性质。

M_0 的选择也将对学习效果造成影响：一个较小的 M_0 有助于模型依据最新获得的样本实时更新参数，但缺点是容易受到噪声的扰动。而较大的 M_0 则恰恰相反。特别

地，当 $M_0=0$ 时，式(3-10)退化成以下的标量系统：

$$\hat{e}(n)=e(n)+(x_1(n),\cdots,x_M(n))(\beta_1(n),\cdots,\beta_M(n))^{\mathrm{T}} \tag{3-33}$$

对式(3-33)，$B(n)=(x_1(n),\cdots,x_M(n))$ 是一个 $1\times M$ 的行向量。借助定理1，可以很容易地求解这个一维的线性系统，此时模型可以快速、及时地对数据流的改变作出反应。需要注意的是，定理2所揭示的指数收敛性质不会受到 M_0 选择的影响。

尽管式(3-11)中的 $B(n)$，或者说式(3-13)中的 B_n 是随时间变化的，由我们的给出的控制器可以使得系统(3-11)稳定。有以下定理：

定理3 对 $\forall n$，对给定的控制输入式(3-16)，式(3-11)的闭环系统可以达到稳定。

证明 给定 $\Delta\beta(n)=U(n)=F_nE(n)$ 和 $F_n=-(\gamma I+B_n^{\mathrm{T}}P_nB_n)^{-1}B_n^{\mathrm{T}}P_n$，对式(3-11)，有

$$\begin{aligned}
E(n+1)&=E(n)+B(n)U(n)=E(n)+B_nU(n)\\
&=(I-B_n(\gamma I+B_n^{\mathrm{T}}P_nB_n)^{-1}B_n^{\mathrm{T}}P_n)E(n)\\
&=(I-B_nB_n^{\mathrm{T}}(\gamma I+P_nB_nB_n^{\mathrm{T}})^{-1}P_n)E(n)\\
&=(I-B_nB_n^{\mathrm{T}}(P_nB_nB_n^{\mathrm{T}}P_n)^{-1}P_n)E(n)\\
&=(I-G_nP_n^{-1}G_n^{-1}P_n^{-1}P_n)E(n)\\
&=(I-G_nP_n^{-1}G_n^{-1})E(n)\\
&=G_n(I-P_n^{-1})G_n^{-1}E(n)
\end{aligned} \tag{3-34}$$

由式(3-46)可以看到，P_n 的所有特征值都大于1，这意味着 $I<P_n$，且 $0<P_n^{-1}<I$。显然 $0<I-P_n^{-1}<I$ 和 $0<G_n(I-P_n^{-1})G_n^{-1}<I$。因此，对 $\forall n$，闭环系统(3-11)都是稳定的。得证。

尽管该定理并没有证明当新的样本数据进入系统时，控制系统发生改变后的稳定性情况，定理3仍然可以说明，从代数学的角度来看该算法可以在每一步都成比例地减小预测误差。

3.1.3 最优控制解法

1. 迭代法求解

一些数值线性代数的技巧可以用来求解这个在线学习算法，在线更新过程可以分为两个部分。第一部分是求解式(3-15)，它等价于式(3-23)的标准离散时间代数Riccati方程，则可用迭代法求解式(3-23)：

$$P_n(k+1)=P_n(k)B_n(\gamma I+B_n^{\mathrm{T}}P_n(k)B_n)^{-1}B_n^{\mathrm{T}}P_n(k)+P_n(k)-I \tag{3-35}$$

有 $P_n = \lim_{k\to\infty} P_n(k)$。除此之外，式(3-23)还可以通过多种标准的方法求解(Hespanha，2018)，则在更新的每一步都需要计算复杂度为 $O(M^3)$。在高维情形下，M 非常大，此时在线学习问题在计算上并不可行。

另一个部分则是依据式(3-16)的更新：

$$F_n E(n) = -(\gamma I + B_n^{\mathrm{T}} P_n B_n)^{-1} B_n^{\mathrm{T}} P_n E(n) \tag{3-36}$$

该步的更新需要计算量为 $O(M(M_0^+)^2) + O((M_0^+)^3)$。综合这两部分，得到迭代法求解的鲁棒在线回归算法——线性二次调节器(Online Linear Quadratic Regulator，OLQR)。

算法 3-1：OLQR

初始化：调节参数 γ，变量个数 M，控制系统维数 $M_0^+ = M_0 + 1$，$\beta(M_0^+) = 0$

For $n = M_0^+$ **to** N **do**：

　　获取 $B_n = (x(n - M_0)^{\mathrm{T}}, \cdots, x(n)^{\mathrm{T}})^{\mathrm{T}}$；

　　由式(3-15)和式(3-16)，将 $\beta(n)$ 更新为 $\beta(n+1)$，可利用 Matlab 的 dlqr 工具箱迭代求解

End for

此外，式(3-14)也可以使用 LMI 方法求解，但因其计算复杂度过高而缺乏可行性，同样无法被直接用于高维任务。

2. 极分解法求解

借助数值线性代数中的一些技巧，式(3-15)和式(3-16)求解的计算复杂度将大大减小。排除 $M_0 = 0$ 时 $G_n = B_n^{\mathrm{T}} B_n$ 的特殊情况，则

$$B_n^{\mathrm{T}}(\gamma I + P_n B_n B_n^{\mathrm{T}}) = (\gamma I + B_n^{\mathrm{T}} P_n B_n) B_n^{\mathrm{T}} \tag{3-37}$$

因此

$$(\gamma I + B_n^{\mathrm{T}} P_n B_n)^{-1} B_n^{\mathrm{T}} = B_n^{\mathrm{T}} (\gamma I + P_n B_n B_n^{\mathrm{T}})^{-1} \tag{3-38}$$

则式(3-15)可以被重新写成

$$\begin{aligned} I &= P_n B_n (\gamma I + B_n^{\mathrm{T}} P_n B_n)^{-1} B_n^{\mathrm{T}} P_n \\ &= P_n B_n B_n^{\mathrm{T}} (\gamma I + P_n B_n B_n^{\mathrm{T}})^{-1} P_n \\ &= (\gamma I + P_n B_n B_n^{\mathrm{T}} - \gamma I)(\gamma I + P_n B_n B_n^{\mathrm{T}})^{-1} P_n \\ &= P_n - (I + \gamma^{-1} P_n B_n B_n^{\mathrm{T}})^{-1} P_n \end{aligned} \tag{3-39}$$

则有

$$\gamma I + P_n B_n B_n^{\mathrm{T}} = (\gamma I + P_n B_n B_n^{\mathrm{T}}) P_n - \gamma P_n = P_n B_n B_n^{\mathrm{T}} P_n \tag{3-40}$$

令 $G_n = B_n B_n^{\mathrm{T}}$，式(3-40)可以写成

$$P_n G_n P_n - P_n G_n - \gamma I = 0 \tag{3-41}$$

其中，P_n 和 G_n 为 $M_0^+ \times M_0^+$ 的对称矩阵。由式(3-41)可得

$$G_n P_n = P_n G_n P_n - \gamma I = P_n G_n \tag{3-42}$$

由于 P_n 和 G_n 是可交换的矩阵(Golub et al.，2012)，则存在酉矩阵 $U_n \in \mathbf{R}^{M_0^+ \times M_0^+}$，$(U_n U_n^{\mathrm{T}} = I)$，使得

$$U_n^{\mathrm{T}} G_n U_n = G_n^*,\ U_n^{\mathrm{T}} P_n U_n = P_n^* \tag{3-43}$$

则 $G_n^* = \mathrm{diag}(g_{n,1}, \cdots, g_{n,M_0^+})$，$P_n^* = \mathrm{diag}(p_{n,1}, \cdots, p_{n,M_0^+})$，这里 $g_{n,i}$ 和 $p_{n,i}$ 分别为 P_n 和 G_n 的特征值，将式(3-43)代入式(3-41)中，则有

$$P_n^* G_n^* P_n^* - P_n^* G_n^* - \gamma I = 0 \tag{3-44}$$

这等价于，对 $1 \leqslant i \leqslant M_0^+$，

$$g_{n,i} p_{n,i}^2 - g_{n,i} p_{n,i} - \gamma = 0 \tag{3-45}$$

由于 $g_{n,i}$ 为正数，则有

$$p_{n,i} = \frac{1}{2}(1 + \sqrt{1 + 4\gamma g_{n,i}^{-1}}) \tag{3-46}$$

由上面注意到 $G_n = B_n B_n^{\mathrm{T}}$ 是 $M_0^+ \times M_0^+$ 的对称矩阵，它的极分解可以由复杂度为 $O(M(M_0^+)^2)$ 的 QR 算法得到。用上述方法求出 P_n 的显示解后，F_n 可写成

$$\begin{aligned} F_n &= -(\gamma I + B_n^{\mathrm{T}} P_n B_n)^{-1} B_n^{\mathrm{T}} P_n \\ &= -B_n^{\mathrm{T}} (\gamma I + P_n B_n B_n^{\mathrm{T}})^{-1} P_n \\ &= -B_n^{\mathrm{T}} (\gamma I + P_n G_n)^{-1} P_n \end{aligned} \tag{3-47}$$

根据式(3-42)，有 $(\gamma I + P_n G_n)^{-1} P_n = G_n^{-1} P_n^{-1}$。因此

$$\begin{aligned} F_n E(n) &= -B_n^{\mathrm{T}} G_n^{-1} P_n^{-1} E(n) \\ &= -B_n^{\mathrm{T}} U_n \mathrm{diag}(p_{n,1}^{-1} g_{n,1}^{-1}, \cdots, p_{n,M_0^+}^{-1} g_{n,M_0^+}^{-1}) U_n^{\mathrm{T}} E(n) \end{aligned} \tag{3-48}$$

式(3-48)的计算复杂度为 $O(M(M_0^+)^2)$。

运用极分解的完整算法在每一步更新的计算复杂度为 $O(M(M_0^+)^2)$。尤其是在 M 较大的情况下，$M_0^+ \ll M$，M_0^+ 可能会非常小甚至是等于1。因此，与使用传统方法求解的式(3-15)相比，其计算复杂度从 $O(M^3)$ 大大减小。这里将使用极分解技巧获得的算法命名为鲁棒线性高维学习算法(Robust Online High Dimensional Learning，ROHDL)。极分解方法不但在高维情况下具有明显优势，而且同样适用于低维问题的求解。

算法 3-2：ROHDL(回归模型适用)

初始化：调节参数 γ，变量个数 M，控制系统维数 $M_0^+ = M_0 + 1$，$\beta(M_0^+) = 0$

For $n = M_0^+$ **to** N **do**：

获取 $B_n = (x(n - M_0)^{\mathrm{T}}, \cdots, x(n)^{\mathrm{T}})^{\mathrm{T}}$，得 $G_n = B_n B_n^{\mathrm{T}}$；

使用 QR 算法计算 $G_n = U_n G_n^* U_n^{\mathrm{T}}$ 的极分解，复杂度为 $O(M(M_0^+)^2)$；

由式(3-43)和式(3-46)计算 P_n，复杂度为 $O(M_0^+)$；

由式(3-48)计算 F_n，复杂度为 $O(M(M_0^+)^2)$；

将 $\beta(n)$ 更新为 $\beta(n+1)$；

End for

3.2　二分类与多分类模型

尽管迭代法和极分解法都可以求解本章提出框架中的最优控制问题，但极分解法可以求解输入变量维度较高的情形，而迭代法由于计算复杂度的限制并不能完成。因此，总的来说极分解法的适用范围更广，本节将算法拓展到二分类和多分类情形，并且使用极分解作为求解方法，以适应分类问题中更为常见的高维输入变量的情况。

3.2.1　鲁棒在线二分类问题

假设存在数据流 $(x(k), y(k))(k = 1, 2, \cdots)$，其中 $x(k) \in \mathbf{R}^M$ 和 $y(k) \in \{-1, 1\}$ 分别为第 k 个输入变量和输出的类别标签。在线分类算法中，分类函数被存储在内存里，对新进入的样本作出预测并且实时更新。假设有正确分类的权重向量 $\beta \in \mathbf{R}^M$，则类别标签可以写成 $\mathrm{sign}[x(k)\beta]$。定义第 n 步时的权重向量 $\beta(n) \in \mathbf{R}^M$，$y(n)x(n)\beta(n)$ 为此刻的符号阈值，当阈值为正说明预测正确，即 $y(n) = \mathrm{sign}[x(n)\beta(n)]$。对二分类问题，定义如下软阈值损失函数：

$$l_\rho(z) \equiv \max(0, \rho - z) = \begin{cases} 0, & z \geqslant \rho \\ \rho - z, & 其他 \end{cases} \tag{3-49}$$

式中，$\rho > 0$ 是阈值参数，软阈值损失的目标是尽可能多地使当前阈值超过 ρ。举例而言，当 β 在 $(x(k), y(k))$ 上获得的阈值 $y(k)x(k)\beta$ 为不超过 ρ 的正数时，$l_\rho(y(k)x(k)\beta)$ 为正；若 β 无法准确分类 $x(k)$，则 $y(k)x(k)\beta \leqslant 0$，亦有 $l_\rho(y(k)x(k)\beta)$ 为正。在上述两种情况下，可以说 β 触发了阈值损失，并且有

$$l_\rho(y(k)x(k)\beta) = \max(0, \rho - y(k)x(k)\beta) = \rho - y(k)x(k)\beta > 0 \tag{3-50}$$

假设第 n 步时已有权重向量 $\beta(n)$。对任意使得 $l_\rho(y(k)x(k)\beta(n)) = \rho - y(k)x(k)\beta(n) > 0$ 的 $(x(k), y(k))$，注意到 $y(k)^2 = 1$，因此

$$\begin{aligned}\rho - y(k)x(k)\beta(n) &= \rho\, y(k)^2 - y(k)x(k)\beta(n) \\ &= -y(k)(x(k)\beta(n) - \rho y(k))\end{aligned} \tag{3-51}$$

对于任意 n，$\beta(n+1) = \beta(n) + \Delta\beta(n)$，则有

$$\begin{aligned}\rho - y(k)x(k)\beta(n+1) &= \rho\, y(k)^2 - y(k)x(k)\beta(n+1) \\ &= -y(k)(x(k)\beta(n+1) - \rho y(k))\end{aligned} \tag{3-52}$$

记 $\zeta_n(x(k)) = x(k)\beta(n) - \rho y(k)$，$\zeta_{n+1}(x(k)) = x(k)\beta(n+1) - \rho y(k)$，显然如果存在 $|\tau| < 1$，使得 $\zeta_{n+1}(x(k)) = \tau\,\zeta_n(x(k))$，则

$$\begin{aligned}l_\rho(y(k)x(k)\beta(n+1)) &= \max(0, \rho - y(k)x(k)\beta(n+1)) \\ &= \max(0, -y(k)(x(k)\beta(n+1) - \rho y(k))) \\ &= \max(0, -\tau y(k)(x(k)\beta(n) - \rho y(k))) \\ &= \tau\max(0, \rho - y(k)x(k)\beta(n)) \\ &= \tau\, l_\rho(y(k)x(k)\beta(n))\end{aligned} \tag{3-53}$$

因此

$$l_\rho(y(k)x(k)\beta(n+1)) < l_\rho(y(k)x(k)\beta(n)) \tag{3-54}$$

可以认为对这个分类问题而言，$\beta(n+1)$ 是一个相对 $\beta(n)$ 更适合的估计。结合软阈值损失函数的特性，这里仅考虑 $\beta(n)$ 触发了阈值损失的情况。从控制论的角度探讨这个问题，我们希望 $\beta(n+1) = \beta(n) + \Delta\beta(n)$ 可以使得给定的样本集 B_c 上的损失变得更小。

假设在第 n 步时，$\beta(n)$ 在样本集合 $B_c = \{(x_c(j), y_c(j))\}_{j=0,1,\cdots,M_0}$，由于对 $\forall j$

$$\begin{aligned}\zeta_{n+1}(x_c(j)) - \zeta_n(x_c(j)) &= x_c(j)\beta(n+1) - \rho\, y_c(j) - (x_c(j)\beta(n) - \rho\, y_c(j)) \\ &= x_c(j)\Delta\beta(n)\end{aligned} \tag{3-55}$$

可以得到

$$\zeta_{n+1}(x_c(j)) = \zeta_n(x_c(j)) + x_c(j)\Delta\beta(n) \tag{3-56}$$

对所有的 j，定义

$$\hat{E}_c(n) \equiv (\zeta_{n+1}(x_c(0)), \zeta_{n+1}(x_c(1)), \cdots, \zeta_{n+1}(x_c(M_0)))^{\mathrm{T}} \tag{3-57}$$

$$E_c(n) \equiv (\zeta_n(x_c(0)), \zeta_n(x_c(1)), \cdots, \zeta_n(x_c(M_0)))^{\mathrm{T}} \tag{3-58}$$

$$B_c(n) \equiv \begin{pmatrix} x_{c,1}(0) & x_{c,2}(0) & \cdots & x_{c,M}(0) \\ x_{c,1}(1) & x_{c,2}(1) & \cdots & x_{c,M}(1) \\ \vdots & \vdots & & \vdots \\ x_{c,1}(M_0) & x_{c,2}(M_0) & \cdots & x_{c,M}(M_0) \end{pmatrix} \tag{3-59}$$

则式(3-56)可以被简写为

$$\hat{E}_c(n) = E_c(n) + B_c(n)\Delta\beta(n) \tag{3-60}$$

注意到在时间点 n 时，$\beta(n)$ 已知。因此 $E_c(n)$ 也可以被观测，式(3-60)可视为一个反馈控制系统。与系统(3-10)类似，若能获取有效的反馈控制 $\Delta\beta(n) = F_c(n)E_c(n)$ 使得式(3-60)稳定，则从代数学的角度看，样本集 $B_c(n)$ 上由 $\beta(n+1)$ 得到的损失相对 $\beta(n)$ 更小，这意味着 $\beta(n+1)$ 是一个更优于 $\beta(n)$ 的估计。使用本章 3.1 节中的方法获取 $F_c(n)$ 的解，则参数的更新法则为

$$\begin{aligned}\Delta\beta(n) &= F_c(n)E_c(n)\\ &= -(\gamma I + B_c(n)^{\mathrm{T}}P_c(n)B_c(n))^{-1}B_c(n)^{\mathrm{T}}P_c(n)E_c(n)\\ &= -B_c(n)^{\mathrm{T}}(\gamma I + P_c(n)B_c(n)B_c(n)^{\mathrm{T}})^{-1}P_c(n)^{-1}E_c(n)\end{aligned} \tag{3-61}$$

式中，γ 为调节参数。$P_c(n)$ 可以由以下矩阵方程获得

$$P_c(n)B_c(n)(\gamma I + B_c(n)^{\mathrm{T}}P_c(n)B_c(n))^{-1}B_c(n)^{\mathrm{T}}P_c(n) = I \tag{3-62}$$

则式(3-60)的闭环系统为

$$\hat{E}_c(n) = S_c(n)E_c(n) \tag{3-63}$$

式中，$S_c(n) = (I + \gamma^{-1}B_c(n)B_c(n)^{\mathrm{T}}P_c(n))^{-1}$，并且 $0 < S_c(n) < I$。式(3-61)和式(3-62)的求解方法与式(3-15)和式(3-16)的完全相同。

根据在线学习的目标，B_c 是一个包含最近信息的动态更新的样本集合，为此我们构造一种 B_c 的前向搜索策略：在当前参数 $\beta(n)$ 下，触发阈值损失的样本将被添加到 B_c 中，并且在 B_c 中的元素没有达到 M_0^+ 个之前 $\beta(n)$ 将保持不变。如果在第 n 个时间点 $\beta(n)$ 被更新，此时 B_c 的构成为 $(x_c(0), y_c(0)) = (x(n), y(n))$，并且对 $j = 1, 2, \cdots, M_0$，则有 $(x_c(j), y_c(j)) = (x(n-n_j), y(n-n_j))$。其中，$\{(x(n-n_j), y(n-n_j))\}_{j=1,2,\cdots,M_0}$ 为距离 $(x(n), y(n))$ 最近，并且使得 $l_\rho(y(n-n_j)x(n-n_j)\beta(n)) > 0$ 的 M_0 个样本。在 $\beta(n)$ 到 $\beta(n+1)$ 的更新完成后，令 $B_c = \varnothing$，接着进行后续的学习。同样，在 B_c 中的元素没有达到 M_0^+ 个之前 $\beta(n+1)$ 将不会更新。令 size(B_c) 为当前的 B_c 所包含的样本数。综上，ROHDL 的二分类版本概括如下：

算法 3-3：ROHDL(二分类模型适用)

初始化：调节参数 γ，变量个数 M，控制系统维数 $M_0^+ = M_0 + 1$，$\beta(1) = 0$，$B_c = \varnothing$

For $n = 1$ **to** N **do**：

　获取 $(x(n), y(n))$；

　if $\rho - y(n)x(n)\beta(n) \leqslant 0$ **then**：

续表

B_c 保持不变, $\beta(n+1)=\beta(n)$ 不更新;
else
在 B_c 中添加 $(x(n),\ y(n))$;
if size$(B_c)=M_0^+$ **then**:
根据式(3-61)将 $\beta(n)$ 更新为 $\beta(n+1)$, 随后将 B_c 清空 $(B_c=\varnothing)$;
else
$\beta(n+1)=\beta(n)$ 不更新;
End if
End if
End for

使用梯度方法最小化软阈值损失函数是获取最优分类器的最常用方法。然而,梯度方法总是存在一些特有的局限性。其中的一个主要缺点是在数据存在噪声时,算法中的导数可能给出错误的信息,甚至误导参数更新。当噪声结构较复杂时,情况将更加严峻(Hoi et al., 2018)。由于使用了最优方法,尽管会受到噪声影响,软阈值损失总是指数收缩的。特别地,当 $M_0=0$ 时,假设在时间点 n,有 $l_\rho(y(n)x(n)\beta(n))=\rho-y(n)x(n)\beta(n)>0$,将 $\beta(n)$ 更新为 $\beta(n+1)$。由式(3-63)可以得到

$$\rho y(n)-x(n)\beta(n+1)=S_c(n)(\rho y(n)-x(n)\beta(n)) \tag{3-64}$$

其中, $0<S_c(n)<1$ 是一个常数,由于 $y(n)^2=1$,则

$$\rho-y(n)x(n)\beta(n+1)=S_c(n)(\rho-y(n)x(n)\beta(n)) \tag{3-65}$$

软阈值损失在每一步都会成比例收敛。考虑 $M_0\geqslant 1$,由 B_c 得到的 $\hat{E}_c(n)$ 可以由一个作用到 $E_c(n)$ 上的正定且压缩的算子得到,因此也可以看成损失函数的成比例收敛。在随机梯度算法(Kivinen et al., 2004)中,更新法则为

$$\beta(n+1)=\beta(n)+\eta\sigma(n)y(n)x(n)^{\mathrm{T}} \tag{3-66}$$

其中 $\eta>0$ 是学习率。对所有的 n,如果 $y(n)x(n)\beta(n)<\rho$,则 $\sigma(n)=1$;反之,为0。则有

$$\rho y(n)-x(n)\beta(n+1)=\rho y(n)-x(n)\beta(n)-\eta\sigma(n)y(n)\|x(n)\|^2 \tag{3-67}$$

由于 $y(n)^2=1$,得到

$$\begin{aligned}\rho-y(n)x(n)\beta(n+1)&=\rho-y(n)x(n)\beta(n)-\eta\sigma(n)\|x(n)\|^2\\&=l_\rho(y(n)x(n)\beta(n))-\eta\sigma(n)\|x(n)\|^2\end{aligned} \tag{3-68}$$

即软阈值损失线性减小。与梯度算法不同的是,使用该算法可以成比例地减小损失函数,显然这将导致 $l_\rho(\cdot)$ 呈现指数收缩,从而达到快速收敛。

3.2.2　鲁棒在线多分类问题

本章提出的基于最优控制的学习框架同样适用于多分类任务。假设有训练样本 $(x(k), y(k))$，$k=1, 2, \cdots$，其中 $x(k) \in \mathbf{R}^M$ 为第 k 个样本。与二分类问题的类别标签 $y(k) \in \{-1, 1\}$ 不同，对于有 $S > 2$ 个类别的多分类问题，有 $y(k) \in \{1, 2, \cdots, S\}$，$\hat{y}(k)$ 为其对应的预测值。

考虑总类别为 S 个的多分类模型，对于每一个类别 $j \in \{1, 2, \cdots, S\}$，需要学习一个 M 维的权重向量 $W_j = (W_{j,1}, W_{j,2}, \cdots, W_{j,M}) \in \mathbf{R}^M$。假设在第 n 步对 W_j 的估计为 $W_j(n)$。对 $\forall k$，可以得到一组分类得分 $(x(k)W_1(n), x(k)W_2(n), \cdots, x(k)W_S(n))$，则类别的预测值为

$$\hat{y}(k) = \underset{j \in \{1, 2, \cdots, S\}}{\arg\max}\, x(k)W_j(n) \tag{3-69}$$

对于 $\forall j$，记 $z_{k,j}(n) = x(k)W_j(n)$，并且有 $z_k(n) = (z_{k,1}(n), z_{k,2}(n), \cdots, z_{k,S}(n))$。$z_k(n)$ 可以写成概率向量

$$\begin{aligned} p_k(n) &= (p_{k,1}(n), p_{k,2}(n), \cdots, p_{k,S}(n)) \\ &= \left(\frac{\exp(z_{k,1}(n))}{\sum_{i=1}^{S}\exp(z_{k,i}(n))}, \frac{\exp(z_{k,2}(n))}{\sum_{i=1}^{S}\exp(z_{k,i}(n))}, \cdots, \frac{\exp(z_{k,S}(n))}{\sum_{i=1}^{S}\exp(z_{k,i}(n))} \right) \end{aligned} \tag{3-70}$$

式中，$p_{k,j}(n)$ 可以看成在第 n 步学习时，由 $W_i(n)$，$1 \leqslant i \leqslant S$ 得到的第 k 个样本属于第 j 类的概率。由于 $z_k(n)$ 和 $p_k(n)$ 中的元素顺序相同，$\hat{y}(k)$ 也可以写成

$$\hat{y}(k) = \underset{j \in \{1, 2, \cdots, S\}}{\arg\max}\, p_{k,j}(n) \tag{3-71}$$

给定 $W_i(n)$，$1 \leqslant i \leqslant S$，有交叉熵损失

$$l_{ce}(x(k), y(k), n) = -\ln p_{k,y(k)}(n) = -\ln \frac{\exp(x(k)W_{y(k)}(n))}{\sum_{i=1}^{S}\exp(x(k)W_i(n))} \tag{3-72}$$

在时间点 n 时，对 $\forall j$，假设 $W_j(n)$ 更新为 $W_j(n+1) = W_j(n) + \Delta W_j(n)$，使得交叉熵损失减小到 $l_{ce}(x(k), y(k), n+1)$。由泰勒展开式可得

$$\begin{aligned} l_{ce}(x(k), y(k), n+1) &= -\ln \frac{\exp(x(k)W_{y(k)}(n+1))}{\sum_{i=1}^{S}\exp(x(k)W_i(n+1))} \\ &= -\ln \frac{\exp(x(k)(W_{y(k)}(n) + \Delta W_{y(k)}(n)))}{\sum_{i=1}^{S}\exp(x(k)(W_i(n) + \Delta W_i(n)))} \end{aligned}$$

$$= l_{ce}(x(k),\ y(k),\ n) + \sum_{i=1}^{S} \frac{\partial l_{ce}(x(k),\ y(k),\ n)}{\partial W_i(n)^{\mathrm{T}}} \Delta W_i(n) \tag{3-73}$$

由链式法则

$$\sum_{i=1}^{S} \frac{\partial l_{ce}(x(k),\ y(k),\ n)}{\partial W_i(n)^{\mathrm{T}}} \Delta W_i$$

$$= \frac{x(k)\exp(x(k)\ W_{y(k)}(n)) - x(k)\sum_{i=1}^{S}\exp(x(k)\ W_i(n))}{\sum_{i=1}^{S}\exp(x(k)\ W_i(n))} \Delta W_{y(k)}(n)$$

$$+ \sum_{j \neq y(k)}^{S} \frac{x(k)\exp(x(k)\ W_j(n))}{\sum_{i=1}^{S}\exp(x(k)\ W_i(n))} \Delta W_j(n)$$

$$= x(k)\left[(p_{k,\ y(k)}(n) - 1)\Delta W_{y(k)}(n) + \sum_{j \neq y(k)}^{S} p_{k,\ j}(n)\Delta W_j(n)\right] \tag{3-74}$$

定义一个 S 维的独热编码向量 $y_{\mathrm{one}}(k) = (y_{\mathrm{one},\ 1}(k),\ y_{\mathrm{one},\ 2}(k),\ \cdots,\ y_{\mathrm{one},\ S}(k))$，式中，$y_{\mathrm{one},\ y(k)}(k) = 1$，如果 $i \neq y(k)$ 时，$y_{\mathrm{one},\ i}(k) = 0$。则式(3-74)可以被写成

$$l_{ce}(x(k),\ y(k),\ n+1) = l_{ce}(x(k),\ y(k),\ n) + \sum_{i=1}^{S} x(k)(p_{k,\ j}(n) - y_{\mathrm{one},\ i}(n))\Delta W_i(n) \tag{3-75}$$

注意到对每一个 $i = \{1,\ 2,\ \cdots,\ S\}$，$x(k)(p_{k,\ j}(n) - y_{\mathrm{one},\ i}(n))$ 是一个行向量，$\Delta W_i(n)$ 为一个列向量，记 $\delta_i(k) = x(k)(p_{k,\ j}(n) - y_{\mathrm{one},\ i}(n))$，则 $\sum_{i=1}^{S} x(k)(p_{k,\ j}(n) - y_{\mathrm{one},\ i}(n))\Delta W_i(n)$ 可以被写成

$$\sum_{i=1}^{S} x(k)(p_{k,\ j}(n) - y_{\mathrm{one},\ i}(n))\Delta W_i(n)$$

$$= [\delta_1(k),\ \cdots,\ \delta_S(k)]\,[\Delta W_1(n)^{\mathrm{T}},\ \cdots,\ \Delta W_S(n)^{\mathrm{T}}]^{\mathrm{T}} \tag{3-76}$$

对 $\forall k$，记 $\psi_n(x(k)) = l_{ce}(x(k),\ y(k),\ n)$ 和 $\psi_{n+1}(x(k)) = l_{ce}(x(k),\ y(k),\ n+1)$，给定 $\{(x(n),\ y(n)),\ (x(n-1),\ y(n-1)),\ \cdots,\ (x(n-M_0),\ y(n-M_0))\}$，对任意的 $(x(n-l),\ y(n-l))$，式(3-75)和式(3-76)可以写成

$$\psi_{n+1}(x(n-l)) = \psi_n(x(n-l)) + (\delta_1(n-l),\ \cdots,\ \delta_S(n-l))\,(\Delta W_1(n)^{\mathrm{T}},\ \cdots,\ \Delta W_S(n)^{\mathrm{T}})^{\mathrm{T}} \tag{3-77}$$

其中，$[\delta_1(n-l),\ \cdots,\ \delta_S(n-l)]$ 是一个包含 $M \times S$ 个元素的行向量。对所有的 l 有

$$E_{mc}(n) \equiv (\psi_n(x(n)),\ \psi_n(x(n-1)),\ \cdots,\ \psi_n(x(n-M_0)))^{\mathrm{T}} \tag{3-78}$$

$$\hat{E}_{mc}(n) \equiv (\psi_{n+1}(x(n)),\ \psi_{n+1}(x(n-1)),\ \cdots,\ \psi_{n+1}(x(n-M_0)))^{\mathrm{T}} \tag{3-79}$$

$$B_{mc}(n) \equiv \begin{pmatrix} \delta_1(n) & \delta_2(n) & \cdots & \delta_S(n) \\ \delta_1(n-1) & \delta_2(n-1) & \cdots & \delta_S(n-1) \\ \vdots & \vdots & & \vdots \\ \delta_1(n-M_0) & \delta_2(n-M_0) & \cdots & \delta_S(n-M_0) \end{pmatrix} \tag{3-80}$$

式(3-77)可以被写为

$$\hat{E}_{mc}(n) = E_{mc}(n) + B_{mc}(n)\ (\Delta W_1(n)^{\mathrm{T}},\ \cdots,\ \Delta W_S(n)^{\mathrm{T}})^{\mathrm{T}} \tag{3-81}$$

注意到此时 $W_i(n)$，$1 \leqslant i \leqslant S$ 已知，则 $E_{mc}(n)$ 可以被计算得到。与式(3-10)和式(3-60)相同，式(3-81)为一个反馈控制系统，其控制输入为 $(\Delta W_1(n)^{\mathrm{T}},\ \cdots,\ \Delta W_S(n)^{\mathrm{T}})^{\mathrm{T}}$。从代数学的角度来看，一个恰当的控制输入能够减小交叉熵损失。因此多分类问题也能被转化为一个式(3-81)的线性系统的最优控制问题。

通过与式(3-10)和式(3-14)相同的优化技巧，式(3-81)的最优控制输入可以写成

$$\begin{aligned}&(\Delta W_1(n)^{\mathrm{T}},\ \cdots,\ \Delta W_S(n)^{\mathrm{T}})^{\mathrm{T}} \\ &= -(\gamma I + B_{mc}(n)^{\mathrm{T}} P_{mc}(n) B_{mc}(n))^{-1} B_{mc}(n)^{\mathrm{T}} P_{mc}(n) E_{mc}(n)\end{aligned} \tag{3-82}$$

$P_{mc}(n)$ 可以由以下方程解得

$$P_{mc}(n) B_{mc}(n) (\gamma I + B_{mc}(n)^{\mathrm{T}} P_{mc}(n) B_{mc}(n))^{-1} B_{mc}(n)^{\mathrm{T}} P_{mc}(n) = I \tag{3-83}$$

式中，$\gamma > 0$ 为超参数，式(3-82)和式(3-83)同样可以由本章 3.1 节中的极分解技巧求解，以解决参数较多情况下的运算问题。多分类任务适用的 ROHDL 算法可以概括为

算法 3-4：ROHDL(多分类模型适用)

初始化：调节参数 γ，变量个数 M，控制系统维数 $M_0^+ = M_0 + 1$，类别数 S

权重向量 W_j，$j = 1, 2, \cdots, S$，$s = 1, 2, \cdots, M$，$W_{j,s}(M_0^+) \sim U\left[-\frac{1}{\sqrt{M}}, \frac{1}{\sqrt{M}}\right]$ $\left(U\left[-\frac{1}{\sqrt{M}}, \frac{1}{\sqrt{M}}\right]\right.$ 为 $\left[-\frac{1}{\sqrt{M}}, \frac{1}{\sqrt{M}}\right]$ 上的均匀分布$\left.\right)$

For $n = M_0 + 1$ **to** N **do**：

获取数据 $\{(x(n), y(n)), (x(n-1), y(n-1)), \cdots, (x(n-M_0), y(n-M_0))\}$

预测 $\{\hat{y}(n), \hat{y}(n-1), \cdots, \hat{y}(n-M_0)\}$

根据式(3-72)计算交叉熵损失 $l_{ce}(x(n-l), y(n-l), n)$，$l = 1, 2, \cdots, M_0$

由式(3-82)和式(3-83)计算 $(\Delta W_1(n)^{\mathrm{T}}, \cdots, \Delta W_S(n)^{\mathrm{T}})^{\mathrm{T}}$

将 $W_j(n)$ 更新为 $W_j(n+1)$ (对 $\forall j$)

End for

3.3 实验对比和分析

3.3.1 迭代法估计回归系数：基于模拟数据

基于本章提出的框架，当输入变量的维数较低时，在线回归模型可以用迭代法或极分解方法求解。为了说明框架的有效性，我们构建了两个计算机模拟的在线样本集，在估计时选取控制系统维数与输入变量的维度相同，即 $M_0^+ = M_0 + 1 = M$。一些经典的在线学习方法也被用于对比研究中。

考虑以下经典的在线回归样本集

$$
\begin{cases} y(n) = z_1(n) - z_2(n) + \varepsilon(n), & 1 \leqslant n \leqslant 200 \\ y(n) = -1.5 z_1(n) + 2.5 z_2(n) + \varepsilon(n), & 201 \leqslant n \leqslant 400 \end{cases} \tag{3-84}
$$

式中，$z_1(n)$ 服从 $[-1, 1]$ 上的均匀分布；$z_2(n)$ 由标准正态分布 $N(0, 1)$ 生成；$\varepsilon(n)$ 为方差为 0.05 的高斯白噪声。图 3-1 给出了由 OLQR 得到系数的在线估计结果，同时还比较了最小均方算法(Least Mean Square Algorithm，LMS)(Liu et al.，2008)、在线主动被动算法(OPA)(Crammer et al.，2006)和移动窗框最小二乘回归(Least Square Regression With Moving Window Algorithm，MWLSR)(Tang，2006)。图 3-2 展示了每一步的估计误差。在 MWLSR 中，窗框的长度设定为 5；OPA 损失函数阈值 v 设定为 0.01；LMS 的学习率为 0.15；OLQR 的正则化参数为 5。样本间和变量间均保持独立分布。

图 3-1 中展示了四种不同的在线学习算法对 $z_1(n)$ 和 $z_2(n)$ 对应的真实参数向量 (β_1^*, β_2^*) 的估计值，其中虚线绘制了估计值 $\beta_1(n)$，而 $\beta_2(n)$ 由实线表示。在样本不断输入的过程中，获取第 200 个输入样本后，真实的参数向量由 (1，-1) 变为 (-1.25，2.5)。由图 3-1 可以看到，当模型的参数 (β_1^*, β_2^*) 发生突变时，各个算法学习得到的 $\beta_1(n)$ 和 $\beta_2(n)$ 也随之发生改变，不同的是相对于 LMS、OPA 和 MWLSR，本章提出的 OLQR 算法一方面可以更快速地将参数调整到新的估计值，另一方面在达到收敛后估计值不会产生明显的波动。进一步地，各算法估计得到的 $\beta_1(n)$ 和 $\beta_2(n)$ 与真实值之间的误差如图 3-2 所示。由图可以看到，真实系数发生改变时，各个在线学习算法对参数的估计都迅速产生了一个较大的误差，但在所有算法中 OLQR 对这种结构调整最敏感，因此快速调整后估计值的误差重新收敛到 0 附近，且波动较小。该实验体现了 OLQR 算法的鲁棒性。

接着考虑更复杂的线性数据生成模型：

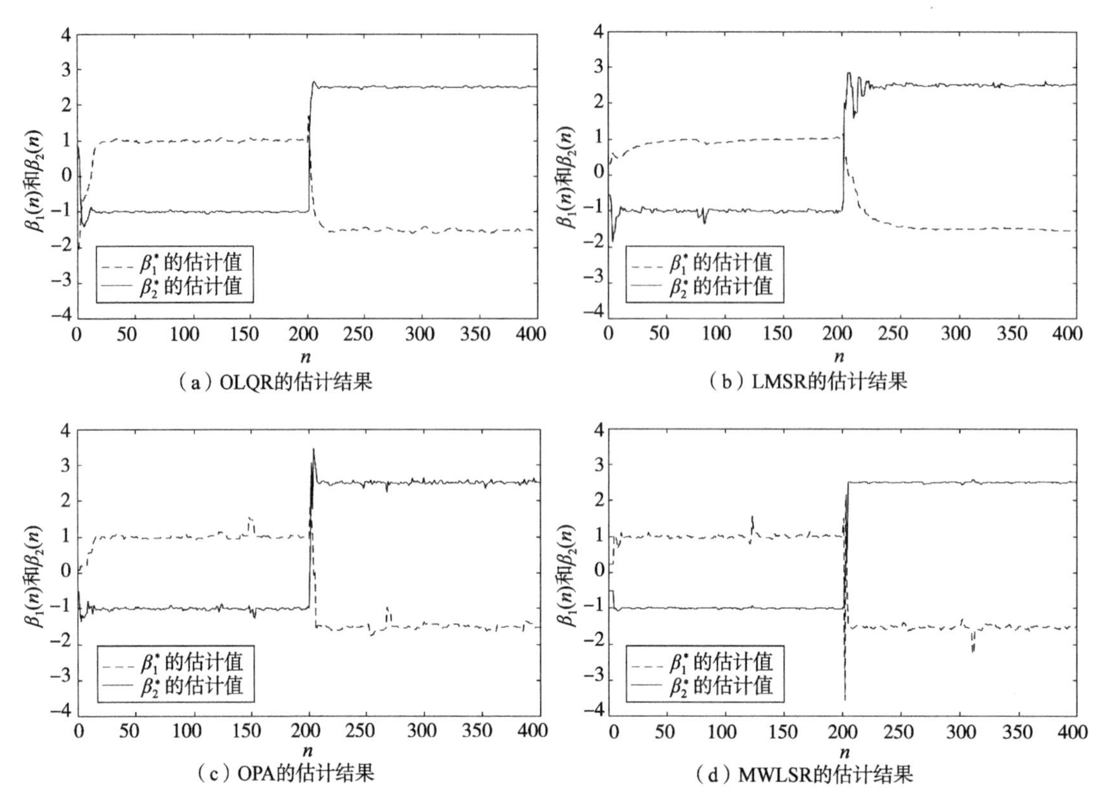

（a）OLQR的估计结果　（b）LMSR的估计结果

（c）OPA的估计结果　（d）MWLSR的估计结果

图 3-1　模型(3-84)的参数估计

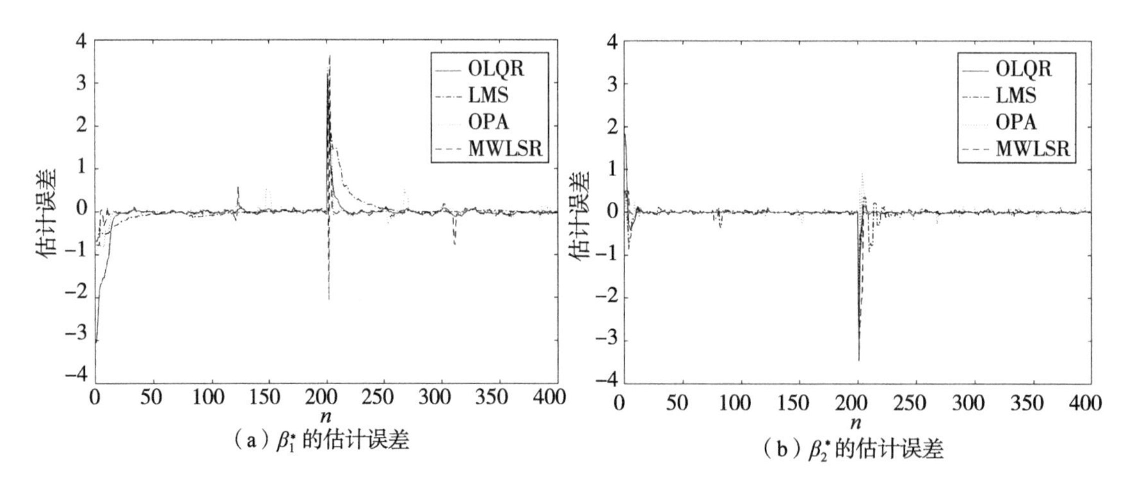

（a）β_1^*的估计误差　（b）β_2^*的估计误差

图 3-2　模型(3-84)的参数估计误差

$$\begin{cases} y(n) = z(n-1) + 0.5z(n-2) + 0.25z(n-1)z(n-2) \\ \qquad - 0.3z(n-1)^3 + \varepsilon(n), \quad 1 \leqslant n \leqslant 200 \\ y(n) = 2z(n-1) - 0.5z(n-2) + 0.25z(n-1)z(n-2) \\ \qquad - 0.3z(n-1)^3 + \varepsilon(n), \quad 201 \leqslant n \leqslant 400 \end{cases} \tag{3-85}$$

该模型的输入变量为 $(z(n-1),\ z(n-2),\ z(n-1)z(n-2),\ z(n-1)^3)$。令 B 为滞后算子，随机项为 $\varepsilon(n)=(0.5+\zeta_3(n))(1-0.5B)^{-1}(\zeta_1(n)+\zeta_2(n))$，其中 $\zeta_1(n)\sim[-0.5,\ 0.5]$，$\zeta_2(n)\sim N(0,\ 1)$ 和 $\zeta_3(n)\sim[-1,\ 1]$。因此该数据生成过程受到高强度、序列相关和不确定性的随机噪声扰动，即模型存在于一个复杂的噪声环境中。与模型(3-84)的训练过程类似，OLQR 和其他三种算法的训练效果如图 3-3 和图 3-4 所示。各算法的超参数均采用交叉验证筛选出的最佳结果，OLQR 的正则化参数 γ 设定为 1.5，LMS 的学习率 η 设定为 0.2，OPA 的损失函数阈值 υ 设定为 0.01；MWLSR 中，窗框的长度设定为 8。

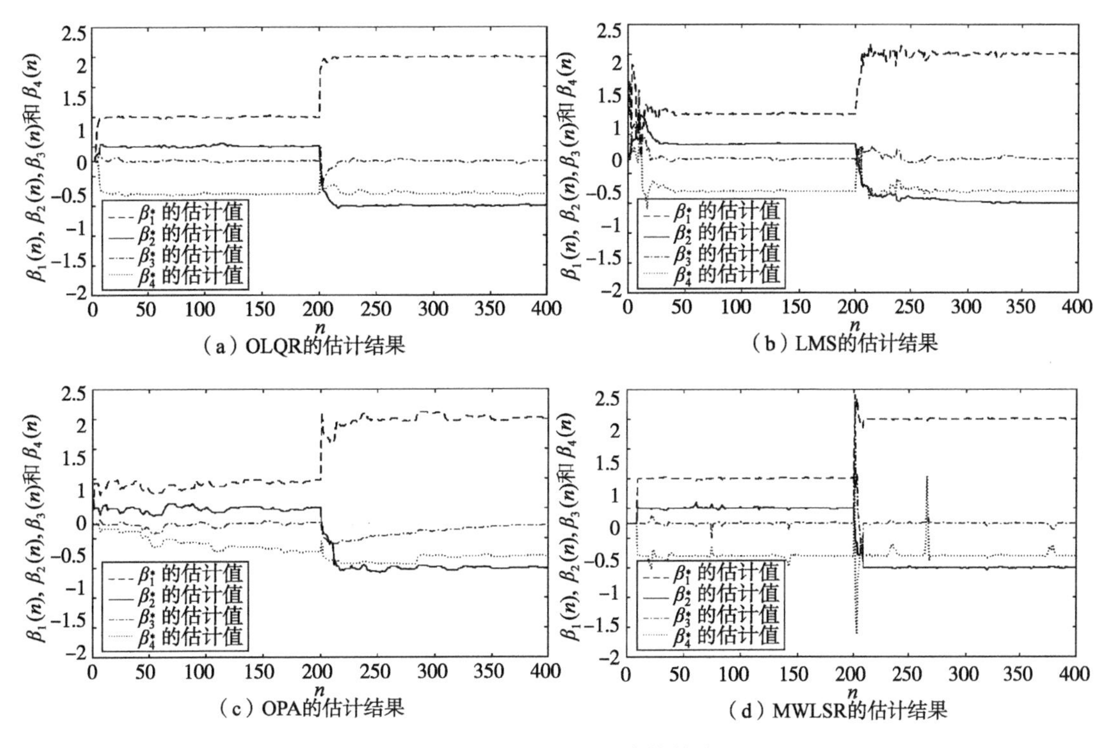

图 3-3　模型(3-85)的参数估计

为更全面地说明 OLQR 算法的相关性质，模型(3-85)的系数 $(\beta_1^*,\ \beta_2^*)$ 由 (1, 0.5) 变为 (2, −0.5)，而另外两个系数 $(\beta_3^*,\ \beta_4^*)$ 则保持 (0.25, −0.3) 不变，并且模型(3-85) 具有相对模型(3-84)更复杂的噪声扰动。使用四种算法得到估计值的变动情况和估计误差分别如图 3-3 和图 3-4 所示。从图中可以看到，尽管模型(3-85)包含更多的未知参数和更复杂的噪声扰动，待学习的参数发生改变时 OLQR 算法仍然可以快速适应。具体来说，在上述四种不同的算法中，OLQR 相对于其他算法可以在 $(\beta_1^*,\ \beta_2^*)$ 突变后快速重新收敛到真实值；与此同时没有发生变动的 $(\beta_3^*,\ \beta_4^*)$ 两个

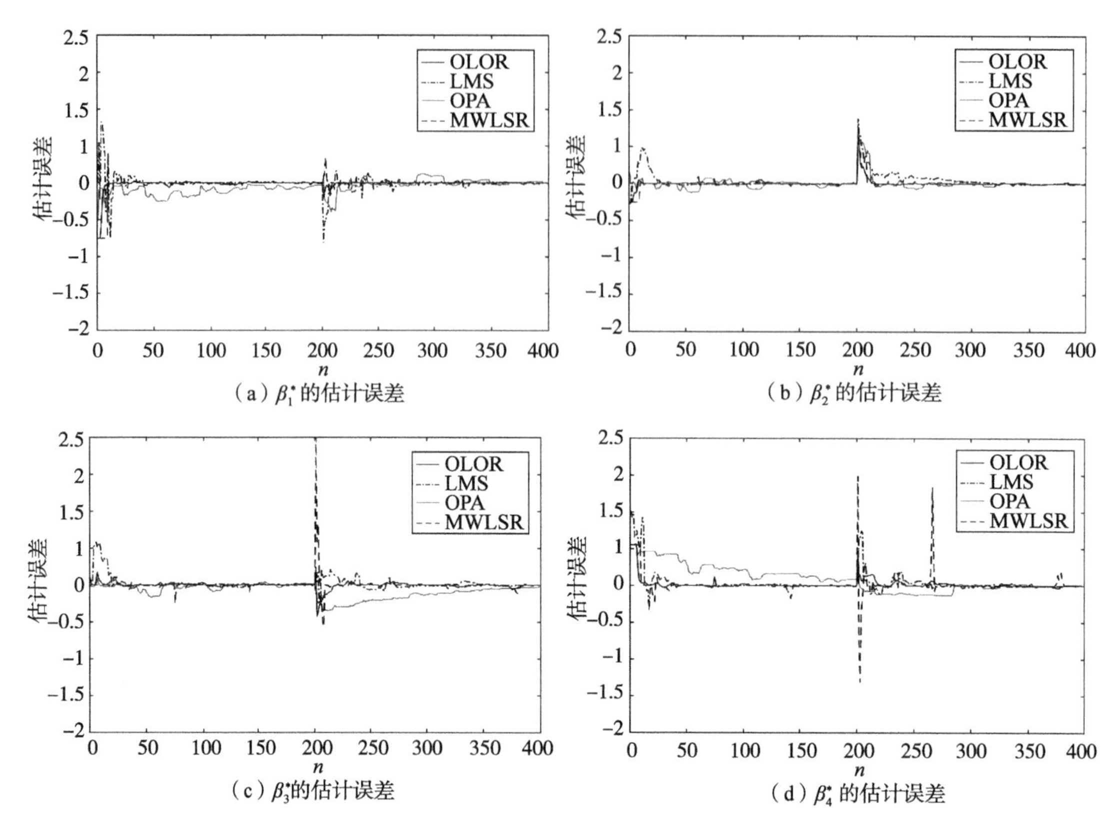

（a）β_1^*的估计误差

（b）β_2^*的估计误差

（c）β_3^*的估计误差

（d）β_4^*的估计误差

图 3-4　模型(3-85)的参数估计误差

参数的估计值仅仅发生了轻微的振荡，并且在较短时间内重新稳定下来，而其他算法均发生了较大的偏移或波动。

综上所述，根据图 3-1 至图 3-4 所展示的学习效果，可以看出无论处于何种噪声结构，OLQR 均可以快速识别系数的改变，并对模型及时修正，并且无论从收敛速度还是估计准确度上来看，都比其他三种经典算法更好。

3.3.2　极分解法的在线回归任务：基于模拟数据

由于在现实的机器学习任务中，变量个数往往较多，若使用迭代法求解则意味着较大的计算负担，因此本章剩余部分均使用极分解法求解，也相应地提升输入变量的维数。

考虑以下高维空间中的线性回归模型

$$y(n) = \sum_{i=1}^{M} \beta_i x_i(n) + \varepsilon(n) \tag{3-86}$$

式中，$M=500$，对所有的 i，β_i 服从 [0，1] 上的均匀分布，并且在 $y(n)$ 数据生成过程中一直保持不变；对 $\forall i, n$，$x_i(n) \sim N(0, 0.1)$；$\varepsilon(n) = 0.5\varepsilon(n-1) + 0.5\sin\left(\frac{n}{250}\pi\right)\varepsilon_0(n)$，其中 $\varepsilon(1) \sim N(0, 0.1)$，$\varepsilon_0(n) \sim N(0, 0.1)$。该数据的前 2000 个样本为训练集，余下 500 个样本为用来评估效果的测试集。

测试集上的均方误差(Mean Square Error，MSE)为

$$\text{MSE}(n) = \frac{1}{500}\sum_{i=2001}^{2500}\sqrt{(\hat{y}_n(i) - y(i))^2}, \quad \forall n \tag{3-87}$$

式中，$\hat{y}_n(i)$ 是第 n 步时所得的模型对 $y(i)$ 的预测。为了更好地展示学习效果，定义两个额外的度量学习效果的指标，即分段取均值的平均均方损失(Average Mean Square Error，AMSE)和去除训练的一些初始步骤 MSE 的总均方损失(Total Mean Square Error，TMSE)：

$$\text{AMSE}(n) = \frac{1}{100}\sum_{j=1}^{100}\text{MSE}(n-j), \quad n = 100j \tag{3-88}$$

$$\text{TMSE}(n) = \frac{1}{1400}\sum_{j=601}^{2000}\text{MSE}(n) \tag{3-89}$$

ROHDL 及其他经典算法的 AMSE 如图 3-5 所示，更低的曲线则意味着更好的学习效果。对 OPA、SGD 和 AdaGrad(Adaptive Gradient algorithms)，每一步的更新仅依据一个样本，即对应 ROHDL 中 $M_0=0$ 的情况，此外 $M_0=1$ 时的 ROHDL 也在图 3-5 中给出。从图中可以看到，比较每次更新仅使用单个样本信息的各算法，即 $M_0=0$ 时的 ROHDL、OPA、SGD 和 AdaGrad，可以看到 ROHDL 相对于其他三种算法拥有更快的收敛速度和预测精度。进一步地，将 $M_0=1$ 的情况纳入考虑范围时，发现 $M_0=1$ 展现出远超于 $M_0=0$ 时的优良性质。不难理解，$M_0=1$ 时每步的更新利用了更多输入样本的信息，从而大大加快了收敛速度，并对预测精度的提升产生一定的积极效果。多次实验表明，M_0 继续增大并不能提升学习效果，因此经验上一般只设定 $M_0=0$ 或 $M_0=1$ 两种样本进入形式。

为了进一步比较各算法的效果，真实的 $\varepsilon(n)$ 和上述各算法各步所反馈的预测误差 $\hat{\varepsilon}(n)$ ($\hat{\varepsilon}(n) = y(n) - x(n)\beta(n)$) 在图 3-6 中给出。图中虚线表示真实的噪声扰动，而实线反映了预测误差 $\hat{\varepsilon}(n)$，可以看到无论对何种算法而言，随着学习过程的推进，$\hat{\varepsilon}(n)$ 的波动都在逐渐减小。其中，ROHDL 的误差衰减最明显，而 SGD 其次，OPA 和 Adagrad 在这一数值实验中并未取得理想的效果，收敛速度更缓慢。此外，ROHDL 最大的优势在于预测误差指数收敛性质，因此在训练初始的几步就表现出明显小于其他三种算法的预测误差 $\hat{\varepsilon}(n)$。通过比较可以看出，ROHDL 算法在 $M_0=1$ 时的估计效果较其他各算法更好。

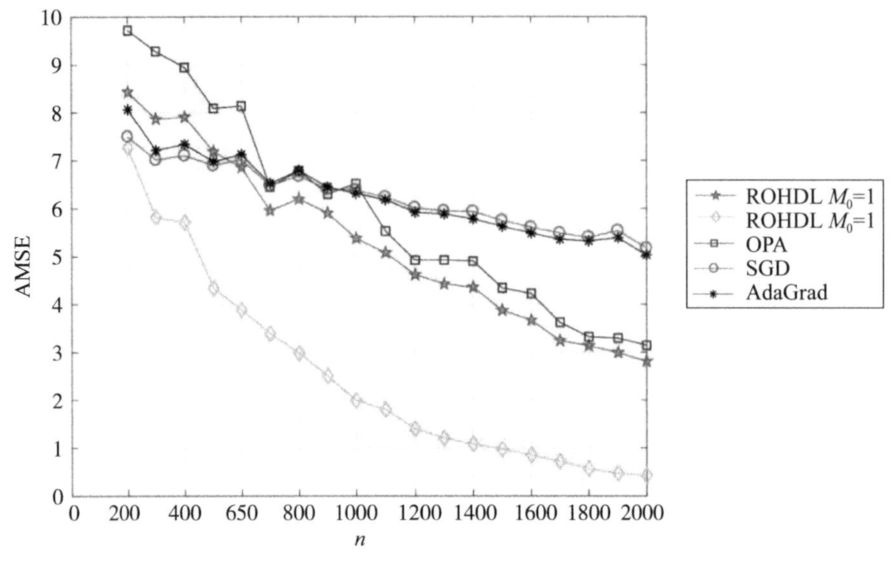

图 3-5　模型(3-86)不同算法的 AMSE

此外，采用最终训练得到的 $\beta(2000)$ 计算拟合优度(Wooldridge，2016)(R^2 统计量)，分别计算训练集和测试集上的 R^2，定义如下

$$R_{\text{train}}^2 = 1 - \frac{\sum_{i=1}^{2000}(y(i) - \hat{y}(i))^2}{\sum_{i=1}^{2000}\left(y(i) - \frac{1}{2000}\sum_{i=1}^{2000}y(i)\right)^2} \tag{3-90}$$

$$R_{\text{test}}^2 = 1 - \frac{\sum_{i=2001}^{2500}(y(i) - \hat{y}(i))^2}{\sum_{i=2001}^{2500}\left(y(i) - \frac{1}{500}\sum_{i=2001}^{2500}y(i)\right)^2} \tag{3-91}$$

表 3-1 给出了 ROHDL 和其他经典算法最优的超参数设定，以及对应的 TMSE、R_{train}^2 和 R_{test}^2，模型的总训练时间也在表中给出。可以看出尽管 ROHDL 的训练耗时略高于其他各算法，但是其收敛速度更快，预测误差更小。其他基于控制的在线回归算法(Jing，2012；Ning，2018)处理高维问题较为困难，训练完成需要超过 2 个小时的时间，这里限于篇幅省略相关结果。对于训练精度而言，当考虑 TMSE、R_{train}^2 和 R_{test}^2 所反映的算法学习效果时，可以看到 $M_0 = 0$ 时 ROHDL 已经可以取得相对其他三种梯度算法稍高的预测精度，而当 $M_0 = 1$ 时 ROHDL 实现了精度的显著提升，同时并没有增加过多的计算耗时。

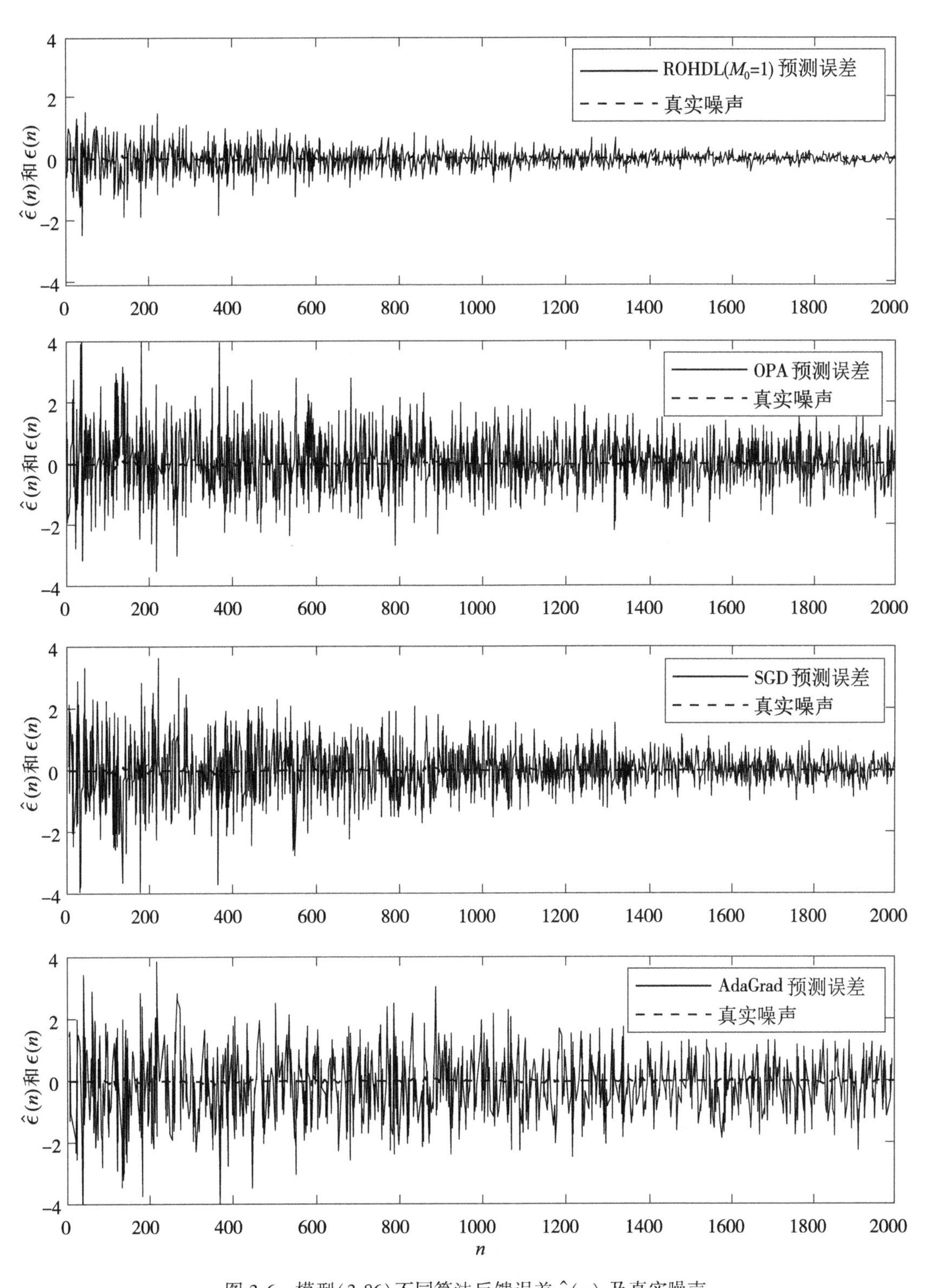

图 3-6 模型(3-86)不同算法反馈误差 $\hat{\varepsilon}(n)$ 及真实噪声

表 3-1　　模型(3-86)不同算法耗时与预测效果

算法	M_0	γ	η	v	耗时	TMSE	R^2_{train}	R^2_{test}
ROHDL	0	10			0. 5313s	4. 5631	0. 9743	0. 9549
ROHDL	1	10			0. 5828s	1. 9801	0. 9856	0. 9784
OPA				1	0. 5256s	5. 7770	0. 8310	0. 7541
SGD			0. 1		0. 5119s	6. 2304	0. 9744	0. 9551
AdaGrad			0. 1		0. 5395s	6. 0782	0. 7890	0. 7260

3. 3. 3　极分解法的在线回归任务：基于真实数据

本章提出的算法并非仅适用于模拟数据的情况，因此这一部分选取了两个经典的机器学习数据集，建立线性回归模型，并利用 ROHDL 与 OPA、SGD 和 AdaGrad 三种算法进行训练，进而给出对比分析。

1. YearPredictionMSD 数据集

YearPredictionMSD 数据集①来源于 UCI 回归数据，该数据集的预测目标为依据音色信息判断给定的一首歌曲的所属年份。为了量化输入变量，将每一首歌曲分为 12 段，对这 12 个片段分别求得音色的均值和各片段音色间的 78 个协方差，因此输入变量的维度共有 90 维。这个数据集由音乐网站应用数据平台 The Echo Nest 提供，通过使用在线学习方法可以达到快速分拣网站收集到音乐资料的所属年份的目的。基于此，建立线性回归模型

$$Y(n)=\alpha_1\,\text{pimean}_1(n)+\cdots+\alpha_{12}\,\text{pimean}_{12}(n)+\beta_{1,1}\,\text{picov}_{1,1}(n)$$
$$+\beta_{1,2}\,\text{picov}_{1,2}(n)+\cdots+\beta_{12,12}\,\text{picov}_{12,12}(n)+\varepsilon(n),\quad\forall n \tag{3-92}$$

对任意的第 n 首歌曲而言，$Y(n)$ 为歌曲的所属年份，$\text{pimean}_1(n)$，…，$\text{pimean}_{12}(n)$ 是其对应的 12 个片段音色的均值，$\text{picov}_{1,1}(n)$，$\beta_{1,2}\,\text{picov}_{1,2}(n)$，…，$\text{picov}_{12,12}(n)$ 为它们之间的 78 个协方差，α_1，…，α_{12}，$\beta_{1,1}$，$\beta_{1,2}$，…，$\beta_{12,12}$ 为待估计的系数。在这个实际案例中，原始数据包含 500000 个样本，随机选取其中的 50000 个样本完成实验，将其中的 40000 个样本作为训练集，余下 10000 个样本作为测试集，使用不同算法进行训练。

预测的准确率将以 MSE、AMSE 和 TMSE 的形式给出，将其定义为：

---

① 详见 http：//archive. ics. uci. edu/ml/datasets/YearPredictionMSD.

$$\mathrm{MSE}(n)=\frac{1}{10000}\sum_{i=40001}^{50000}\sqrt{(\hat{y}_n(i)-y(i))^2},\qquad \forall n \tag{3-93}$$

$$\mathrm{AMSE}(n)=\frac{1}{2000}\sum_{j=1}^{2000}\mathrm{MSE}(n-j),\qquad n=2000j \tag{3-94}$$

$$\mathrm{TMSE}(n)=\frac{1}{39900}\sum_{n=101}^{40000}\mathrm{MSE}(n) \tag{3-95}$$

其中，$j=1, 2, \cdots, 20$。对 ROHDL 算法仅挑选 $M_0=0$ 和 $M_0=1$ 两种情况展示。ROHDL 及其他经典算法的 AMSE 如图 3-7 所示。各算法的超参数均为最优选择，详细的参数设定与对应的训练耗时、TMSE 等信息也在表 3-2 中给出。可以看到，在处理该任务时各算法的耗时基本相当，其中当 $M_0=1$ 时，ROHDL 算法收敛速度较其他算法更快，并且有更高的预测精度。也就是说，每次进入在线学习系统的歌曲数目为 2 时，学习的效率最高，精度也更具优势。

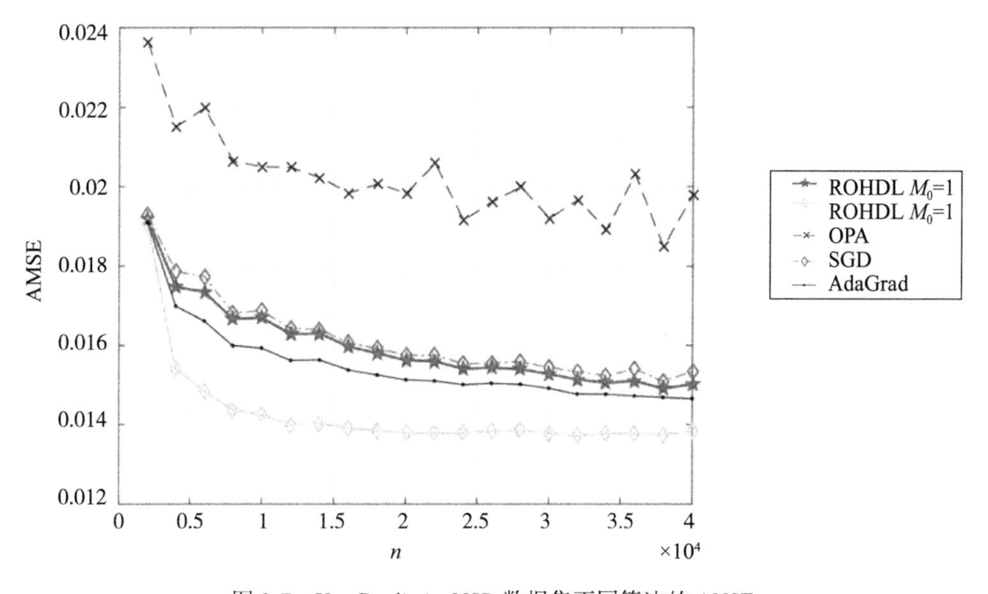

图 3-7 YearPredictionMSD 数据集不同算法的 AMSE

表 3-2 **YearPredictionMSD 数据集不同算法耗时与预测效果**

算法	M_0	γ	η	v	耗时	TMSE
ROHDL	0	1000			75.1875s	0.0159
ROHDL	1	7500			81.6719s	0.0141
OPA				0.1	73.9063s	0.0202
SGD			0.01		74.7188s	0.0161
AdaGrad			0.025		73.9688s	0.0155

2. sunspots 数据集

为了研究该算法在带有序列相关的时间序列数据中的学习效果，笔者收集了 1848 年至 2019 年每天的太阳黑子个数①，并假设当前的太阳黑子个数可以由前 100 天的太阳黑子数建立的线性模型预测得到(Collobert et al.，2001)。由于太阳黑子与地磁变化、地震和生物的生命周期等现象有关系，太阳黑子数的测量和预报有重要意义。基于此，建立线性回归模型

$$y(n) = \sum_{i=1}^{100} \beta_i y(n-i) + \varepsilon(n), \quad \forall n > 100 \tag{3-96}$$

式中，$y(n)$ 为第 n 天的太阳黑子个数，解释变量 $y(n-i)$ ($i=1$，2，…，100) 为前 100 天的太阳黑子数；β_i($i=1$，2，…，100) 为待估计的系数。在这个实际案例中，选取前 50000 个样本作为训练集，余下的 12120 个数据则作为测试样本。所有数据均被标准化到 [0，1] 区间内。

预测的准确率将以 MSE、AMSE 和 TMSE 的形式给出，将其定义为：

$$\mathrm{MSE}(n) = \frac{1}{12120}\sum_{i=50001}^{62120} \sqrt{(\hat{y}_n(i) - y(i))^2}, \quad \forall n \tag{3-97}$$

$$\mathrm{AMSE}(n) = \frac{1}{2000}\sum_{j=1}^{2000} \mathrm{MSE}(n-j), \quad n = 2000j \tag{3-98}$$

$$\mathrm{TMSE}(n) = \frac{1}{40000}\sum_{n=10001}^{50000} \mathrm{MSE}(n) \tag{3-99}$$

其中，$j=1$，2，…，25。各算法的 AMSE 如图 3-8 所示，超参数设定的细节和计算耗时均在表 3-3 中给出。可以看出在这个任务中，$M_0=0$ 时，ROHDL 算法较其他各算法的学习效果更好。

表 3-3　**sunspots 数据集不同算法耗时与预测效果**

算法	M_0	γ	η	υ	耗时	TMSE
ROHDL	0	10000			126.3750s	0.0014
ROHDL	1	12500			129.1875s	0.0018
OPA				0.1	121.6563s	0.0033
SGD			0.01		122.3214s	0.0017
AdaGrad			0.01		123.4219s	0.0017

① 数据来源：SILSO，详见 http://www.sidc.be/silso/infosndtot.

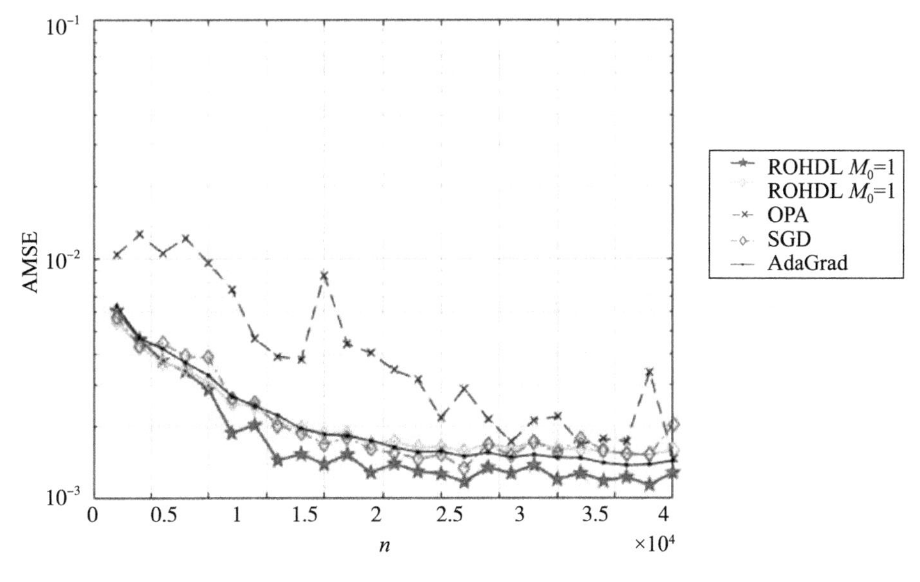

图 3-8 sunspots 数据集不同算法的 AMSE

由图 3-8 和表 3-3 看出，SGD 与 AdaGrad 算法在该任务上的表现均略优于 $M_0=1$ 时的 ROHDL 算法。对于 ROHDL 算法而言，当 $M_0=1$ 时每次训练由两个样本得到。即在第 n 步训练时，$(x(n), y(n))$ 和 $(x(n-1), y(n-1))$ 都将用于学习，对应最优化问题的 $B(n)$ 或 B_n 为

$$B_n = B(n) = \begin{pmatrix} x(n) \\ x(n-1) \end{pmatrix} \tag{3-100}$$

注意到 sunspots 是一个呈现高度序列相关的数据集，该实验的学习目标为 100 个样本对当前数据的滚动预测。$x(n)$ 和 $x(n-1)$ 中有 99 个重复的数据，这将导致两个向量的高度序列相关，因此至少有一个 $G_n = B_n B_n^{\mathrm{T}}$ 的特征值将会接近 0。将在线学习问题转化为式(3-11)的最优控制系统进行求解，定理 3 也说明了当控制输入为 $U(n) = -(\gamma I + B_n^{\mathrm{T}} P_n B_n)^{-1} B_n^{\mathrm{T}} P_n E(n)$ 时，系统(3-11)将达到稳定，进而使得从代数学角度看预测误差实现成比例地减小。定理 3 给出的系统(3-11)的闭环系统为

$$E(n+1) = G_n(I - P_n^{-1})\, G_n^{-1} E(n) \tag{3-101}$$

当 $M_0=1$ 时，G_n 和 P_n 均为 2×2 的方阵。由于至少一个 G_n 的特征值可能会接近于 0(记为 g_{nj}) 并且有 $\gamma > 0$，根据式(3-47)，其对应的 p_{nj} 非常大而 $1/p_{nj}$ 很小。这意味着 $G_n(I - P_n^{-1})\, G_n^{-1}$ 至少有一个特征值接近于 1，削弱了该闭环系统的收敛性质。这可能是 $M_0=1$ 时的 ROHDL 算法不如 SGD 算法的一个原因，同时说明了 $M_0=1$ 并非 ROHDL 在处理该任务时的最优选择。当 $M_0=0$ 时，每一步训练都只使用一个样本，对应最优化

问题的 $B(n)$ 或 B_n 为

$$B_n = B(n) = [x(n)] \tag{3-102}$$

此时 $G_n = B_n B_n^{\mathrm{T}}$ 是一个标量，上述序列相关引发的问题可以被避免，因此效果较 $M_0 = 1$ 时更好。

3.3.4　极分解法的在线二分类任务：基于模拟数据

为了展示 ROHDL 算法在二分类问题中的适用性，首先使用由以下模型生成的二分类样本

$$y(n) = \mathrm{sign}\left(\sum_{i=1}^{M} \beta_i x_i(n) + \varepsilon(n)\right), \quad 1 \leqslant n \leqslant 11000 \tag{3-103}$$

式中，输入样本维度 M 为 100，$x_i(n) \sim N(0, 1)$，$\forall i, n$；$\varepsilon(n)$ 是方差为 1 的高斯白噪声。对每一个 i，β_i 服从 [0, 1] 区间上的均匀分布。此外，为了增加模型的稀疏性，生成的数值小于 0.5 的 β_i 均被置为 0。实验共生成 11000 个样本，其中前 10000 个样本作为训练集而余下 1000 个样本为测试集。

为了更好地展示学习效果，我们定义了两个指标，即分类准确率(Accuracy, Acc)和总准确率(Total Accuracy, TAcc)：

$$\mathrm{Acc}(n) = \frac{1}{N_{\mathrm{test}}} \sum_{j=1}^{N_{\mathrm{test}}} \mathrm{Indi}(y(j) - \hat{y}_n(j)) \tag{3-104}$$

$$\mathrm{TAcc} = \frac{1}{N_{\mathrm{train}} - 2000} \sum_{j=2001}^{N_{\mathrm{train}}} \mathrm{Acc}(n) \tag{3-105}$$

式中，N_{test} 为测试集的样本数；$y(j)$ 为第 j 个样本的真实类别标签；$\hat{y}_n(j)$ 为第 n 步学习时第 j 个样本的预测标签；$\mathrm{Indi}(\cdot)$ 是示性函数。

ROHDL 和 SGD、OPA、AdaGrad 在测试集上的预测准确率如图 3-9 所示，最优超参数的设定、训练耗时和 TAcc 则由表 3-4 给出。由图可知，在训练 2000 步后，所有的算法均达到超过 90%的准确率，其中 ROHDL 相对其他三者的收敛速度更快，最终的预测精度也更高。事实上，由于噪声项的加入，即使学习到真实的 β，测试集上求得的预测准确率也只能达到 95%。进一步地，可以从表 3-4 中看到，由 ROHDL 算法得到的 TAcc 非常接近于 95%，即该算法学到了几乎所有的有效信息，进一步说明其优良性质。另外，注意到尽管在每一步更新时，ROHDL 的运算复杂度相对于各种基于梯度的学习算法稍高，但总耗时却几乎一样。这是因为在 ROHDL 中，只有当前预测错误的数据会进入控制系统参与训练，大量样本将被忽视。在本次实验中，$M_0 = 0$ 时的 ROHDL 算法有 1519 个样本参与更新，而 $M_0 = 1$ 时仅有 531 个样本参与，因此 ROHDL 算法相对于其他经典算法大大提升了学习效率。

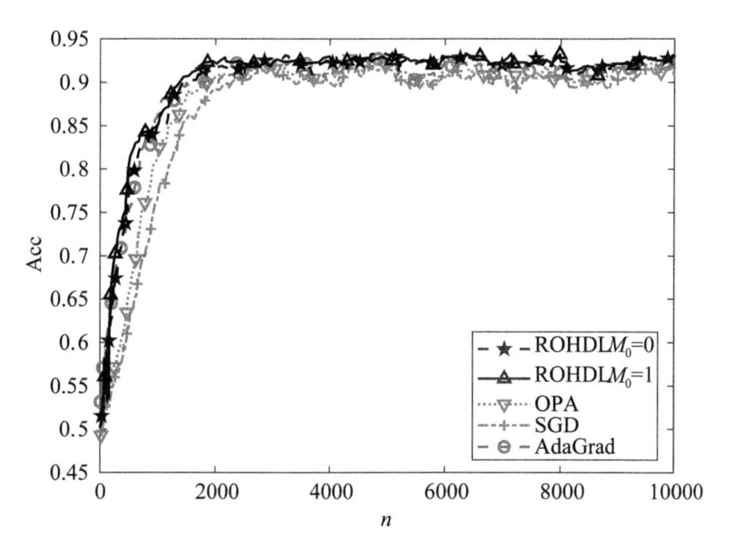

图 3-9 模型(3-101)不同算法的预测准确率

表 3-4 **模型(3-101)不同算法耗时与预测效果**

算法	M_0	γ	ρ	η	υ	耗时	TAcc
ROHDL	0	50	0.5			0.7356s	0.9258
ROHDL	1	5	0.1			0.7644s	0.9268
OPA					0.025	0.8281s	0.9144
SGD				0.01		0.6950s	0.9080
AdaGrad				0.5		0.7075s	0.9183

3.3.5 极分解法的在线二分类任务：基于真实数据

除模拟数据外，与回归问题类似，我们还选取了两个经典的机器学习数据集，建立线性二分类模型，并利用 ROHDL 与 OPA、SGD 和 AdaGrad 三种算法进行训练，进而给出对比分析。同样使用 Acc 和 TAcc 度量学习效果，它们的计算方式则依据式(3-104)和式(3-105)。

1. adults 数据集

adults 数据集是一个经典的 UCI 数据集，它是 Barry Becker 从 1994 年人口普查数据库中提取得到，主要用来测试机器学习方法在二分类问题上的表现。adults 数据集包含了 30954 个样本和 123 个属性，预测任务是确定一个人年薪是否超过 5 万美元，对应输入的可能的影响因素则包括年龄、工作类别、受教育程度、所属地区、种族、性别等一系列数值型或以 0-1 表示的类别变量。本章内容仅考虑线性模型的相关学习算法，因此建立如下线性二分类模型：

$$y(n) = \operatorname{sign}\left(\sum_{i=1}^{123} \beta_i x_i(n) + \varepsilon(n)\right), \quad \forall n \tag{3-106}$$

其中，当 $y(n)$ 取值为 1 时对应年收入高于 5 万美元，取值为 -1 时则低于 5 万美元。$x_i(n)(i=1, 2, \cdots, 123)$ 表示第 n 个样本对应的 123 个可观测属性，$\beta_i(i=1, 2, \cdots, 123)$ 则为对应的待估系数。本次实验将数据打乱后随机选取 26000 个样本作为训练集，而余下作为测试集。

表 3-5　**adults 数据集不同算法耗时与预测效果**

算法	M_0	γ	ρ	η	υ	耗时	TAcc
ROHDL	0	5000	5			86.7831s	0.8422
ROHDL	1	5000	7.5			90.0156s	0.8426
OPA					0.005	87.4063s	0.8396
SGD				0.001		83.5938s	0.8003
AdaGrad				0.025		88.3281s	0.8125

Acc 的收敛曲线如图 3-10 所示，而最优参数的选取和 TAcc 则由表 3-5 给出。可以看出，大约训练 5000 步之后，不同算法开始收敛到不同的精度水平。显然 ROHDL 算法同时获得了更快的收敛速度和更高的预测准确率。在 ROHDL 中，当前参数下被正确预测的样本并不参与训练，因此尽管训练集包含 26000 个样本，当 $M_0=0$ 时模型更新了 16522 次，而 $M_0=1$ 时仅更新了 8253 次。

2. Phishing Websites 数据集

另一个真实的二分类任务同样来自 UCI 数据集，它的主要目的为判断给定网址是否是一个钓鱼欺诈网站。输入网址被归纳总结为 68 个由 0-1 变量表示的属性，如网址中是否包含 IP，网址字符是否过长，网址是否包含“@”“-”“//”等符号。对钓鱼欺诈网站进行在线识别可以实现浏览器和杀毒软件对可疑网站的及时拦截。将涉及的所有可观测属性都纳入影响判断网站是否可疑的因素，建立如式(3-107)所示的线性二分类模型：

$$y(n) = \operatorname{sign}\left(\sum_{i=1}^{68} \beta_i x_i(n) + \varepsilon(n)\right), \quad \forall n \tag{3-107}$$

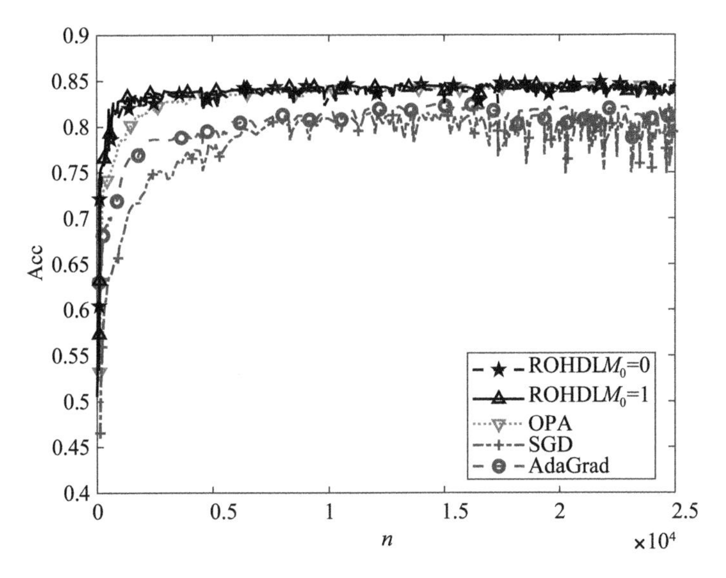

图 3-10 adults 数据集不同算法的预测准确率

其中，当 $y(n)$ 取值为 1 时判断为钓鱼欺诈网站，取值为−1 时则通过验证。$x_i(n)$，$i=1, 2, \cdots, 68$ 表示第 n 个网站对应的 68 个可观测属性，β_i，$i=1, 2, \cdots, 68$ 则为对应的待估系数。整个数据集包含了 11050 个样本，随机选取其中的 10000 个样本作为训练集，余下的 1050 个样本作为测试集。

图 3-11 展示了不同算法的 Acc 曲线，参数设定详情和运算时间等信息如表 3-6 所示。从图中可以看到，ROHDL 最终达到 95%的分类准确率，并且在训练过程中的预测准确度一直呈现上升趋势。当 $M_0=0$ 时，ROHDL 算法相对其他各算法获得了最佳的预测精度和收敛速度。可以认为在实际的钓鱼网站在线识别任务中，ROHDL 算法表现良好，在网址的特征提取进一步细化的前提下可以尽可能多地使用这个方法。

表 3-6 **Phishing Websites 数据集不同算法耗时与预测效果**

算法	M_0	γ	ρ	η	υ	耗时	TAcc
ROHDL	0	50	1			0.4413s	0.9077
ROHDL	1	100	1			0.4725s	0.9129
OPA					0.1	0.5000s	0.9101
SGD				0.05		0.4375s	0.8890
AdaGrad				0.1		0.4688s	0.8979

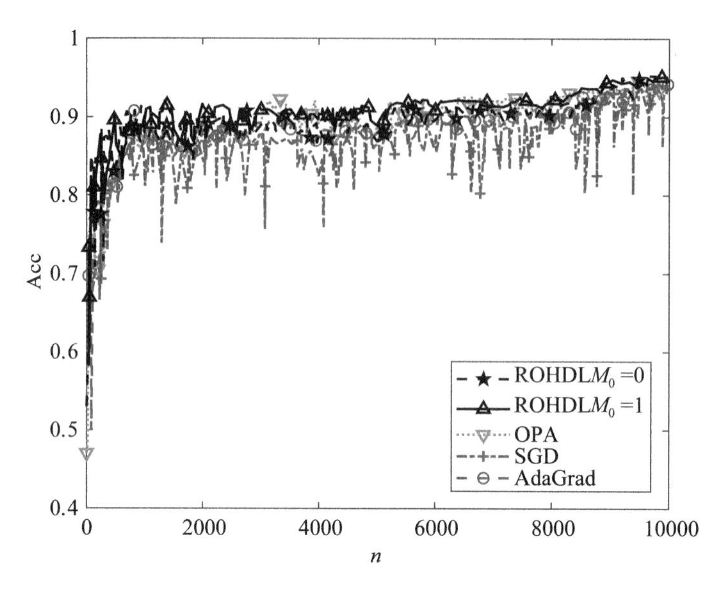

图 3-11　Phishing Websites 数据集不同算法的预测准确率

3.3.6　极分解法的在线多分类任务：基于 DNA 数据集

本章的最后一个实验旨在解决实际的多分类问题，选取 statlog collection 的 DNA 数据集①验证算法的有效性。在这个数据集中，给定一个 DNA 序列，学习目标为判断该 DNA 序列所属的类别。内含子是断裂基因的非编码区，可被转录，但在 mRNA 进一步加工过程中被剪切掉，故成熟 mRNA 上无内含子编码序列。外显子是断裂基因中的编码序列，是构成生物基因的一部分，它在剪接后仍会被保存下来，并可在蛋白质生物合成过程中被表达为蛋白质。因此，在基因工程研究中准确识别出一段 DNA 序列属于外显子、内含子，还是两者的边界有着重要作用。

DNA 序列由 4 种不同碱基 $\{A, C, T, G\}$ 构成，经过独热编码后可转化为二元指示变量 $\{(0, 0, 0), (0, 0, 1), (0, 1, 0), (1, 0, 0)\}$。在该实验中，考虑长度为 60 个碱基的 DNA 序列，因此输入的属性为 180 维的 0-1 二值类别变量，输出值为三种不同的类别，即可建立线性多分类模型：

$$y(n) = \arg\max_{j\in\{1,2,3\}} \left[\sum_{i=1}^{180} W_{i,j}\, x_i(n) + \varepsilon(n) \right], \quad \forall n \tag{3-108}$$

其中，当 $y(n)$ 取值为 1 时判断为外显子，取值为 2 时为内含子，取值为 3 时则为两者

① 数据来源详见 http：//www. is. umk. pl/～duch/projects/projects/datasets. html.

的边界。$x_i(n)(i=1, 2, \cdots, 180)$ 表示第 n 个 DNA 序列对应的 180 个输入属性，对 $\forall j \in \{1, 2, 3\}$ $W_{i,j}(i=1, 2, \cdots, 180)$ 的待估系数，注意到待判断的类别有三个，因此需要一次性学习 540 个参数。该数据集包含 3186 个样本，本次实验的训练集由随机选取的 2000 个样本构成，而余下的 1186 个样本作为测试集，用于比较 ROHDL 与 SGD 在该数据集的表现。

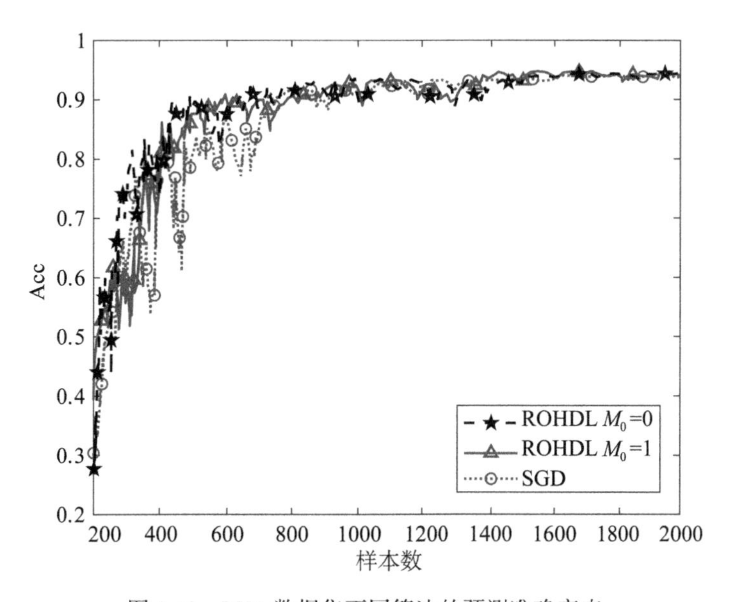

图 3-12　DNA 数据集不同算法的预测准确率表

表 3-7　**DNA 数据集不同算法的预测效果**

算法	M_0	γ	η	TMSE
ROHDL	0	100		0.9257
ROHDL	1	100		0.9244
SGD			0.01	0.9204

图 3-12 展示了在 DNA 数据集中各算法在测试集上的预测精度曲线。表 3-7 则给出了超参数设定的详细信息和以 TAcc 形式给出的学习效果，TAcc 同样按照式(3-105)的方法计算。可以看出，在这个多分类任务中，ROHDL 比 SGD 的学习效果更好。在实际研究中，DNA 序列往往很长，可能不得不求助于在线学习完成，而在线学习中 ROHDL 也是一个相对于梯度算法更优的选择。

3.4　本章小结

在线学习在处理大规模的数据流任务中有着重要作用。传统的在线学习方法多基于梯度信息，其最明显的不足是容易受到噪声扰动的影响，可能会为模型的更新提供错误的方向和步长。因此，开发更鲁棒、高效的在线学习方法一直以来都是机器学习领域的重要课题之一。

本章提出一种基于最优控制的鲁棒在线学习架构，在该架构下的在线学习任务被转化为一系列可控、可观的时变状态反馈控制系统，并构建动态线性二次调节器描述优化目标和更新过程。本章从线性回归模型出发，提出 OLQR 算法，该算法利用迭代法求解最优控制问题的 Riccati 方程，其优点在于可以使得参数快速收敛到真实值，或是预测误差的指数收敛。

考虑到 OLQR 算法在输入变量较多、维数较高的情况下受限于计算复杂度而无法大规模应用，我们借助极分解的技巧求解这个最优控制问题。在保留了 OLQR 快速鲁棒的优良特性的同时，基于极分解的 ROHDL 算法不仅可以快速处理较高维输入变量情形，而且很容易拓展到分类任务的处理。众所周知，回归与分类是两个完全不同的任务，前者的输出是连续值，而后者为离散值，因此大部分针对回归问题的算法无法直接拓展到分类问题。ROHDL 算法将回归、二分类和多分类任务分别转化为相应的状态反馈控制问题，并且兼顾了收敛速度、学习精度和计算复杂度。

第 4 章　基于最优控制的鲁棒核学习算法

本章将第 3 章提出的针对线性模型的架构拓展到非线性模型中，借助核方法，该架构可以处理非线性的回归问题。进一步地，将固定带宽的限制放宽到带宽随着学习的推进而变动的情况，提出基于最优控制的自适应带宽核回归与核分类方法。本章的最后给出模拟数据和机器学习经典数据集上的学习结果与收敛状况。

4.1　固定带宽核回归算法

4.1.1　误差反馈系统

考虑再生核希尔伯特空间 H_K 中的在线学习问题，对应的特征映射为 ϕ，内积表示为 $\langle \cdot, \cdot \rangle_H$，核函数 K 具有再生性(Liu et al.，2011)，即对 $\forall x, x_1, x_2 \in X$ 和 $f \in H_K$，有 $\langle f, K(x, \cdot) \rangle_H = f(x)$，$\langle \phi(x_1), \phi(x_2) \rangle_H = \langle K(x_1, \cdot), K(x_2, \cdot) \rangle_H = K(x_1, x_2)$，其中 H_K 为 $K(x, \cdot)$ 组成的闭包，X 是 $\mathbf{R}^d$ 中的子集。$K(x_1, x_2) = \exp\left(-\frac{\|x_1 - x_2\|^2}{\sigma^2}\right)$ 为高斯核，σ 为其带宽。在本章的研究中，假设 X 是一个紧的子集。

假设有由 $y(n) = f(x(n)) + \varepsilon(n)$ 生成的样本 $(x(1), y(1))$，…，$(x(n), y(n))$，…，其中 $x(\cdot) \in \mathbf{R}^d$，$f$ 和 ε 分别为未知非线性函数和随机扰动。假设 H_K 中存在目标值 w^*，使得

$$y(n) = \phi(x(n)) w^* + \varepsilon(n) \tag{4-1}$$

并且有 H_K 上的预测值

$$\hat{y}(n) = \phi(x(n)) w(n) \tag{4-2}$$

假设 $x(\cdot)$ 属于紧集 $X \in \mathbf{R}^d$，在时间点 n 处，有 $w(n)$，接着通过 $\Delta w(n)$，$w(n)$ 将会被更新到 $w(n+1)$。定义由 $w(n+1)$ 预测的误差为 $\hat{e}(\cdot)$，使用与式(3-3)相同的技术，可以得到

$$\hat{e}(n-l) = \phi(x(n-l))(w(n+1) - w^*) - \varepsilon(n-l) \tag{4-3}$$

对 $l=0, 1, 2, \cdots$, $e(n-l)$，则是由 $w(n)$ 得到的预测误差

$$e(n-l)=\phi(x(n-l))(w(n)-w^*)-\varepsilon(n-l) \tag{4-4}$$

则对 $l=0, 1, 2, \cdots$, 有如下关系：

$$\hat{e}(n-l)=e(n-l)+\phi(x(n-l))\Delta w(n) \tag{4-5}$$

当 $l=0, 1, \cdots, M-1$ 时，与式(3-5)和式(3-10)类似，由

$$E(n+1)\equiv(\hat{e}(n), \hat{e}(n-1), \cdots, \hat{e}(n-M+1))^{\mathrm{T}} \tag{4-6}$$

$$E(n)\equiv(e(n), e(n-1), \cdots, e(n-M+1))^{\mathrm{T}} \tag{4-7}$$

式(4-5)可以写成

$$E(n+1)=E(n)+\Phi(n)\Delta w(n) \tag{4-8}$$

其中，$\Phi(n)=(\phi(x(n))^{\mathrm{T}}, \phi(x(n-1))^{\mathrm{T}}, \cdots, \phi(x(n-M+1))^{\mathrm{T}})^{\mathrm{T}}$。

对任意的 n，式(4-8)可以看成以核空间中的 $\Delta w(n)$ 作为控制输入的控制系统，与式(3-13)中用到的技术相同，对式(4-8)，可以构造如下虚拟系统

$$E_n(t+1)=E_n(t)+\Phi_n\Delta w_n(t) \tag{4-9}$$

其中，$\Phi_n=\Phi(n)$，$w_n(1)=w(n)$ 和 $E_n(1)=E(n)$。通过式(4-9)构造的 LQR 优化器设定为

$$\begin{aligned} V=&\min_{\Delta w_n(1), \cdots,}\sum_{t=1}^{\infty}E_n(t)^{\mathrm{T}}E_n(t)+\gamma\|\Delta w_n(t)\|^2 \\ \text{s.t.}\quad & E_n(t+1)=E_n(t)+\Phi_n\Delta w_n(t) \end{aligned} \tag{4-10}$$

注意到核空间中的 $w(n)$ 可能为无穷维。为了将式(4-10)转化到有限维空间进行求解，我们在 H_K 的子空间 H_K^s 寻找最优解(Lee et al.，2007)。令 $u_i(i=1, 2, \cdots, M)$ 为 X 空间中的不同向量。H_K^s 是 H_K 中的基向量 $\phi(u_i)$，$i=1, \cdots, M$ 张成的线性子空间。对 $\forall n$，$w(n)$ 和目标向量 w^* 在 H_K^s 可以表示为

$$w^*=\sum_{i=1}^{M}\alpha_i^*\phi(u_i),\quad w(n)=\sum_{i=1}^{M}\alpha_i(n)\phi(u_i) \tag{4-11}$$

由此，$(x(n-l), y(n-l))$，$l=0, 1, \cdots, M-1$ 的预测误差 $\hat{e}(\cdot)$ (由 $w(n+1)$ 得到)和 $e(\cdot)$ (由 $w(n)$ 得到)可以写成两个有限维的差分方程的形式。

$$\begin{aligned}\hat{e}(n-l)&=\phi(x(n-l))(w(n+1)-w^*)-\varepsilon(n-l)\\ &=\sum_{i=1}^{M}(\alpha_i(n+1)-\alpha_i^*)K(u_i, x(n-l))-\varepsilon(n-l)\end{aligned} \tag{4-12}$$

$$\begin{aligned}e(n-l)&=\phi(x(n-l))(w(n)-w^*)-\varepsilon(n-l)\\ &=\sum_{i=1}^{M}(\alpha_i(n)-\alpha_i^*)K(u_i, x(n-l))-\varepsilon(n-l)\end{aligned} \tag{4-13}$$

记 $\alpha(n)=(\alpha_1(n), \alpha_2(n), \cdots, \alpha_M(n))^{\mathrm{T}}$，$\alpha_i(n+1)=\alpha_i(n)+\Delta\alpha_i(n)$，对 $i=1, 2, \cdots, M$，有

$$\begin{aligned}\hat{e}(n-l)&=\sum_{i=1}^{M}(\alpha_i(n+1)-\alpha_i^*)K(u_i,\ x(n-l))-\varepsilon(n-l)\\&=\sum_{i=1}^{M}(\alpha_i(n)-\alpha_i^*+\Delta\alpha_i(n))K(u_i,\ x(n-l))-\varepsilon(n-l)\\&=e(n-l)+\sum_{i=1}^{M}\Delta\alpha_i(n)K(u_i,\ x(n-l))\end{aligned}\tag{4-14}$$

当 $l=0,\ 1,\ \cdots,\ M-1$ 时，存在

$$E(n+1)\equiv(\hat{e}(n),\ \hat{e}(n-1),\ \cdots,\ \hat{e}(n-M+1))^{\mathrm{T}}\tag{4-15}$$

$$E(n)\equiv(e(n),\ e(n-1),\ \cdots,\ e(n-M+1))^{\mathrm{T}}\tag{4-16}$$

$$\Delta\alpha(n)\equiv(\Delta\alpha_1(n),\ \Delta\alpha_2(n),\ \cdots,\ \Delta\alpha_M(n))\tag{4-17}$$

$$K_n\equiv\begin{pmatrix}K(u_1,\ x(n)) & \cdots & K(u_M,\ x(n))\\ K(u_1,\ x(n-1)) & \cdots & K(u_M,\ x(n-1))\\ \vdots & & \vdots\\ K(u_1,\ x(n-M+1)) & \cdots & K(u_M,\ x(n-M+1))\end{pmatrix}\tag{4-18}$$

则式(4-14)可以记为

$$E(n+1)=E(n)+K_n\Delta\alpha(n)\tag{4-19}$$

注意到在子空间 H_K^s 中

$$\|\Delta w(n)\|^2=\left\langle\sum_{i=1}^{M}\Delta\alpha_i(n)\phi(u_i),\ \sum_{i=1}^{M}\Delta\alpha_i(n)\phi(u_i)\right\rangle=\Delta\alpha(n)^{\mathrm{T}}G\Delta\alpha(n)\tag{4-20}$$

其中，$G=[K(u_i,\ u_j)]_{i,\ j=1,\ 2,\ \cdots,\ M}$ 为核矩阵。因此，式(4-10)可以写成有限维输入的形式

$$\begin{aligned}&V=\min_{\Delta w_n(1),\ \cdots}\sum_{t=1}^{\infty}E_n(t)^{\mathrm{T}}E_n(t)+\gamma\Delta\alpha_n(t)^{\mathrm{T}}G\Delta\alpha_n(t)\\&\text{s. t.}\quad E_n(t+1)=E_n(t)+K_n\Delta\alpha_n(t)\end{aligned}\tag{4-21}$$

与定理2类似，有核模型对应的如下定理：

定理4 最优控制问题(式(4-21))可以通过求解以下关于 P_n 的矩阵方程得到：

$$P_nK_n(\gamma G+K_n^{\mathrm{T}}P_nK_n)^{-1}K_n^{\mathrm{T}}P_n=I\tag{4-22}$$

此外，最优控制输入和参数更新法则为

$$\begin{aligned}&\alpha(n+1)=\alpha(n)+F_nE(n)\\&F_n=-(\gamma G+K_n^{\mathrm{T}}P_nK_n)^{-1}K_n^{\mathrm{T}}P_n\end{aligned}\tag{4-23}$$

证明 对给定的 n，V 是一个二次型，存在一个对称正定矩阵 P_n，使得 $V(E(n))=E(n)^{\mathrm{T}}P_nE(n)$。在 t 时刻，对 $\forall n$ 定义 $U_n(t)=\Delta\alpha_n(t)$。则 Hamilton-Jacobi 方程为

$$V(E(n))=\min_{U_n(1),\ \cdots}\sum_{t=1}^{\infty}E_n(t)^{\mathrm{T}}E_n(t)+\gamma U_n(t)^{\mathrm{T}}GU_n(t)$$

$$= \min_{U_n(1)}(E_n(1)^{\mathrm{T}} E_n(1) + \gamma U_n(1)^{\mathrm{T}} G U_n(1) + V(E_n(1) + K_n U_n(1))) \tag{4-24}$$

即

$$V(E(n)) = \min_{U_n(1)}(E_n(1)^{\mathrm{T}} E_n(1) + \gamma U_n(1)^{\mathrm{T}} G U_n(1) + (E_n(1) + K_n U_n(1))^{\mathrm{T}} P_n(E_n(1) + K_n U_n(1))) \tag{4-25}$$

为了最小化式(4-25)，对 $U_n(1)$ 求偏导，寻找偏导数为 0 的点：

$$2U_n(1)^{\mathrm{T}}\gamma G + 2(E_n(1) + K_n U_n(1))^{\mathrm{T}} P_n K_n = 0 \tag{4-26}$$

求解可得

$$U_n^*(1) = -(\gamma G + K_n^{\mathrm{T}} P_n K_n)^{-1} K_n^{\mathrm{T}} P_n E_n(1) \tag{4-27}$$

则式(4-24)可以重新写为

$$\begin{aligned} V(E(n)) &= E_n(1)^{\mathrm{T}} P_n E_n(1) \\ &= (E_n(1) + K_n U_n^*(1))^{\mathrm{T}} P_n(E_n(1) + K_n U_n^*(1)) \\ &\quad + E_n(1)^{\mathrm{T}} E_n(1) + \gamma U_n^*(1)^{\mathrm{T}} G U_n^*(1) \end{aligned} \tag{4-28}$$

代入得

$$\begin{aligned} & E_n(1)^{\mathrm{T}} P_n E_n(1) \\ = & E_n(1)^{\mathrm{T}} E_n(1) + \gamma U_n^*(1)^{\mathrm{T}} G U_n^*(1) \\ & + (E_n(1) + K_n U_n^*(1))^{\mathrm{T}} P_n(E_n(1) + K_n U_n^*(1)) \\ = & E_n(1)^{\mathrm{T}} E_n(1) + E_n(1)^{\mathrm{T}} P_n E_n(1) \\ & + E_n(1)^{\mathrm{T}} P_n K_n (\gamma G + K_n^{\mathrm{T}} P_n K_n)^{-1}\gamma G (\gamma G + K_n^{\mathrm{T}} P_n K_n)^{-1} K_n^{\mathrm{T}} P_n E_n(1) \\ & + E_n(1)^{\mathrm{T}} P_n K_n (\gamma G + K_n^{\mathrm{T}} P_n K_n)^{-1} K_n^{\mathrm{T}} P_n K_n (\gamma G + K_n^{\mathrm{T}} P_n K_n)^{-1} K_n^{\mathrm{T}} P_n E_n(1) \\ & - 2E_n(1)^{\mathrm{T}} P_n K_n (\gamma G + K_n^{\mathrm{T}} P_n K_n)^{-1} K_n^{\mathrm{T}} P_n E_n(1) \\ = & E_n(1)^{\mathrm{T}} E_n(1) + E_n(1)^{\mathrm{T}} P_n E_n(1) \\ & - E_n(1)^{\mathrm{T}} P_n K_n (\gamma G + K_n^{\mathrm{T}} P_n K_n)^{-1} K_n^{\mathrm{T}} P_n E_n(1) \end{aligned} \tag{4-29}$$

由于式(4-29)对于所有的 $E_n(1)$ 均成立，可以得到如下离散时间代数的 Riccati 方程：

$$P_n = I + P_n - P_n K_n (\gamma G + K_n^{\mathrm{T}} P_n K_n)^{-1} K_n^{\mathrm{T}} P_n \tag{4-30}$$

整理可得

$$P_n K_n (\gamma G + K_n^{\mathrm{T}} P_n K_n)^{-1} K_n^{\mathrm{T}} P_n = I \tag{4-31}$$

由式(4-27)，在线核学习的更新法则有最优输入 $U_n^*(1) = F_n E_n(1) = F_n E(n)$，其中 $F_n = -(\gamma G + K_n^{\mathrm{T}} P_n K_n)^{-1} K_n^{\mathrm{T}} P_n$，并且有 $\Delta\alpha(n) = \Delta\alpha_n(1) = U_n^*(1)$。得证。

式(4-31)的矩阵方程可以借助 Matlab 中的最优化工具箱求解，核矩阵 $G = [K(u_i, u_j)]_{i, j=1, 2, \cdots, M}$ 中基向量的确定将在下文进行详细介绍。

4.1.2 基向量选择与 OKLQR 算法

引理 1 特征映射 ϕ 是一个紧的映射，即 ϕ 可以将任意有界集映射到一个 H_K 中的对应紧集上。

由对应紧集的性质，H_K 中存在有限开覆盖，这意味着对给定的精度，ϕ 可以由子空间 H_K^s 中的向量线性近似得到。令基向量的集合为 $B_S=\{u_1, u_2, \cdots, u_M\}$，我们使用近似线性相关(Approximate Linear Dependence，ALD)方法(Richard et al.，2008)，假设在时间 n 已有 $w(n)=\sum_{i=1}^{M}\alpha_i(n)\phi(u_i)$。对新获取的数据 $(x(n+1), y(n+1))$，令

$$\zeta(n)=\min_{c}\left\|\sum_{i=1}^{M}c_i(n)\phi(u_i)-\phi(x(n+1))\right\|^2 \tag{4-32}$$

式中，$\zeta(n)$ 可以很容易地扩展为

$$\zeta(n)=K(x(n+1), x(n+1))-K_M(x(n+1))^{\mathrm{T}}K_M^{-1}K_M(x(n+1))$$

其中

$$K_M(x(n+1))=(K(u_1, x(n+1)), \cdots, K(u_M, x(n+1)))^{\mathrm{T}}$$

$$K_M^{-1}=[K(u_i, u_j)]_{1\leq i, j\leq M}^{-1}$$

若 $\zeta(n)$ 较大，则说明 $\phi(x(n+1))$ 无法被正确地线性表示，即由 $\{\phi(u_1), \phi(u_2), \cdots, \phi(u_M)\}$ 张成的空间所具有的逼近能力较 $\{\phi(u_1), \phi(u_2), \cdots, \phi(u_M)\}\cup\{\phi(x(n+1))\}$ 更弱，这也意味着前者可能无法为模型提供足够的信息。反之，若 $\zeta(n)$ 很小，则上述两个空间差别不大，可认为 $\phi(x(n+1))$ 是冗余的。一个事先给定的阈值 ν 可以限制 B_S 的更新，当 $\zeta(n)<\nu$，B_S 保持不变，若 $\zeta(n)\geq\nu$，则将 $x(n+1)$ 加入 B_S。因此，ν 决定了基向量个数和 H_K^s 的稀疏性，当 ν 较小时模型较复杂；而相对较大的 ν 则对应近似能力更弱的简单模型。

如果将 $x(n+1)$ 加入 B_S，$w(n)=\sum_{i=1}^{M}\alpha_i(n)\phi(u_i)$ 可以写成 $w(n)=\sum_{i=1}^{M}\alpha_i(n)\phi(u_i)+0\cdot\phi(u_{M+1})$，其中 $u_{M+1}=x(n+1)$，K_n 更新为

$$\begin{pmatrix} K(u_1, x(n)) & \cdots & K(u_{M+1}, x(n)) \\ K(u_1, x(n-1)) & \cdots & K(u_{M+1}, x(n-1)) \\ \vdots & & \vdots \\ K(u_1, x(n-M+1)) & \cdots & K(u_{M+1}, x(n-M+1)) \end{pmatrix} \tag{4-33}$$

$E(n+1)$ 和 $E(n)$ 则分别扩充为 $(\hat{e}(n), \hat{e}(n-1), \cdots, \hat{e}(n-M))^{\mathrm{T}}$ 和 $(e(n), e(n-1), \cdots, e(n-M))^{\mathrm{T}}$。$\alpha(n)$ 更新为 $(\alpha_1(n), \alpha_2(n), \cdots, \alpha_M(n), 0)^{\mathrm{T}}$。接着仍然通

过式(4-22)和式(4-23)更新参数，并将该算法命名为在线核线性二次调节器算法(Online Kernel Linear Quadratic Regulator Algorithm，OKLQR)。

与第 3 章的线性模型相同，$w(n)$ 的更新相对更容易受到较大的 γ 的限制(Anderson et al.，2007)，这将增加算法的鲁棒性，但同样会使得参数的更新速度变慢。相反，一个相对较小的 γ 将使得学习速度加快，模型会更有效地依据数据变动进行调整，但同时由于缺乏约束，也将带来过拟合的问题。因此，式(4-21)的第二项可以看成一个正则化项。借用 Crammer 等(2006)中提出的“主动”和“被动”更新的概念，当 γ 越大时，学习越被动；而 γ 越小，则学习越主动。因此，在学习过程中需要选择一个恰当的 γ。需要说明的是，在基于梯度的算法中，一些和学习步长有关的参数诸如学习率等，也需要小心选择以避免发散。但我们对 γ 的选择与这有着本质不同，只要满足 $\gamma > 0$，无论 γ 的大小，本书提出的方法均可以达到指数收敛，这也是该方法最突出的优点。

算法 4-1：OKLQR

初始化：调节参数 γ，带宽 σ，ALD 阈值参数 ν，基向量 $B_S = \{u_1\}$，基向量个数 M，$\alpha(2) = 0$

For $n = 2$ **to** N **do**：

　通过式(4-32)计算 $\zeta(n)$；

　if $\zeta(n) < \nu$ **then**：

　　B_S 保持不变；

　　依据式(4-18)和 $((x(n), y(n)), \cdots, (x(n-M+1), y(n-M+1)))$ 得 K_n；

　　依据式(4-22)和式(4-23)，更新参数 $\alpha(n+1) \leftarrow \alpha(n) + \Delta\alpha(n)$

　Else

　　更新基向量 $B_S \leftarrow \{B_S, u_{M+1}\}$，系数 $\alpha(n) \leftarrow [\alpha(n)^{\mathrm{T}}, 0]^{\mathrm{T}}$；

　　依据式(4-18)和 $((x(n), y(n)), \cdots, (x(n-M), y(n-M)))$ 得 K_n；

　　依据式(4-22)和式(4-23)，更新参数 $\alpha(n+1) \leftarrow \alpha(n) + \Delta\alpha(n)$；

　　更新基向量个数 $M \leftarrow M + 1$

　End if

End for

4.2　自适应变带宽核回归算法

4.2.1　误差反馈系统

本节将考虑带宽为一个可以在线调整的参数 $\sigma(n)$，并且从最优控制的角度建立一个新的自适应学习架构。假设第 n 步学习建立在空间 $H_{K_{\sigma(n)}}$ 上，$H_{K_{\sigma(n)}}$ 则是指对应 $K_{\sigma(n)}$ 的 RKHS，$K_{\sigma(n)}$ 为带宽为 $\sigma(n)$ 的高斯核。由 $(x(n),\ y(n))$，我们有以下 $H_{K_{\sigma(n)}}$ 中的模型

$$\hat{y}(n)=w(n)^{\mathrm{T}}\phi_{\sigma(n)}(x(n)) \tag{4-34}$$

式中，$\hat{y}(n)$ 为 $y(n)$ 的预测值；$\phi_{\sigma(n)}$ 为对应于 $H_{K_{\sigma(n)}}$ 的特征映射。我们使用 $\langle\cdot,\ \cdot\rangle$ 定义再生核希尔伯特空间上的内积(Kivinen et al.，2004)，即对 $\forall\ z_1,\ z_2$ 有

$$\langle\phi_{\sigma(n)}(z_1),\ \phi_{\sigma(n)}(z_2)\rangle=K_{\sigma(n)}(z_1,\ z_2)=\exp\left(-\frac{\|z_1-z_2\|^2}{\sigma(n)^2}\right) \tag{4-35}$$

为了避免维度灾难，核学习一般建立在有限维子空间 $\{\phi_{\sigma(n)}(u_1),\ \phi_{\sigma(n)}(u_2),\ \cdots,\ \phi_{\sigma(n)}(u_M)\}$，其中 $B_S=\{u_1,\ u_2,\ \cdots,\ u_M\}$ 为一组基向量。令 $w(n)=\sum_{i=1}^{M}\alpha_i(n)\phi(u_i)$，在线学习模型可以写作

$$\begin{aligned}\hat{y}(n)&=f(\alpha(n),\ \sigma(n),\ x(n))\\&=\langle\sum_{i=1}^{M}\alpha_i(n)\phi(u_i),\ \phi_{\sigma(n)}(x(n))\rangle\\&=\sum_{i=1}^{M}\alpha_i(n)\exp\left(-\frac{\|x(n)-u_i\|^2}{\sigma(n)^2}\right)\end{aligned} \tag{4-36}$$

式中，$\alpha(n)=(\alpha_1(n),\ \alpha_2(n),\ \cdots,\ \alpha_M(n))^{\mathrm{T}}$ 和 $\sigma(n)$ 为待更新的模型参数。假设生成样本 $(x(n),\ y(n))$，$n=1,\ 2,\ \cdots$ 的目标模型为

$$\begin{aligned}y(n)&=f(\alpha^*,\ \sigma^*,\ x(n))+\varepsilon(n)\\&=\sum_{i=1}^{M}\alpha_i^*\exp\left(-\frac{\|x(n)-u_i\|^2}{\sigma^{*2}}\right)+\varepsilon(n)\end{aligned} \tag{4-37}$$

式中，$\alpha^*=(\alpha_1^*,\ \alpha_2^*,\ \cdots,\ \alpha_M^*)^{\mathrm{T}}$ 和 σ^* 为未知的目标参数，将由 $\alpha(n)$ 和 $\sigma(n)$ 估计得到。

对 $0\leqslant l<n$，有 $(x(n-l),\ y(n-l))$，令 $\hat{y}(n-l)$ 为由参数 $(\alpha(n),\ \sigma(n))$ 得到的预测值，$\tilde{y}(n-l)$ 为由更新后的参数 $(\alpha(n+1),\ \sigma(n+1))$ 对应的预测值。$(\alpha(n),\ \sigma(n))$ 对应的预测输出及误差为

$$\hat{y}(n-l)=f(\alpha(n),\ \sigma(n),\ x(n-l)) \tag{4-38}$$

$$y(n-l)=f(\alpha^*,\ \sigma^*,\ x(n-l))+\varepsilon(n-l) \tag{4-39}$$

$$\begin{aligned}e(n-l)&=\hat{y}(n-l)-y(n-l)\\&=f(\alpha(n),\ \sigma(n),\ x(n-l))-f(\alpha^*,\ \sigma^*,\ x(n-l))-\varepsilon(n-l)\end{aligned} \tag{4-40}$$

同理，由 $(\alpha(n+1),\ \sigma(n+1))$ 给出的预测输出和误差为

$$\tilde{y}(n-l)=f(\alpha(n+1),\ \sigma(n+1),\ x(n-l)) \tag{4-41}$$

$$y(n-l)=f(\alpha^*,\ \sigma^*,\ x(n-l))+\varepsilon(n-l) \tag{4-42}$$

$$\begin{aligned}\tilde{e}(n-l)&=\tilde{y}(n-l)-y(n-l)\\&=f(\alpha(n+1),\ \sigma(n+1),\ x(n-l))-f(\alpha^*,\ \sigma^*,\ x(n-l))-\varepsilon(n-l)\end{aligned} \tag{4-43}$$

另一方面，令 $\alpha(n)=\alpha(n+1)-\Delta\alpha(n)$，$\sigma(n)=\sigma(n+1)-\Delta\sigma(n)$，由泰勒展开式得到如下表达式：

$$\begin{aligned}&\tilde{e}(n-l)\\&=f(\alpha(n+1),\ \sigma(n+1),\ x(n-l))-f(\alpha^*,\ \sigma^*,\ x(n-l))-\varepsilon(n-l)\\&=f(\alpha(n+1),\ \sigma(n+1),\ x(n-l))-f(\alpha(n),\ \sigma(n),\ x(n-l))\\&\quad+f(\alpha(n),\ \sigma(n),\ x(n-l))-f(\alpha^*,\ \sigma^*,\ x(n-l))-\varepsilon(n-l)\\&=e(n-l)+f(\alpha(n+1),\ \sigma(n+1),\ x(n-l))-f(\alpha(n),\ \sigma(n),\ x(n-l))\\&=e(n-l)+\frac{\partial f(\alpha(n),\ \sigma(n),\ x(n-l))}{\partial\alpha(n)^{\mathrm{T}}}\Delta\alpha(n)+\frac{\partial f(\alpha(n),\ \sigma(n),\ x(n-l))}{\partial\sigma(n)}\Delta\sigma(n)\\&\quad+r(n-l)\\&=\left(\frac{\partial f(\alpha(n),\ \sigma(n),\ x(n-l))}{\partial\alpha(n)^{\mathrm{T}}},\ \frac{\partial f(\alpha(n),\ \sigma(n),\ x(n-l))}{\partial\sigma(n)}\right)(\Delta\alpha(n)^{\mathrm{T}},\ \Delta\sigma(n))^{\mathrm{T}}\\&\quad+e(n-l)+r(n-l)\end{aligned} \tag{4-44}$$

其中，$r(n-l)$ 为泰勒展开式的二阶及高阶项，仅保留 $r(n-l)$ 的二次项，有

$$\begin{aligned}r(n-l)=&\frac{1}{2}\Delta\alpha(n)^{\mathrm{T}}\frac{\partial^2 f(\alpha(n),\ \sigma(n),\ x(n-l))}{\partial\alpha(n)^{\mathrm{T}}\partial\alpha(n)}\Delta\alpha(n)\\&+\Delta\alpha(n)^{\mathrm{T}}\frac{\partial^2 f(\alpha(n),\ \sigma(n),\ x(n-l))}{\partial\alpha(n)\partial\sigma(n)}\Delta\sigma(n)\\&+\frac{1}{2}\frac{\partial^2 f(\alpha(n),\ \sigma(n),\ x(n-l))}{\partial\sigma(n)^2}\Delta\sigma(n)^2\end{aligned} \tag{4-45}$$

记 $\theta(n)=(\alpha(n)^{\mathrm{T}},\ \sigma(n))^{\mathrm{T}}$，$\theta^*=(\alpha^{*\mathrm{T}},\ \sigma^*)^{\mathrm{T}}$，并且有 $\Delta\theta(n)=\theta(n+1)-\theta(n)$，对 $\forall l$，$f(\theta(n),\ x(n-l))=f(\alpha(n),\ \sigma(n),\ x(n-l))$。令 $l=0,\ 1,\ 2,\ \cdots,\ M$，有如下矩阵方程：

$$\begin{pmatrix}\tilde{e}(n)\\\tilde{e}(n-1)\\\vdots\\\tilde{e}(n-M)\end{pmatrix}=\begin{pmatrix}e(n)\\e(n-1)\\\vdots\\e(n-M)\end{pmatrix}+\begin{pmatrix}\frac{\partial f(\theta(n),\ x(n))}{\partial\alpha(n)^{\mathrm{T}}}&\frac{\partial f(\theta(n),\ x(n))}{\partial\sigma(n)}\\\frac{\partial f(\theta(n),\ x(n-1))}{\partial\alpha(n)^{\mathrm{T}}}&\frac{\partial f(\theta(n),\ x(n-1))}{\partial\sigma(n)}\\\vdots&\vdots\\\frac{\partial f(\theta(n),\ x(n-M))}{\partial\alpha(n)^{\mathrm{T}}}&\frac{\partial f(\theta(n),\ x(n-M))}{\partial\sigma(n)}\end{pmatrix}$$

$$\cdot \begin{pmatrix} \Delta\alpha(n) \\ \Delta\sigma(n) \end{pmatrix} + \begin{pmatrix} r(n) \\ r(n-1) \\ \vdots \\ r(n-M) \end{pmatrix} \tag{4-46}$$

对 $l=0, 1, 2, \cdots, M$, $i=1, 2, \cdots, M$

$$\frac{\partial f(\theta(n), x(n-l))}{\partial \sigma(n)} = 2\sum_{i=1}^{M} \alpha_i(n)\exp\left(-\frac{\|x(n-l)-u_i\|^2}{\sigma(n)^2}\right) \cdot \frac{\|x(n-l)-u_i\|^2}{\sigma(n)^3} \tag{4-47}$$

$$\frac{\partial f(\theta(n), x(n-l))}{\partial \alpha(n)^{\mathrm{T}}} = \left(\frac{\partial f(\theta(n), x(n-l))}{\partial \alpha_1(n)}, \cdots, \frac{\partial f(\theta(n), x(n-l))}{\partial \alpha_M(n)}\right) \tag{4-48}$$

其中,

$$\frac{\partial f(\theta(n), x(n-l))}{\partial \alpha_i(n)} = \exp\left(-\frac{\|x(n-l)-u_i\|^2}{\sigma(n)^2}\right) \tag{4-49}$$

则式(4-46)可记为

$$\widetilde{E}(n) = E(n) + B(n)\Delta\theta(n) + Re(n) \tag{4-50}$$

式(4-50)与式(4-46)中的各项一一对应。为了从最优控制角度研究该问题，进一步定义式(4-50)为

$$E(n+1) = E(n) + B(n)U(n) + Re(n) \tag{4-51}$$

$U(n) = \Delta\theta(n)$为最优控制算法待确定的反馈控制项, $Re(n)$为接近 0 的 $U(n)$ $(\Delta\theta(n))$的更高阶项，这意味着当 $U(n)$ 足够小时 $Re(n)$ 可以被忽略。因此式(4-51)可以近似写成

$$E(n+1) = E(n) + B(n)U(n) \tag{4-52}$$

注意到在时间点 n, 已知 $\alpha(n)$ 和 $\sigma(n)$, 并由此可以观测到 $E(n)$。则此刻参数的更新可以很容易地看成一个如式(4-51)所示的经典状态反馈控制问题，并且可以很容易地验证式(4-51)是一个可控的系统。$U(n)$ 可以写成 $U(n) = F(n)E(n)$, $F(n)$ 为待确定的控制律。在线学习的目标是获取一个有效的控制律 $F(n)$, 使得误差系统(4-51)达到稳定，从而使误差 $E(n)$ 逐渐收敛到原点, $\theta(n)$ 收敛到真实值 θ^*。这意味着，对给定的样本集合 $(x(n-l), y(n-l))$, $l=0, 1, 2, \cdots, M$, 从代数学角度看更新后由 $\theta(n+1)$ 得到的预测误差将比由 $\theta(n)$ 得到的更小。随着 n 的增大，我们可以获得一系列时不变系统，如果按顺序使这些系统稳定即可获得它们对应的控制输入 $U(n+k) = \Delta\theta(n+k)$, $k=0, 1, 2, \cdots$, 并且有

$$\theta(n+k)=\theta(n)+\sum_{j=0}^{k-1}U(n+j)=\theta(n)+\sum_{j=0}^{k-1}\Delta\theta(n+j) \tag{4-53}$$

在后文将探讨，当 $k\to\infty$时，$\theta(n+k)$ 和 θ^* 的距离收敛到一个紧集中，尤其是在无噪声的情况下这个紧集将非常小。此外，通常假设 $\varepsilon(n)$ 服从正态分布，以便于进行统计推断。也有一些文献利用了随机扰动具有有界性的性质(Alpaydin，2020)，因此我们假设 $\varepsilon(n)$ 被限制在常数界 D 内，即对 $\forall n$，$|\varepsilon(n)|<D$。

4.2.2　状态反馈控制与 OAKL 算法

与其他基于最优控制的在线学习算法一样，对系统(4-52)，我们构建如下虚拟时不变动态控制系统：

$$E_n(t+1)=E_n(t)+B_n\Delta\theta_n(t),\ t=1,\ 2,\ \cdots \tag{4-54}$$

其中，$B_n=B(n)$，$E_n(1)=E(n)$。$\Delta\theta_n(t)=\theta_n(t+1)-\theta_n(t)$ 为状态反馈控制输入，则有 $\Delta\theta(n)=\Delta\theta_n(1)=U(n)=F_nE_n(1)=F(n)E(n)$，其中 $F_n=F(n)$ 由最优控制技巧求得。无限时域最优控制的优化指标可以写成

$$V=\min_{\Delta\theta_n(1),\cdots}\sum_{t=1}^{\infty}E_n(t)^{\mathrm{T}}E_n(t)+\Delta\theta_n(t)^{\mathrm{T}}R_n\Delta\theta_n(t)$$

$$\text{s.t.}\quad \Delta\theta_n(t)=F_nE_n(t),\ E_n(t+1)=E_n(t)+B_n\Delta\theta_n(t) \tag{4-55}$$

求式(4-55)的最优解，即可得到 F_n。式(4-55)的第一项度量了状态的偏差，第二项则代表控制输入的步长，并且有调节参数$\gamma>0$，γ可以用来权衡状态偏差与控制输入这两个部分的重要性。需要注意的是，式(4-55)的最优解建立在带宽为 $\sigma(n)$ 的 RKHS 上。令

$$\Omega_n=[K_{\sigma(n)}(u_i,\ u_j)]_{i,\ j=1,\ \cdots,\ M}=\left[\exp\left(-\frac{\|u_i-u_j\|^2}{\sigma(n)^2}\right)\right]_{i,\ j=1,\ \cdots,\ M}$$

为核矩阵(Gram 矩阵)，则正定对称矩阵 R_n 可以定义为

$$R_n=\begin{pmatrix}\Omega_n & 0\\ 0 & 1\end{pmatrix} \tag{4-56}$$

一旦我们获得式(4-55)的最优解，模型将仅依据第一项控制输入进行更新，即 $\Delta\theta(n)=\Delta\theta_n(1)$。在下一个时间点 $n+1$ 时，样本集合与参数 $\theta(n)$ 均发生了变化，此时式(4-54) 中的 B_n，即式(4-50) 中的 $B(n)$，可通过式(4-47)、式(4-48) 和式(4-49) 更新至 $B(n+1)$，并再次求解对应的最优控制问题，获得 $\Delta\theta(n+1)$ 更新法则。随着观测数据的进入，不断重复这一过程，式(4-55)的计算方法由定理 5 给出。

定理 5　对给定的 n，最优化问题式(4-55)的最优解可以由求解以下矩阵方程的正定矩阵 P_n 得到：

$$P_n B_n (\gamma R_n + B_n^{\mathrm{T}} P_n B_n)^{-1} B_n^{\mathrm{T}} P_n = I \tag{4-57}$$

则控制律和参数更新可以写成

$$\theta(n+1) = \theta(n) + F_n E(n)$$
$$F_n = -(\gamma R_n + B_n^{\mathrm{T}} P_n B_n)^{-1} B_n^{\mathrm{T}} P_n \tag{4-58}$$

证明 与定理4的证明类似，此处省略。

式(4-52)的闭环系统可以写成

$$E(n+1) = L(n)E(n) \tag{4-59}$$

其中，$L(n) = I + B(n)F(n)$ 是控制系统的状态转移矩阵，由定理4的证明可知，式(4-57)的解是唯一的正定矩阵(Willems，2012)。已知 $L(n)$ 是对称矩阵，$0 < P_n^{-1} < I$，$0 < I - P_n^{-1} < I$，$I + B(n)F(n) = I - P_n^{-1}$，因此 $0 < L(n) < I$，系统(4-59)能够达到稳定。

对4.1节中的固定带宽核回归问题，使用ALD技巧在线选择基函数是一种较有效的方法。然而对本节中动态变化的带宽并不适用，因此在这里我们提出一种动态ALD(dynamical ALD)方法。假设在时间点 n 处我们已有 $B_S = \{u_1, u_2, \cdots, u_M\}$ 和 $\alpha(n)$、$\sigma(n)$ 等待更新，令

$$\zeta(n) = \min_c \left\| \sum_{i=1}^{M} c(i)\, \phi_{\sigma(n)}(u_i) - \phi_{\sigma(n)}(x(n)) \right\|^2 \tag{4-60}$$

其中，$c = (c(1), c(2), \cdots, c(M))^{\mathrm{T}}$，$\phi_{\sigma(n)}$ 对应高斯核 $K_{\sigma(n)}$。$\zeta(n)$ 可以扩展为

$$\zeta(n) = K_{\sigma(n)}(x(n), x(n)) - \overline{K_{\sigma(n)}}(x(n))^{\mathrm{T}}\, \Omega_n^{-1}\, \overline{K_{\sigma(n)}}(x(n)) \tag{4-61}$$

其中，$\Omega_n = [K_{\sigma(n)}(u_i, u_j)]_{i,j=1,\cdots,M}$ 为核矩阵，

$$\overline{K_{\sigma(n)}}(x(n)) = (K_{\sigma(n)}(u_1, x(n)), \cdots, K_{\sigma(n)}(u_M, x(n)))^{\mathrm{T}}$$

当 $\zeta(n)$ 较大时，在 $K_{\sigma(n)}$ 对应的核空间中 $x(n)$ 无法被 B_S 中的元素线性表示；反之，当 $\zeta(n)$ 较小时，$x(n)$ 对于已有的 B_S 是冗余的基向量。事先选定的常数 ν 可作为决定 B_S 是否更新的阈值。更新策略为：当 $\zeta(n) < \nu$ 时，B_S 保持不变；当 $\zeta(n) > \nu$ 时，将 $x(n)$ 加入 B_S 中并记为 u_{M+1}。由于在线学习中的目标带宽未知，ν 将选择相对较小的值，以避免遗漏重要的基向量。

算法 4-2：OAKL

初始化：调节参数 γ，带宽 σ，ALD 阈值参数 ν，基向量 $B_S = \{u_1\}$，基向量个数 $M = 1$，初始带宽 $\sigma(3) = \sigma$，$\alpha(3) = 0$

For $n = 3$ **to** N **do**：

通过式(4-61)计算 $\zeta(n)$；

if $\zeta(n) < \nu$ **then**：

续表

B_S 保持不变；
依据式(4-46)和 $((x(n), y(n)), \cdots, (x(n-M), y(n-M)))$ 得B_n；
依据式(4-57)和式(4-58)，更新参数 $\alpha(n+1) \leftarrow \alpha(n) + \Delta\alpha(n)$，$\sigma(n+1) \leftarrow \sigma(n) + \Delta\sigma(n)$
Else
更新基向量 $B_S \leftarrow \{B_S, u_{M+1}\}$，系数 $\alpha(n) \leftarrow [\alpha(n)^{\mathrm{T}}, 0]^{\mathrm{T}}$；
依据式(4-46)和 $((x(n), y(n)), \cdots, (x(n-M-1), y(n-M-1)))$ 得B_n；
依据式(4-57)和式(4-58)，更新参数 $\alpha(n+1) \leftarrow \alpha(n) + \Delta\alpha(n)$，$\sigma(n+1) \leftarrow \sigma(n) + \Delta\sigma(n)$
更新基向量个数 $M \leftarrow M + 1$
End if
End for

在具体的学习过程中，若 $\zeta(n) < \nu$，则通过式(4-57)和式(4-58)更新 $\alpha(n)$ 与 $\sigma(n)$，其中 B_n 由样本 $((x(n), y(n)), (x(n-1), y(n-1)), \cdots, (x(n-M), y(n-M)))$ 求得。若 $\zeta(n) > \nu$，$x(n)$ 被添加入 B_S 中，$w(n)$ 可以被写成 $w(n) = \sum_{i=1}^{M} \alpha_i(n)\,\phi_{\sigma(n)}(u_i) + 0 \cdot \phi_{\sigma(n)}(u_{M+1})$，其中 $u_{M+1} = x(n)$。$\alpha(n)$ 也将更新为 $(\alpha_1(n), \cdots, \alpha_M(n), 0)^{\mathrm{T}}$，并且式(4-52)中的 $E(n+1)$、$E(n)$、$\theta(n)$ 和 $\Delta\theta(n)$ 也进行相应的扩充。再次通过式(4-57)和式(4-58)更新参数时，B_n 由样本 $((x(n), y(n)), (x(n-1), y(n-1)), \cdots, (x(n-M-1), y(n-M-1)))$ 求得。我们将该算法命名为在线自适应核学习算法(Online Adaptive Kernel Learning，OAKL)。

注意到矩阵方程(4-57)可以写成

$$P_n = I + P_n - P_n B_n (\gamma R_n + B_n^{\mathrm{T}} P_n B_n)^{-1} B_n^{\mathrm{T}} P_n \tag{4-62}$$

由于 B_n 满秩，R_n 对称正定，式(4-62)可以看成一个关于 P_n 的标准离散代数 Riccati 方程。传统的求解式(4-62)的方法是迭代下式

$$P_n(k+1) = I + P_n(k) - P_n(k) B_n (\gamma R_n + B_n^{\mathrm{T}} P_n(k) B_n)^{-1} B_n^{\mathrm{T}} P_n(k) \tag{4-63}$$

并且有 $P_n = \lim_{k\to\infty} P_n(k)$。式(4-57)还可以通过 Matlab 中的最优化工具箱求解式(4-62)，其计算复杂度为 $O((M+1)^2)$。另外，一个相对较大的 γ 可以使得 $\Delta\theta(n)$ 和 F_n 尽可能小，从而保证渐进收敛的性质。

4.2.3　OAKL 的收敛性分析

对给定的 $\theta(n)$，最优估计定义为 $\lim_{k\to\infty}\|\theta(n+k) - \theta^*\| = 0$，也就是说对任意足够小的 $\epsilon > 0$，存在正整数 k_0 使得当 $k > k_0$ 时 $\|\theta(n+k) - \theta^*\| < \epsilon$。为了方便说明，我们给出多个基向量在噪声为 0 情况下的收敛性分析，对 $\forall n$，目标模型和算法学到的

模型分别为

$$y(n)=f(\theta^*,\ x(n))=\sum_{i=1}^{M}\alpha_i^*\exp\left(-\frac{\|x(n)-u_i\|^2}{\sigma^{*2}}\right) \tag{4-64}$$

$$\hat{y}(n)=\hat{f}(\theta(n),\ x(n))=\sum_{i=1}^{M}\alpha_i(n)\exp\left(-\frac{\|x(n)-u_i\|^2}{\sigma(n)^2}\right) \tag{4-65}$$

其中, M 可以为任意正整数。根据式(4-59), 在时间 n 将 $\theta(n)$ 更新到 $\theta(n+1)$, 并且有

$$\begin{pmatrix} \hat{f}(\theta(n+1),\ x(n))-f(\theta^*,\ x(n)) \\ \hat{f}(\theta(n+1),\ x(n-1))-f(\theta^*,\ x(n-1)) \\ \vdots \\ \hat{f}(\theta(n+1),\ x(n-M))-f(\theta^*,\ x(n-M)) \end{pmatrix}$$

$$=L(n)\begin{pmatrix} \hat{f}(\theta(n),\ x(n))-f(\theta^*,\ x(n)) \\ \hat{f}(\theta(n),\ x(n-1))-f(\theta^*,\ x(n-1)) \\ \vdots \\ \hat{f}(\theta(n),\ x(n-M))-f(\theta^*,\ x(n-M)) \end{pmatrix} \tag{4-66}$$

等价于

$$\begin{pmatrix} \sum_{i=1}^{M}\alpha_i(n+1)\exp\left(-\frac{\|x(n)-u_i\|^2}{\sigma(n+1)^2}\right)-\sum_{i=1}^{M}\alpha_i^*\exp\left(-\frac{\|x(n)-u_i\|^2}{\sigma^{*2}}\right) \\ \sum_{i=1}^{M}\alpha_i(n+1)\exp\left(-\frac{\|x(n-1)-u_i\|^2}{\sigma(n+1)^2}\right)-\sum_{i=1}^{M}\alpha_i^*\exp\left(-\frac{\|x(n-1)-u_i\|^2}{\sigma^{*2}}\right) \\ \vdots \\ \sum_{i=1}^{M}\alpha_i(n+1)\exp\left(-\frac{\|x(n-M)-u_i\|^2}{\sigma(n+1)^2}\right)-\sum_{i=1}^{M}\alpha_i^*\exp\left(-\frac{\|x(n-M)-u_i\|^2}{\sigma^{*2}}\right) \end{pmatrix}$$

$$=L(n)\begin{pmatrix} \sum_{i=1}^{M}\alpha_i(n)\exp\left(-\frac{\|x(n)-u_i\|^2}{\sigma(n)^2}\right)-\sum_{i=1}^{M}\alpha_i^*\exp\left(-\frac{\|x(n)-u_i\|^2}{\sigma^{*2}}\right) \\ \sum_{i=1}^{M}\alpha_i(n)\exp\left(-\frac{\|x(n-1)-u_i\|^2}{\sigma(n)^2}\right)-\sum_{i=1}^{M}\alpha_i^*\exp\left(-\frac{\|x(n-1)-u_i\|^2}{\sigma^{*2}}\right) \\ \vdots \\ \sum_{i=1}^{M}\alpha_i(n)\exp\left(-\frac{\|x(n-M)-u_i\|^2}{\sigma(n)^2}\right)-\sum_{i=1}^{M}\alpha_i^*\exp\left(-\frac{\|x(n-M)-u_i\|^2}{\sigma^{*2}}\right) \end{pmatrix} \tag{4-67}$$

其中，$L(n)$ 为一个正定对称的收缩矩阵。$x(n)$，$x(n-1)$，…，$x(n-M)$ 和 $\theta(n)$ 之间存在非线性作用，这意味着很难将这种关系与误差项完全分离。一般来说，线性模型可以很容易地转化为线性模型的固定带宽的核模型，在分析其收敛性时通常将时变迭代转化为时不变的形式，接着使用诸如线性系统的压缩映射等方法获得欧氏空间中 2-范数形式的收敛性结果。然而，受限于自适应带宽核模型的非线性性质，这种收敛性的证明存在本质上的困难。幸运的是，4.4 节的相关数值模拟实验发现，即使迭代格式为时变形式，无论 $(x(n),\ y(n))$ 的生成方法如何，式(4-67)均是压缩的，即当 $n\to\infty$ 时有

$$\begin{pmatrix} \sum_{i=1}^{M}\alpha_i(n)\exp\left(-\dfrac{\|x(n)-u_i\|^2}{\sigma(n)^2}\right)-\sum_{i=1}^{M}\alpha_i^*\exp\left(-\dfrac{\|x(n)-u_i\|^2}{\sigma^{*2}}\right) \\ \sum_{i=1}^{M}\alpha_i(n)\exp\left(-\dfrac{\|x(n-1)-u_i\|^2}{\sigma(n)^2}\right)-\sum_{i=1}^{M}\alpha_i^*\exp\left(-\dfrac{\|x(n-1)-u_i\|^2}{\sigma^{*2}}\right) \\ \vdots \\ \sum_{i=1}^{M}\alpha_i(n)\exp\left(-\dfrac{\|x(n-M)-u_i\|^2}{\sigma(n)^2}\right)-\sum_{i=1}^{M}\alpha_i^*\exp\left(-\dfrac{\|x(n-M)-u_i\|^2}{\sigma^{*2}}\right) \end{pmatrix}\to\begin{pmatrix}0\\0\\\vdots\\0\end{pmatrix} \tag{4-68}$$

也就是说当 n 足够大时，$\theta(n)$ 可以达到稳定值。式(4-68)同样说明在无噪声的情况下，预测误差将收敛到原点。由式(4-68)，下述引理给出了进一步的收敛性证明。

引理 2　假设在给定时间点 n，$(x(n),\ y(n))$，$(x(n-1),\ y(n-1))$，…，$(x(n-M),\ y(n-M))$ 用于训练，并且有 $x(n)\neq x(n-1)\neq\cdots\neq x(n-M)$。对任意给定的 $\alpha^*=(\alpha_1^*,\ \alpha_2^*,\ \cdots,\ \alpha_M^*)^{\mathrm T}$ 和 $\sigma^*\neq 0$，若

$$\begin{cases} \sum_{i=1}^{M}\alpha_i(n)\exp\left(-\dfrac{\|x(n)-u_i\|^2}{\sigma(n)^2}\right)-\sum_{i=1}^{M}\alpha_i^*\exp\left(-\dfrac{\|x(n)-u_i\|^2}{\sigma^{*2}}\right)=0 \\ \sum_{i=1}^{M}\alpha_i(n)\exp\left(-\dfrac{\|x(n-1)-u_i\|^2}{\sigma(n)^2}\right)-\sum_{i=1}^{M}\alpha_i^*\exp\left(-\dfrac{\|x(n-1)-u_i\|^2}{\sigma^{*2}}\right)=0 \\ \vdots \\ \sum_{i=1}^{M}\alpha_i(n)\exp\left(-\dfrac{\|x(n-M)-u_i\|^2}{\sigma(n)^2}\right)-\sum_{i=1}^{M}\alpha_i^*\exp\left(-\dfrac{\|x(n-M)-u_i\|^2}{\sigma^{*2}}\right)=0 \end{cases} \tag{4-69}$$

则存在唯一解使得 $\theta(n)=\theta^*$ $(\alpha(n)=\alpha^*$ 和 $\sigma(n)=\sigma^*)$。即当 $n\to\infty$ 时 $\theta(n)$ 将趋近于 θ^*，此时 $\theta(n)$ 获得最优解。

证明　对给定的 α^* 和 σ^*，可以很容易地验证 $\sigma(n)^2=\sigma^{*2}$ 和 $\alpha(n)=\alpha^*$ 为式(4-69)的解。接下来，将证明这也是式(4-69)的唯一解。假设存在另外的解 $\sigma(n)$ 和

$\alpha(n)$，并且有 $\sigma(n)^2 \neq \sigma^{*2}$。对 $j=0, 1, 2, \cdots, M$ 与 $i=1, 2, \cdots, M$，令

$$v_{n,i}(j) = -\|x(n-j)-u_i\|^2 \tag{4-70}$$

对于所有的 j 有

$$v_{n,i_1}(j) \neq v_{n,i_2}(j), \ 1 \leqslant i_1, i_2 \leqslant M, \ i_1 \neq i_2 \tag{4-71}$$

对于所有的 i 有

$$v_{n,i}(j_1) \neq v_{n,i}(j_2), \ 0 \leqslant j_1, j_2 \leqslant M, \ j_1 \neq j_2 \tag{4-72}$$

则式(4-69)可以写成

$$\begin{cases} \sum_{i=1}^{M} (\alpha_i(n) - \alpha_i^*) \exp\left(\dfrac{v_{n,i}(0)}{\sigma(n)^2}\right) = \sum_{i=1}^{M} \alpha_i^* \left(\exp\left(\dfrac{v_{n,i}(0)}{\sigma^{*2}}\right) - \exp\left(\dfrac{v_{n,i}(0)}{\sigma(n)^2}\right)\right) \\ \sum_{i=1}^{M} (\alpha_i(n) - \alpha_i^*) \exp\left(\dfrac{v_{n,i}(1)}{\sigma(n)^2}\right) = \sum_{i=1}^{M} \alpha_i^* \left(\exp\left(\dfrac{v_{n,i}(1)}{\sigma^{*2}}\right) - \exp\left(\dfrac{v_{n,i}(1)}{\sigma(n)^2}\right)\right) \\ \vdots \\ \sum_{i=1}^{M} (\alpha_i(n) - \alpha_i^*) \exp\left(\dfrac{v_{n,i}(M)}{\sigma(n)^2}\right) = \sum_{i=1}^{M} \alpha_i^* \left(\exp\left(\dfrac{v_{n,i}(M)}{\sigma^{*2}}\right) - \exp\left(\dfrac{v_{n,i}(M)}{\sigma(n)^2}\right)\right) \end{cases} \tag{4-73}$$

记为

$$\begin{pmatrix} \exp\left(\dfrac{v_{n,1}(0)}{\sigma(n)^2}\right) & \exp\left(\dfrac{v_{n,2}(0)}{\sigma(n)^2}\right) & \cdots & \exp\left(\dfrac{v_{n,M}(0)}{\sigma(n)^2}\right) \\ \exp\left(\dfrac{v_{n,1}(1)}{\sigma(n)^2}\right) & \exp\left(\dfrac{v_{n,2}(1)}{\sigma(n)^2}\right) & \cdots & \exp\left(\dfrac{v_{n,M}(1)}{\sigma(n)^2}\right) \\ \vdots & \vdots & & \vdots \\ \exp\left(\dfrac{v_{n,1}(M)}{\sigma(n)^2}\right) & \exp\left(\dfrac{v_{n,2}(M)}{\sigma(n)^2}\right) & \cdots & \exp\left(\dfrac{v_{n,M}(M)}{\sigma(n)^2}\right) \end{pmatrix} \cdot \begin{pmatrix} \alpha_1(n) - \alpha_1^* \\ \alpha_2(n) - \alpha_2^* \\ \alpha_M(n) - \alpha_M^* \end{pmatrix}$$

$$= \begin{pmatrix} \sum_{i=1}^{M} \alpha_i^* \left(\exp\left(\dfrac{v_{n,i}(0)}{\sigma^{*2}}\right) - \exp\left(\dfrac{v_{n,i}(0)}{\sigma(n)^2}\right)\right) \\ \sum_{i=1}^{M} \alpha_i^* \left(\exp\left(\dfrac{v_{n,i}(1)}{\sigma^{*2}}\right) - \exp\left(\dfrac{v_{n,i}(1)}{\sigma(n)^2}\right)\right) \\ \vdots \\ \sum_{i=1}^{M} \alpha_i^* \left(\exp\left(\dfrac{v_{n,i}(M)}{\sigma^{*2}}\right) - \exp\left(\dfrac{v_{n,i}(M)}{\sigma(n)^2}\right)\right) \end{pmatrix} \tag{4-74}$$

式(4-74)亦可简写为

$$A(n)\,\widetilde{\alpha(n)} = C(n) \tag{4-75}$$

式(4-75)与式(4-74)中的各项一一对应。式(4-75)可以被解释为一个待求解的参

数为 $\alpha_1(n)-\alpha_1^*$，$\alpha_2(n)-\alpha_2^*$，…，$\alpha_M(n)-\alpha_M^*$ 的矩阵方程。如果这个方程存在 0 解，即 $(\alpha_1(n),\ \alpha_2(n),\ \cdots,\ \alpha_M(n))=(\alpha_1^*,\ \alpha_2^*,\ \cdots,\ \alpha_M^*)$，则该引理可以被很容易证得；反之，若这个方程存在非 0 解，根据线性方程组理论 $[A(n),\ C(n)]$ 必须线性相关。对 $[A(n),\ C(n)]$ 进行初等列变换，得

$$\begin{pmatrix} \exp\left(\dfrac{\boldsymbol{v}_{n,1}(0)}{\sigma(n)^2}\right) & \exp\left(\dfrac{\boldsymbol{v}_{n,2}(0)}{\sigma(n)^2}\right) & \cdots & \exp\left(\dfrac{\boldsymbol{v}_{n,M}(0)}{\sigma(n)^2}\right) & \sum\limits_{i=1}^{M}\alpha_i^*\exp\left(\dfrac{\boldsymbol{v}_{n,i}(0)}{\sigma^{*2}}\right) \\ \exp\left(\dfrac{\boldsymbol{v}_{n,1}(1)}{\sigma(n)^2}\right) & \exp\left(\dfrac{\boldsymbol{v}_{n,2}(1)}{\sigma(n)^2}\right) & \cdots & \exp\left(\dfrac{\boldsymbol{v}_{n,M}(1)}{\sigma(n)^2}\right) & \sum\limits_{i=1}^{M}\alpha_i^*\exp\left(\dfrac{\boldsymbol{v}_{n,i}(1)}{\sigma^{*2}}\right) \\ \vdots & \vdots & & \vdots & \vdots \\ \exp\left(\dfrac{\boldsymbol{v}_{n,1}(M)}{\sigma(n)^2}\right) & \exp\left(\dfrac{\boldsymbol{v}_{n,2}(M)}{\sigma(n)^2}\right) & \cdots & \exp\left(\dfrac{\boldsymbol{v}_{n,M}(M)}{\sigma(n)^2}\right) & \sum\limits_{i=1}^{M}\alpha_i^*\exp\left(\dfrac{\boldsymbol{v}_{n,i}(M)}{\sigma^{*2}}\right) \end{pmatrix} \tag{4-76}$$

等价于对 $\forall n$，$[A(n),\ C(n)]$ 不满秩，即式(4-76)中的列向量线性相关。考虑到当 n 足够大时 $\theta(n)$ 将趋于稳定(即当 n 足够大时，若有 $k\geqslant 1$，则 $\sigma(n)=\sigma(n+k)$)。然而，当随机产生的时变 $x(n)$ 满足式(4-71)和式(4-72)，且 $\sigma(n)$ 维持稳定时，式(4-76)中的列向量将不会出现线性相关。因此，在 $\sigma(n)^2\neq\sigma^{*2}$ 的约束下式(4-69)的非零解不存在，并且我们有 $\sigma(n)^2=\sigma^{*2}$。易知 $(\alpha_1(n),\ \alpha_2(n),\ \cdots,\ \alpha_M(n))=(\alpha_1^*,\ \alpha_2^*,\ \cdots,\ \alpha_M^*)$。对式(4-64)和式(4-65)，由式(4-68)可知，当 $n\to\infty$ 时 $\theta(n)$ 将会收敛到 θ^*，即我们的估计结果可以达到最优解。得证。

此外，考虑包含噪声项的更一般的情况，我们将在欧氏空间中对算法进行收敛性分析。

定理 6　假设对 $\forall n$，$B(n)$ 为可逆矩阵。对 $\theta(n+k)=\theta(n)+\sum\limits_{j=0}^{k-1}\Delta\theta(n+j)$，其中 $\Delta\theta(n+j)$ 由式(4-58)和式(4-59)得到，则存在正的常数 D_0 使得

$$\lim_{k\to\infty}\|\theta(n+k)-\theta^*\|<D_0 \tag{4-77}$$

证明　记 $\theta(n)=(\alpha_1(n)-\alpha_1^*,\ \alpha_2(n)-\alpha_2^*,\ \cdots,\ \alpha_M(n)-\alpha_M^*,\ \sigma(n)-\sigma^*)^{\mathrm{T}}$，$d(n)=(\varepsilon(n),\ \varepsilon(n-1),\ \cdots,\ \varepsilon(n-M))^{\mathrm{T}}$。由泰勒展开式，有

$$\begin{aligned} e(n-l) &= \hat{y}(n-l)-y(n-l) \\ &= f(\alpha(n),\ \sigma(n),\ x(n-l))-f(\alpha^*,\ \sigma^*,\ x(n-l))-\varepsilon(n-l) \\ &= f(\theta(n),\ x(n-l))-f(\theta^*,\ x(n-l))-\varepsilon(n-l) \\ &= \frac{\partial f(\theta(n),\ x(n-l))}{\partial\theta^{\mathrm{T}}}(\theta(n)-\theta^*)-\psi_l(n)-\varepsilon(n-l) \end{aligned}$$

$$= \frac{\partial f(\theta(n), x(n-l))}{\partial \theta^{\mathrm{T}}} \widetilde{\theta(n)} - \psi_l(n) - \varepsilon(n-l) \tag{4-78}$$

其中，$\psi_l(n)$ 为泰勒展开式的二阶或更高阶残差

$$\psi_l(n) = \frac{1}{2} \widetilde{\theta(n)}^{\mathrm{T}} \frac{\partial^2 f(\theta(n), x(n-l))}{\partial \theta^{\mathrm{T}} \partial \theta} \widetilde{\theta(n)} + \cdots \tag{4-79}$$

令 $l = 0, 1, 2, \cdots, M$，则

$$\begin{pmatrix} e(n) \\ e(n-1) \\ \vdots \\ e(n-M) \end{pmatrix} = \begin{pmatrix} \dfrac{\partial f(\theta(n), x(n))}{\partial \theta^{\mathrm{T}}} \\ \dfrac{\partial f(\theta(n), x(n-1))}{\partial \theta^{\mathrm{T}}} \\ \vdots \\ \dfrac{\partial f(\theta(n), x(n-M))}{\partial \theta^{\mathrm{T}}} \end{pmatrix} \cdot \widetilde{\theta(n)} - \begin{pmatrix} \varepsilon(n) \\ \varepsilon(n-1) \\ \vdots \\ \varepsilon(n-M) \end{pmatrix} - \begin{pmatrix} \psi_0(n) \\ \psi_1(n) \\ \vdots \\ \psi_M(n) \end{pmatrix} \tag{4-80}$$

令 $\widetilde{\psi(n)} = (\psi_0(n), \psi_1(n), \cdots, \psi_M(n))^{\mathrm{T}}$，简记为

$$E(n) = B(n) \widetilde{\theta(n)} - d(n) - \widetilde{\psi(n)} \tag{4-81}$$

对 $\tilde{e}(n-l)$，有

$$\begin{aligned} \tilde{e}(n-l) &= \tilde{y}(n-l) - y(n-l) \\ &= f(\alpha(n+1), \sigma(n+1), x(n-l)) - f(\alpha^*, \sigma^*, x(n-l)) - \varepsilon(n-l) \\ &= f(\alpha(n+1), \sigma(n+1), x(n-l)) - f(\alpha(n), \sigma(n), x(n-l)) \\ &\quad - (f(\alpha^*, \sigma^*, x(n-l)) - f(\alpha(n), \sigma(n), x(n-l))) - \varepsilon(n-l) \\ &= f(\theta(n+1), x(n-l)) - f(\theta(n), x(n-l)) \\ &\quad - (f(\theta^*, x(n-l)) - f(\theta(n), x(n-l))) - \varepsilon(n-l) \\ &= \frac{\partial f(\theta(n), x(n-l))}{\partial \theta^{\mathrm{T}}} \Delta\theta(n) + r(n-l) - \frac{\partial f(\theta(n), x(n-l))}{\partial \theta^{\mathrm{T}}} (\theta^* - \theta(n)) \\ &\quad - \psi_l(n) - \varepsilon(n-l) \\ &= \frac{\partial f(\theta(n), x(n-l))}{\partial \theta^{\mathrm{T}}} (\theta(n+1) - \theta^*) + r(n-l) - \varepsilon(n-l) - \psi_l(n) \\ &= \frac{\partial f(\theta(n), x(n-l))}{\partial \theta^{\mathrm{T}}} \widetilde{\theta(n+1)} + r(n-l) - \varepsilon(n-l) - \psi_l(n) \end{aligned} \tag{4-82}$$

其中，$r(n-l)$ 为 $f(\alpha(n+1), \sigma(n+1), x(n-l)) - f(\alpha(n), \sigma(n), x(n-l))$ 泰勒展开式的高阶项。令 $l = 0, 1, 2, \cdots, M$，则

$$\begin{pmatrix} \tilde{e}(n) \\ \tilde{e}(n-1) \\ \vdots \\ \tilde{e}(n-M) \end{pmatrix} = \begin{pmatrix} \dfrac{\partial f(\theta(n),\ x(n))}{\partial \theta^{\mathrm{T}}} \\ \dfrac{\partial f(\theta(n),\ x(n-1))}{\partial \theta^{\mathrm{T}}} \\ \vdots \\ \dfrac{\partial f(\theta(n),\ x(n-M))}{\partial \theta^{\mathrm{T}}} \end{pmatrix} \cdot \widehat{\theta(n+1)} - d(n) - \widehat{\psi(n)} + \begin{pmatrix} r(n) \\ r(n-1) \\ \vdots \\ r(n-M) \end{pmatrix} \tag{4-83}$$

式(4-83)可以写成

$$\widetilde{E}(n) = B(n)\,\widehat{\theta(n+1)} - d(n) - \widehat{\psi(n)} + Re(n) \tag{4-84}$$

将式(4-81)和式(4-84)代入式(4-50)和式(4-59)，则

$$\begin{aligned} & B(n)\,\widehat{\theta(n+1)} - d(n) - \widehat{\psi(n)} + Re(n) \\ &= T(n)\left(B(n)\,\widehat{\theta(n)} - d(n) - \widehat{\psi(n)}\right) + Re(n) \\ &= T(n)B(n)\,\widehat{\theta(n)} - T(n)d(n) - T(n)\,\widehat{\psi(n)} + Re(n) \end{aligned} \tag{4-85}$$

省略 $Re(n)$，有

$$B(n)\,\widehat{\theta(n+1)} - d(n) - \widehat{\psi(n)} = T(n)B(n)\,\widehat{\theta(n)} - T(n)d(n) - T(n)\,\widehat{\psi(n)} \tag{4-86}$$

记 $H(n) = B(n)^{-1}T(n)B(n)$，则有

$$\begin{aligned} \widehat{\theta(n+1)} &= H(n)\,\widehat{\theta(n)} + B(n)^{-1}(I - T(n))d(n) + B(n)^{-1}(I - T(n))\,\widehat{\psi(n)} \\ &= H(n)\,\widehat{\theta(n)} + B(n)^{-1}(I - T(n))B(n)\,B(n)^{-1}(d(n) + \widehat{\psi(n)}) \\ &= H(n)\,\widehat{\theta(n)} + (I - H(n))\,B(n)^{-1}(d(n) + \widehat{\psi(n)}) \end{aligned} \tag{4-87}$$

令 $\zeta(n) = d(n) + \widehat{\psi(n)}$，对 $\widehat{\theta(n+k)}$，$k \geqslant 1$，则

$$\begin{aligned} \widehat{\theta(n+k)} &= \left(\prod_{i=0}^{k-1} H(n+i)\right)\widehat{\theta(n)} \\ &\quad + \sum_{j=0}^{k-1}\left(\prod_{i=j+1}^{k-1} H(n+i)\right)(I - H(n+j))\,B(n+j)^{-1}\zeta(n+j) \end{aligned} \tag{4-88}$$

注意到 $0 < T(n) < I$，$0 < H(n) = B(n)^{-1}T(n)B(n) < I$，则 $0 < I - H(n) < I$。记 $\lambda_{\max}(n)$ 和 $\lambda_{\min}(n)$ 分别为 $H(n)$ 和最大、最小特征值。对 $\forall n$，$0 < \lambda_{\max}(n) < 1$，$0 < \lambda_{\min}(n) < 1$，则 $0 < 1 - \lambda_{\min}(n) < 1$。则令 ρ_1 为 $\|H(n)\|$ 的上确界，$\sup_n \|H(n)\| = \sup_n \lambda_{\max}(n) < \rho_1 < 1$。令 ρ_2 为 $\|I - H(n)\|$ 的上确界，$\sup_n \|I - H(n)\| = 1 - \lambda_{\min}(n) <$

$\rho_2 < 1$。记 $d_0 = \sup_n \|B(n)^{-1}\zeta(n)\|$，有

$$
\begin{aligned}
\|\widetilde{\theta(n+k)}\| &\leqslant \left(\prod_{i=0}^{k-1}\|H(n+i)\|\right)\|\widetilde{\theta(n)}\| \\
&\quad + \sum_{j=0}^{k-1}\left(\prod_{i=j+1}^{k-1}\|H(n+i)\|\right)\|(I-H(n+j))\|\|B(n+j)^{-1}\zeta(n+j)\| \\
&\leqslant \rho_1^k\|\widetilde{\theta(n)}\| + \sum_{j=0}^{k-1}\rho_1^j\rho_2 d_0 \\
&= \rho_1^k\|\widetilde{\theta(n)}\| + \frac{1-\rho_1^k}{1-\rho_1}\rho_2 d_0
\end{aligned} \tag{4-89}
$$

因此

$$
\lim_{k\to\infty}\|\widetilde{\theta(n+k)}\| \leqslant \frac{\rho_2}{1-\rho_1}d_0 \tag{4-90}
$$

令 $D_0 = \dfrac{\rho_2}{1-\rho_1}d_0$。即可得证。

4.3 自适应变带宽核分类算法

4.3.1 误差反馈系统

本节仍然从最优控制的角度出发，建立一个新的自适应在线分类框架。对应于固定带宽 σ 的核模型，考虑带宽为一个可调节的参数 $\sigma(n)$，这使得我们可以在最优的再生核希尔伯特空间学习。对 $\forall n$，记 f_n 为在可变的核空间 $H_{K_{\sigma(n)}}$ 上构造的函数。对 $\forall n, k$，f_n 的对样本 $(x(k), y(k))$ 的预测可以写作

$$
f_n(x(k)) = w(n)^{\mathrm{T}}\phi_{\sigma(n)}(x(k)) \tag{4-91}
$$

为了将核学习问题的解转化为可行解，我们在 $H_{K_{\sigma(n)}}$ 上的有限维子空间上近似 f_n，而非直接在 $H_{K_{\sigma(n)}}$ 上求解。令 $u_i \in \mathbf{R}^d (i=1, 2, \cdots, M)$ 为不同的向量，$B_S = \{u_1, u_2, \cdots, u_M\}$ 为基向量的集合，$H_{\sigma(n)}^s$ 为由 $\phi_{\sigma(n)}(u_i)(i=1, 2, \cdots, M)$ 张成的 $H_{K_{\sigma(n)}}$ 的线性子空间。因此令 $w(n) = \sum_{i=1}^{M}\alpha_i(n)\phi_{\sigma(n)}(u_i)$，$\alpha(n) = (\alpha_1(n), \alpha_2(n), \cdots, \alpha_M(n))^{\mathrm{T}}$，其中 $\alpha_i(n)$ 为子空间中的系数，分类模型可以写成

$$
\begin{aligned}
\hat{y}(k) &= \mathrm{sign}(f_n(x(k))) = \mathrm{sign}(w(n)^{\mathrm{T}}\phi_{\sigma(n)}(x(k))) \\
&= \mathrm{sign}\left(\left\langle \sum_{i=1}^{M}\alpha_i(n)\phi_{\sigma(n)}(u_i), \phi_{\sigma(n)}(x(k))\right\rangle\right)
\end{aligned}
$$

$$= \operatorname{sign}\left(\sum_{i=1}^{M} \alpha_i(n)\exp\left(-\frac{\|x(k)-u_i\|^2}{\sigma(n)^2}\right)\right) \tag{4-92}$$

因此，$f_n(x(k)) = \sum_{i=1}^{M} \alpha_i(n)\exp\left(-\frac{\|x(k)-u_i\|^2}{\sigma(n)^2}\right)$。记 $f_n(\cdot)=f(\alpha(n), \sigma(n), \cdot)$，即对 $\forall n, k$，$f_n(x(k)) = f(\alpha(n), \sigma(n), x(k))$。据此，笔者提出具有可调节带宽 $\sigma(n)$ 的在线核分类模型(4-92)。

在大多数传统方法中，模型参数的更新思路是减小在当前样本上的损失函数。而在本节的学习架构中，仅仅重点关注那些使得 f_n 产生阈值误差的样本。对 $\forall k$，当 f_n 触发样本 $(x(k), y(k))$ 的阈值误差时，有

$$\begin{aligned} L_p(f_n(x(k)), y(k)) &= \max(0, \rho - y(k) f_n(x(k))) \\ &= \rho - y(k) f_n(x(k)) > 0 \end{aligned} \tag{4-93}$$

对所有的 n，假设根据 $\alpha(n+1)=\alpha(n)+\Delta\alpha(n)$ 和 $\sigma(n+1)=\sigma(n)+\Delta\sigma(n)$，有 f_n 更新为 f_{n+1}。由 $y(k)^2=1$，显然 $\rho - y(k)f_n(x(k)) = -y(k)(f_n(x(k)) - \rho y(k))$，$\rho - y(k)f_{n+1}(x(k)) = -y(k)(f_{n+1}(x(k)) - \rho y(k))$。记 $\zeta_n(x(k)) = f_n(x(k)) - \rho y(k)$，$\zeta_{n+1}(x(k)) = f_{n+1}(x(k)) - \rho y(k)$。若存在一个正常数 $\tau(n) < 1$，使得 $\zeta_{n+1}(x(k)) = \tau(n)\zeta_n(x(k))$，则有

$$\begin{aligned} L_p(f_{n+1}(x(k)), y(k)) &= \max(0, \rho - y(k) f_{n+1}(x(k))) \\ &= \max(0, -y(k)(f_{n+1}(x(k)) - \rho y(k))) \\ &= \max(0, -\tau(n) y(k)(f_n(x(k)) - \rho y(k))) \\ &= \tau(n)\max(0, \rho - y(k) f_n(x(k))) \\ &= \tau(n) L_p(f_n(x(k)), y(k)) \end{aligned} \tag{4-94}$$

由于 $\tau(n) < 1$，有 $L_p(f_{n+1}(x(k)), y(k)) < L_p(f_n(x(k)), y(k))$，因此可以认为 f_{n+1} 是相对 f_n 更优的分类器。对 $\forall n$，令 $\theta(n) = (\alpha(n)^{\mathrm{T}}, \sigma(n))$，对于给定的样本集合 $B_e = \{(x_e(k), y_e(k))\}_{k=1,\cdots,N_e}$，模型希望 $\theta(n+1)$ 可以使 B_e 上的软阈值损失的值减小。假设 f_n 在 B_e 中的所有样本都未能达到阈值 ρ，这里提出一种 $\theta(n)$ 的更新策略，即依次更新 $\alpha(n)$ 和 $\sigma(n)$。该策略可概括如下：

(1)在第 n 步更新时，将 $\sigma(n)$ 固定，将 $\alpha(n)$ 更新至 $\alpha(n+1)$，以使得给定样本集 $B_{e1} = \{(x_{e1}(k), y_{e1}(k))\}_{k=1,\cdots,N_{e1}}$ 上损失函数的欧氏范数减小。

(2)将新得到的 $\alpha(n+1)$ 固定，将 $\sigma(n)$ 更新至 $\sigma(n+1)$，以使得给定样本集 $B_{e2} = \{(x_{e2}(k), y_{e2}(k))\}_{k=1,\cdots,N_{e2}}$ 上损失函数进一步减小。

在第一步更新中，令 $\zeta_{n+1}^{\alpha}(x_{e1}(k)) = f(\alpha(n+1), \sigma(n), x_{e1}(k)) - \rho\, y_{e1}(k)$。基于软阈值损失函数，我们提出更新 $\alpha(n)$ 的数值格式。对 $\forall k, n$，有

$$\begin{aligned}
&\zeta_{n+1}^{\alpha}(x_{e1}(k)) - \zeta_n(x_{e1}(k)) \\
&= [f(\alpha(n+1), \sigma(n), x_{e1}(k)) - \rho y_{e1}(k)] - [f(\alpha(n), \sigma(n), x_{e1}(k)) - \rho y_{e1}(k)] \\
&= f(\alpha(n+1), \sigma(n), x_{e1}(k)) - f(\alpha(n), \sigma(n), x_{e1}(k)) \\
&= \sum_{i=1}^{M} \alpha_i(n+1)\exp\left(-\frac{\|x_{e1}(k) - u_i\|^2}{\sigma(n)^2}\right) - \sum_{i=1}^{M} \alpha_i(n)\exp\left(-\frac{\|x_{e1}(k) - u_i\|^2}{\sigma(n)^2}\right) \\
&= \sum_{i=1}^{M} (\alpha_i(n+1) - \alpha_i(n))\exp\left(-\frac{\|x_{e1}(k) - u_i\|^2}{\sigma(n)^2}\right) \\
&= \sum_{i=1}^{M} \Delta\alpha_i(n)\exp\left(-\frac{\|x_{e1}(k) - u_i\|^2}{\sigma(n)^2}\right) = \overline{K_n(k)}\Delta\alpha(n)
\end{aligned} \tag{4-95}$$

式中，

$$\begin{aligned}
\Delta\alpha(n) &= (\Delta\alpha_1(n), \Delta\alpha_2(n), \cdots, \Delta\alpha_M(n))^{\mathrm{T}} \\
&= (\alpha_1(n+1) - \alpha_1(n), \alpha_2(n+1) - \alpha_2(n), \cdots, \alpha_M(n+1) - \alpha_M(n))^{\mathrm{T}}
\end{aligned}$$

$$\overline{K_n(k)} = \left(\exp\left(-\frac{\|x_{e1}(k) - u_1\|^2}{\sigma(n)^2}\right), \exp\left(-\frac{\|x_{e1}(k) - u_2\|^2}{\sigma(n)^2}\right), \cdots, \exp\left(-\frac{\|x_{e1}(k) - u_M\|^2}{\sigma(n)^2}\right)\right)$$

则

$$\zeta_{n+1}^{\alpha}(x_{e1}(k)) = \zeta_n(x_{e1}(k)) + \overline{K_n(k)}\Delta\alpha(n) \tag{4-96}$$

对所有的 k，记

$$\widetilde{E_1(n)} \equiv (\zeta_{n+1}^{\alpha}(x_{e1}(1)), \zeta_{n+1}^{\alpha}(x_{e1}(2)), \cdots, \zeta_{n+1}^{\alpha}(x_{e1}(N_{e1})))^{\mathrm{T}} \tag{4-97}$$

$$E_1(n) \equiv (\zeta_n(x_{e1}(1)), \zeta_n(x_{e1}(2)), \cdots, \zeta_n(x_{e1}(N_{e1})))^{\mathrm{T}} \tag{4-98}$$

$$B_1(n) \equiv \left(\overline{K_n(1)}^{\mathrm{T}}, \overline{K_n(2)}^{\mathrm{T}}, \cdots, \overline{K_n(N_{e1})}^{\mathrm{T}}\right)^{\mathrm{T}} \tag{4-99}$$

则式(4-96)可以写成如下的误差动力学系统

$$\widetilde{E_1(n)} = E_1(n) + B_1(n)\Delta\alpha(n) \tag{4-100}$$

注意到在时间 n，假设 $\alpha(n)$、$\sigma(n)$ 和基向量 B_S 均已知，则式(4-100)中的 $E_1(n)$ 和 $B_1(n)$ 都可以求得。式(4-100)可以看成一个反馈控制系统，其中 $E_1(n)$、$B_1(n)$ 和 $\Delta\alpha(n)$ 可以被分别看成状态变量向量、系数向量和控制输入向量。假设存在一个控制律 $F_1(n)$，反馈控制输入 $\Delta\alpha(n) = F_1(n)E_1(n)$ 能使得系统(4-100)稳定，即对应的闭环系统 $\widetilde{E_1(n)} = (I + B_1(n)F_1(n))E_1(n)$ 通过压缩矩阵 $(I + B_1(n)F_1(n))$ 达到稳定。从代数学角度来看，在集合 B_{e1} 上由 $\alpha(n+1)$ 得到的损失函数值小于由 $\alpha(n)$ 得到的值，这也意味着 $\alpha(n+1)$ 相对 $\alpha(n)$ 是一个更好的分类函数。获取 $F_1(n)$ 的详细方法也将在后文给出。

在第二步中，假设 $\alpha(n)$ 已经更新到 $\alpha(n+1)$。接着保持 $\alpha(n+1)$ 不变，期望使得 B_{e2} 上的损失函数随着 $\sigma(n)$ 更新为 $\sigma(n+1)$ 而减小。通过泰勒展开式构建另一个误差动力学系统：

$$
\begin{aligned}
&\zeta_{n+1}(x_{e2}(k)) - \zeta_{n+1}^{\alpha}(x_{e2}(k)) \\
&= (f(\alpha(n+1), \sigma(n+1), x_{e2}(k)) - \rho\, y_{e2}(k)) \\
&\quad - (f(\alpha(n+1), \sigma(n), x_{e2}(k)) - \rho\, y_{e2}(k)) \\
&= f(\alpha(n+1), \sigma(n+1), x_{e2}(k)) - f(\alpha(n+1), \sigma(n), x_{e2}(k)) \\
&= f(\alpha(n+1), \sigma(n) + \Delta\sigma(n), x_{e2}(k)) - f(\alpha(n+1), \sigma(n), x_{e2}(k)) \\
&= f(\alpha(n+1), \sigma(n), x_{e2}(k)) + \frac{\partial f(\alpha(n+1), \sigma(n), x_{e2}(k))}{\partial \sigma(n)} \Delta\sigma(n) + r(\Delta\sigma(n)) \\
&\quad - f(\alpha(n+1), \sigma(n), x_{e2}(k)) \\
&= \frac{\partial f(\alpha(n+1), \sigma(n), x_{e2}(k))}{\partial \sigma(n)} \Delta\sigma(n) + r(\Delta\sigma(n))
\end{aligned}
\tag{4-101}
$$

其中，$r(\Delta\sigma(n))$ 代表 $f(\alpha(n+1), \sigma(n) + \Delta\sigma(n), x_{e2}(k))$ 的泰勒展开式的高阶项，因此

$$
\zeta_{n+1}(x_{e2}(k)) = \zeta_{n+1}^{\alpha}(x_{e2}(k)) + \frac{\partial f(\alpha(n+1), \sigma(n), x_{e2}(k))}{\partial \sigma(n)} \Delta\sigma(n) + r(\Delta\sigma(n))
\tag{4-102}
$$

对所有的 k，定义

$$
\widetilde{E_2(n)} \equiv (\zeta_{n+1}(x_{e2}(1)), \zeta_{n+1}(x_{e2}(2)), \cdots, \zeta_{n+1}(x_{e2}(N_{e2})))^{\mathrm{T}}
\tag{4-103}
$$

$$
E_2(n) \equiv (\zeta_{n+1}^{\alpha}(x_{e2}(1)), \zeta_{n+1}^{\alpha}(x_{e2}(2)), \cdots, \zeta_{n+1}^{\alpha}(x_{e2}(N_{e2})))^{\mathrm{T}}
\tag{4-104}
$$

$$
B_2(n) \equiv \left(\frac{\partial f(\alpha(n+1), \sigma(n), x_{e2}(1))}{\partial \sigma(n)}, \cdots, \frac{\partial f(\alpha(n+1), \sigma(n), x_{e2}(N_{e2}))}{\partial \sigma(n)} \right)^{\mathrm{T}}
\tag{4-105}
$$

若 $\Delta\sigma(n)$ 足够小，$r(\Delta\sigma(n))$ 可以忽略，则式(4-102)可以被简化为

$$
\widetilde{E_2(n)} = E_2(n) + B_2(n)\Delta\sigma(n)
\tag{4-106}
$$

与系统(4-100)类似，式(4-106)同样可以理解为一个控制输入为 $\Delta\sigma(n)$ 的反馈控制系统。因此，对式(4-106)，给定控制律 $F_2(n)$，有 $\Delta\sigma(n) = F_2(n)\, E_2(n)$，闭环系统 $\widetilde{E_2(n)} = (I + B_2(n)\, F_2(n))\, E_2(n)$ 达到稳定的条件是矩阵 $(I + B_2(n)\, F_2(n))$ 为一个压缩矩阵，即将 $\sigma(n)$ 更新至 $\sigma(n+1)$ 会使得损失函数减小，从在线学习视角看，$\sigma(n+1)$ 是相对于 $\sigma(n)$ 更合适的参数。因此，根据系统(4-100)和(4-106)，变带宽的核分类问题将被分割为两个分别以 $\Delta\alpha(n)$ 和 $\Delta\sigma(n)$ 作为控制输入的经典反馈控制问题。根据上述交替优化方法，$\theta(n) = (\alpha(n)^{\mathrm{T}}, \sigma(n))$ 可以被更新为 $\theta(n+1) = (\alpha(n+1)^{\mathrm{T}}, \sigma(n+1))$。随着 n 的增长，建立了一系列控制系统，按顺序求解使这些系统达到稳定的控制输入，即 $\Delta\alpha(n+j)$ 和 $\Delta\sigma(n+j)$，$j = 0, 1, 2, \cdots$，则有

$\alpha(n+k)=\alpha(n)+\sum_{j=1}^{k-1}\Delta\alpha(n+j)$ 和 $\sigma(n+k)=\sigma(n)+\sum_{j=1}^{k-1}\Delta\sigma(n+j)$。

综上，在线核分类问题被转化为两个最优控制问题，从代数学角度来看，对应于控制律 $F_1(n)$ 和 $F_2(n)$ 的控制输入将使得的软阈值损失收缩到原点。笔者进一步考虑一种特殊情形，当 $B_{e1}=B_{e2}=\{(x(k),\ y(k))\}$，$N_{e1}=N_{e2}=1$，且 f_n 在 $(x(k),\ y(k))$ 上触发了软阈值损失，有

$$\begin{aligned}
\widetilde{E_2(n)}&=\zeta_{n+1}(x(k))=f(\alpha(n+1),\ \sigma(n+1),\ x(k))-\rho y(k)\\
E_2(n)&=\zeta^{\alpha}_{n+1}(x(k))=f(\alpha(n+1),\ \sigma(n),\ x(k))-\rho y(k)\\
\widetilde{E_1(n)}&=\zeta^{\alpha}_{n+1}(x(k))=f(\alpha(n+1),\ \sigma(n),\ x(k))-\rho y(k)\\
E_1(n)&=\zeta_{n}(x(k))=f(\alpha(n),\ \sigma(n),\ x(k))-\rho y(k)
\end{aligned}\tag{4-107}$$

注意到 $E_2(n)=\widetilde{E_1(n)}$，我们有

$$\begin{aligned}
\widetilde{E_2(n)}&=(I+B_2(n)F_2(n))E_2(n)=(I+B_2(n)F_2(n))\widetilde{E_1(n)}\\
&=(I+B_2(n)F_2(n))(I+B_1(n)F_1(n))E_1(n)
\end{aligned}\tag{4-108}$$

若 $I+B_2(n)F_2(n)$ 和 $I+B_1(n)F_1(n)$ 均为正定且压缩的矩阵，则 $(I+B_2(n)F_2(n))(I+B_1(n)F_1(n))$ 也是正定压缩的矩阵。因此，$\widetilde{E_2(n)}$ 小于 $E_1(n)$，这也意味着对核分类问题而言，$\theta(n+1)$ 是一个相对于 $\theta(n)$ 更好的参数向量。

对式(4-100)，令 $E(n+1)=\widetilde{E_1(n)}$，$E(n)=E_1(n)$，$B(n)=B_1(n)$ 和 $U(n)=\Delta\alpha(n)$。同理对式(4-106)，令 $E(n+1)=\widetilde{E_2(n)}$，$E(n)=E_2(n)$，$B(n)=B_2(n)$ 和 $U(n)=\Delta\sigma(n)$。因此式(4-100)和式(4-106)都可以写成如下的线性系统

$$E(n+1)=E(n)+B(n)U(n)\tag{4-109}$$

式中，$E(n)$ 和 $E(n+1)$ 为状态变量；$B(n)$ 为系数向量；$U(n)$ 为控制输入。

4.3.2 状态反馈控制与 CAOKC 算法

为了获得式(4-109)的最优反馈控制输入，同样借助无限时域模型预测控制(MPC)求解(Camacho et al., 2013)。在第 n 步学习中，构造一个虚拟时不变系统

$$E_n(t+1)=E_n(t)+B_n U_n(t),\quad t=1,\ 2,\ \cdots\tag{4-110}$$

式中，$B_n=B(n)$，$U_n(t)$ 为控制输入，系统的初始值为 $E_n(1)=E(n)$。显然当 B_n 行满秩时，假设时不变系统(4-110)可观并且可控，则存在一个最优控制律使其保持稳定。对 $\forall n$，假设 B_n 行满秩，考虑无限时域的最优控制问题

$$V(E(n))=\min_{\Delta U_n(1),\ \cdots}\sum_{t=1}^{\infty}E_n(t)^{\mathrm{T}}E_n(t)+\gamma U_n(t)^{\mathrm{T}}G_n U_n(t)$$

$$\text{s.t.}\quad E_n(t+1)=E_n(t)+B_n U_n(t),\qquad t=1,2,\cdots \tag{4-111}$$

其控制输入表示为 $\Delta U_n(t)$。V 的第一项度量了输出值的偏离，第二项则是对控制输入的强度的惩罚，G_n 为正定对称矩阵，$\gamma>0$ 为权衡这两个部分的调节参数。一旦获得式(4-111)，式(4-109)的控制输入由第一个控制输入 $U_n(1)$ 给出，即 $U(n)=U_n(1)=F_nE(n)$。式(4-111)的计算方法由定理7给出。

定理7　对给定的 n，最优化问题式(4-111)的最优解可以由求解以下矩阵方程的正定矩阵 P_n 得到：

$$P_n B_n(\gamma G_n+B_n^{\mathrm{T}}P_nB_n)^{-1}B_n^{\mathrm{T}}P_n=I \tag{4-112}$$

最优控制输入为

$$U(n)=F_nE(n),\ F_n=-(\gamma G_n+B_n^{\mathrm{T}}P_nB_n)^{-1}B_n^{\mathrm{T}}P_n \tag{4-113}$$

证明　与定理4的证明类似，此处省略。

分别将 $\Delta\alpha(n)$ 和 $\Delta\sigma(n)$ 作为控制输入，式(4-100)和式(4-106)都可以由式(4-109)表示。因此求解第 n 步时的控制输入 $U(n)$ 即可获得相应的更新值 $\Delta\alpha(n)$ 和 $\Delta\sigma(n)$。在下一个时间点 $n+1$，由于系统(4-100)和(4-106)的改变，式(4-112)中的 B_n 更新至 B_{n+1}。再次求解最优化问题式(4-111)，以获得 $\Delta\alpha(n+1)$ 和 $\Delta\sigma(n+1)$。随着数据不断加入学习过程，上述学习步骤也被实时地不断重复。

在我们提出的算法中，仅当现有样本 $(x(n),y(n))$ 触发软阈值损失时才会更新 $\theta(n)$。为达到在线学习的目的，B_{e1} 和 B_{e2} 需要动态更新，以囊括最新的样本信息，因此提出 B_{e1} 和 B_{e2} 的前向搜索算法。令 $B_{e1}=B_{e2}$，对 $\forall n$，只要 f_n 没有在当前样本触发软阈值损失，$(x(n),y(n))$ 就不会被加入 B_{e1} 和 B_{e2} 中，$\theta(n)$ 也不会得到更新。反之，若时间 n 处需要对 f_n 更新，则依据更新策略有 $B_{e1}=B_{e2}=\{(x(n),y(n))\}$，假设此时有基向量集合 $B_S=\{u_1,u_2,\cdots,u_M\}$，则

$$\widetilde{E_1(n)}=\zeta_{n+1}^{\alpha}(x(n))=f(\alpha(n+1),\sigma(n),x(n))-\rho y(n)$$
$$E_1(n)=\zeta_n(x(n))=f(\alpha(n),\sigma(n),x(n))-\rho y(n)$$
$$B_1(n)=\left(\exp\left(-\frac{\|x(n)-u_1\|^2}{\sigma(n)^2}\right),\ \exp\left(-\frac{\|x(n)-u_2\|^2}{\sigma(n)^2}\right),\ \cdots,\ \exp\left(-\frac{\|x(n)-u_M\|^2}{\sigma(n)^2}\right)\right) \tag{4-114}$$

通过使系统(4-100)稳定可以获得所需的更新法则，将问题转化为式(4-111)的形式，并根据式(4-112)和式(4-113)，有

$$\Delta\alpha(n)=F_1(n)E_1(n)$$
$$F_1(n)=-(\gamma_1 G_n+B_1^{\mathrm{T}}(n)P_{1n}B_1(n))^{-1}B_1^{\mathrm{T}}(n)P_{1n} \tag{4-115}$$

其中，γ_1 为相应的调节参数，P_{1n} 满足

$$P_{1n} B_1(n) (\gamma_1 G_n + B_1^{\mathrm{T}}(n) P_{1n} B_1(n))^{-1} B_1^{\mathrm{T}}(n) P_{1n} = I \tag{4-116}$$

由于$\alpha(n)$为对应于$K_{\sigma(n)}$的核模型的系数向量，而更新$U_n = \Delta\alpha(n)$将在对应的再生核希尔伯特空间中进行，定义$G_n = [K_{\sigma(n)}(u_i, u_j)]_{i, j=1, \cdots, M}$为Gram矩阵。当$\alpha(n+1)$固定时，有

$$\begin{aligned} \widetilde{E_2(n)} &= \zeta_{n+1}(x(n)) = f(\alpha(n+1), \sigma(n+1), x(n)) - \rho y(n) \\ E_2(n) &= \zeta_{n+1}^{\alpha}(x(n)) = f(\alpha(n+1), \sigma(n), x(n)) - \rho y(n) \\ B_2(n) &= \frac{\partial f(\alpha(n+1), \sigma(n), x(n))}{\partial \sigma(n)} \end{aligned} \tag{4-117}$$

其中

$$\frac{\partial f(\alpha(n+1), \sigma(n), x(n))}{\partial \sigma(n)} = 2\sum_{i=1}^{M} \alpha_i(n+1) \exp\left(-\frac{\|x(n) - u_i\|^2}{\sigma(n)^2}\right) \frac{\|x(n) - u_i\|^2}{\sigma(n)^3} \tag{4-118}$$

由于$\sigma(n)$为一个标量，式(4-111)中的G_n退化为一个单位阵，则$\sigma(n)$的更新可以写成

$$\begin{aligned} \Delta\sigma(n) &= F_2(n) E_2(n) \\ F_2(n) &= -(\gamma_2 I + B_2^{\mathrm{T}}(n) P_{2n} B_2(n))^{-1} B_2^{\mathrm{T}}(n) P_{2n} \end{aligned} \tag{4-119}$$

其中，γ_2为系统对应的调节参数，P_{2n}满足

$$P_{2n} B_2(n) (\gamma_2 I + B_2^{\mathrm{T}}(n) P_{2n} B_2(n))^{-1} B_2^{\mathrm{T}}(n) P_{2n} = I \tag{4-120}$$

每次$\theta(n)$更新至$\theta(n+1)$后，B_{e1}和B_{e2}均被清空，即令$B_{e1} = B_{e2} = \varnothing$。$\theta(n+1)$将保持不更新，直到$f_{n+1}$在某个样本上触发了阈值损失，新的样本即被加入$B_{e1}$和$B_{e2}$中。

基向量集合的在线更新采用与4.2节相同的动态ALD方法。假设在时间点n处已有$B_S = \{u_1, u_2, \cdots, u_M\}$，对新加入的样本$x(n)$，由式(4-60)和式(4-61)计算$\zeta(n)$。若$\zeta(n) < \nu$则$B_S$保持不变；反之，当$\zeta(n) > \nu$时对$B_S$扩充，有$u_{M+1} = x(n)$。此时模型可以写成

$$f_n(x(k)) = \sum_{i=1}^{M} \alpha_i(n) \exp\left(-\frac{\|x(k) - u_i\|^2}{\sigma(n)^2}\right) + 0 \cdot \exp\left(-\frac{\|x(k) - u_{M+1}\|^2}{\sigma(n)^2}\right) \tag{4-121}$$

对应的$B_1(n)$被更新为

$$B_1(n) = \left(\exp\left(-\frac{\|x(k) - u_1\|^2}{\sigma(n)^2}\right), \cdots, \exp\left(-\frac{\|x(k) - u_M\|^2}{\sigma(n)^2}\right), \exp\left(-\frac{\|x(k) - u_{M+1}\|^2}{\sigma(n)^2}\right)\right) \tag{4-122}$$

则$\alpha(n)$将被更新为$\alpha(n) = (\alpha_1(n), \cdots, \alpha_M(n), 0)^{\mathrm{T}}$，并将在下一步记为$\alpha(n+1) = (\alpha_1(n+1), \cdots, \alpha_M(n+1), \alpha_{M+1}(n+1))^{\mathrm{T}}$。$B_2(n)$也将更新为

$$B_2(n)=2\sum_{i=1}^{M}\alpha_i(n+1)\exp\left(-\frac{\|x(k)-u_i\|^2}{\sigma(n)^2}\right)\left(-\frac{\|x(k)-u_i\|^2}{\sigma(n)^3}\right) \tag{4-123}$$

接着 $\sigma(n)$ 也将更新至 $\sigma(n+1)$。

本书还给出了该算法的另一个版本，在这个版本中，B_{e1} 最多包含两个元素。若 f_n 在某个样本上触发了阈值损失，则该样本被纳入 B_{e1} 中，B_{e1} 中元素达到两个之前不更新模型。即在 $\alpha(n)$ 即将更新时，有 $B_{e1}=\{(x(n), y(n)), (x(n-n_1), y(n-n_1))\}$，$f_n$ 对 B_{e1} 所包含的元素均触发了阈值损失。$(x(n-n_1), y(n-n_1))$，$n_1\geqslant 1$ 是距离 $(x(n), y(n))$ 最近且有 $L_\rho(f_n(x(n-n_1)), y(n-n_1))$ 的样本。$\alpha(n)$ 将依据建立在 B_{e1} 上的控制系统进行更新。将 $\alpha(n)$ 更新至 $\alpha(n+1)$ 后，选择 B_{e1} 中使得 $f(\alpha(n+1), \sigma(n), \cdot)$ 的阈值损失更大的样本添加入 B_{e2}。在上述更新完成后，令 $B_{e1}=B_{e2}=\varnothing$，再进行后续的学习。该版本的算法命名为 CAOKC-Ⅱ，而 B_{e1} 和 B_{e2} 均只包含一个样本的版本记为 CAOKC-Ⅰ。在 CAOKC-Ⅱ 中，记用于更新 $\alpha(n)$ 的 $\{(x(n), y(n)), (x(n-n_1), y(n-n_1))\}$ 为 $\{(x_{B_{e1}}(1), y_{B_{e1}}(1)), (x_{B_{e1}}(2), y_{B_{e1}}(2))\}$；其中，同时用于更新 $\alpha(n)$ 和 $\sigma(n)$ 的样本记为 $(x_{B_{e2}}(1), y_{B_{e2}}(1))$。CAOKC-Ⅰ和 CAOKC-Ⅱ两种算法的伪代码在算法 4-3 和算法 4-4 中给出。对应地，两种算法对应的软阈值损失减小的示意图如图 4-1 和图 4-2 所示。

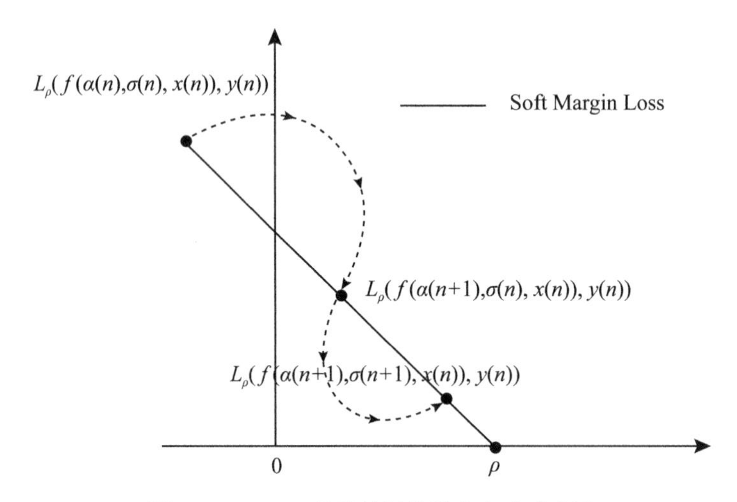

图 4-1　CAOKC-Ⅰ的软阈值损失变动示意图

算法 4-3：CAOKC-Ⅰ

初始化： 调节参数 γ_1 和 γ_2，带宽 σ，ALD 阈值参数 ν，基向量 $B_S=\{u_1\}$，基向量个数 $M=1$，初始带宽 $\sigma(1)=\sigma$，$\alpha(1)=0$，软阈值参数 ρ

For $n=1$ **to** N **do：**

续表

获取数据 $(x(n),\ y(n))$,

if $\rho - f_n(\alpha(n),\ \sigma(n),\ x(n)) > 0$ **then**:

　　获取输入 $B_{e1} = B_{e2} = (x(n),\ y(n))$;

　　获取损失 $\text{Loss} = \rho - f_n(\alpha(n),\ \sigma(n),\ x(n))$;

　　由式(4-114)、式(4-115)和式(4-116)更新 $\alpha(n+1) \leftarrow \alpha(n) + \Delta\alpha(n)$;

　　由式(4-117)、式(4-118)、式(4-119)和式(4-120)更新 $\sigma(n+1) \leftarrow \sigma(n) + \Delta\sigma(n)$;

Else

　　维持 α 和 σ 不变: $\alpha(n+1) \leftarrow \alpha(n)$, $\sigma(n+1) \leftarrow \sigma(n)$;

End if

if $\zeta(n) < \nu$ ($\zeta(n)$ 由式(4-60)和式(4-61)得到) **then**:

　　B_S 保持不变;

Else

　　$B_S = B_S \cup \{x(n)\}$;

　　扩充 $\alpha(n+1)$: $\alpha(n+1) \leftarrow (\alpha(n+1)^{\mathrm{T}},\ 0)^{\mathrm{T}}$

End if

End for

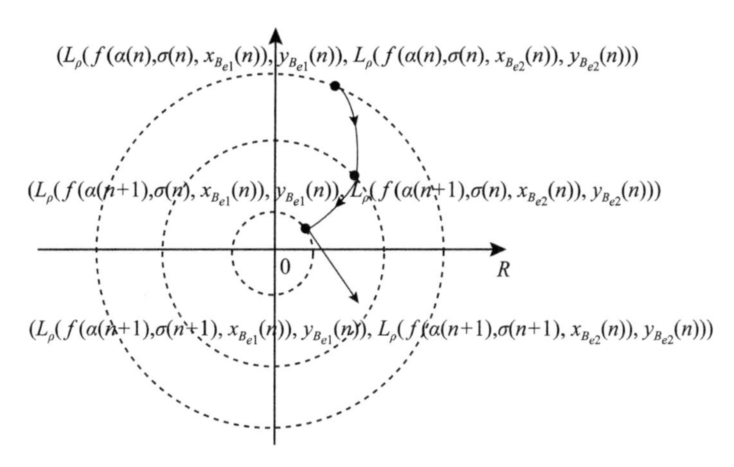

图 4-2　CAOKC-Ⅱ的软阈值损失变动示意图

算法 4-4: CAOKC-Ⅱ
初始化: 调节参数 γ_1 和 γ_2, 带宽 σ, ALD 阈值参数 ν, 基向量 $B_S = \{u_1\}$, 基向量个数 $M = 1$, 初始带宽 $\sigma(1) = \sigma$, $\alpha(1) = 0$, 软阈值参数 ρ
For $n = 1$ **to** N **do**:

续表

获取数据 $(x(n), y(n))$,

if $\rho - f_n(\alpha(n), \sigma(n), x(n)) > 0$ **then**:

获取输入 $B_{e1} = B_{e1} \cup (x(n), y(n))$;

获取损失 $\text{Loss} = \text{Loss} \cup (\rho - f_n(\alpha(n), \sigma(n), x(n)))$;

if B_{e1} 包含两个元素 **then**:

$B_{e2} = B_{e1}[\text{argmax}(\text{Loss})]$

由式(4-114)、式(4-115)和式(4-116)更新 $\alpha(n+1) \leftarrow \alpha(n) + \Delta\alpha(n)$;

由式(4-117)、式(4-118)、式(4-119)和式(4-120)更新 $\sigma(n+1) \leftarrow \sigma(n) + \Delta\sigma(n)$;

清空样本集: $B_{e1} = \varnothing$, $B_{e2} = \varnothing$;

清空损失集: $\text{Loss} = \varnothing$

End if

Else

维持 α 和 σ 不变: $\alpha(n+1) \leftarrow \alpha(n)$, $\sigma(n+1) \leftarrow \sigma(n)$;

End if

if $\zeta(n) < \nu$ ($\zeta(n)$ 由式(4-60)和式(4-61)得到) **then**:

B_S 保持不变;

Else

$B_S = B_S \cup \{x(n)\}$;

扩充 $\alpha(n+1)$: $\alpha(n+1) \leftarrow (\alpha(n+1)^{\mathrm{T}}, 0)^{\mathrm{T}}$

End if

End for

4.3.3 CAOKC 的相关理论分析

1. 算法合理性

对式(4-112)和式(4-113), 将 Sherman-Morrison-Woodbury 公式(Willems, 2012)代入 $(\gamma G_n + B_n^{\mathrm{T}} P_n B_n)^{-1}$, 有:

$$
\begin{aligned}
& B_n (\gamma G_n + B_n^{\mathrm{T}} P_n B_n)^{-1} B_n^{\mathrm{T}} \\
&= B_n \gamma^{-1} G_n^{-1} B_n^{\mathrm{T}} - B_n \gamma^{-1} G_n^{-1} B_n^{\mathrm{T}} (P_n^{-1} + B_n \gamma^{-1} G_n^{-1} B_n^{\mathrm{T}})^{-1} B_n \gamma^{-1} G_n^{-1} B_n^{\mathrm{T}} \\
&= B_n \gamma^{-1} G_n^{-1} B_n^{\mathrm{T}} \\
&\quad - B_n \gamma^{-1} G_n^{-1} B_n^{\mathrm{T}} (P_n^{-1} + B_n \gamma^{-1} G_n^{-1} B_n^{\mathrm{T}})^{-1} (B_n \gamma^{-1} G_n^{-1} B_n^{\mathrm{T}} + P_n^{-1} - P_n^{-1})
\end{aligned}
$$

$$= B_n \gamma^{-1} G_n^{-1} B_n^{\mathrm{T}} - B_n \gamma^{-1} G_n^{-1} B_n^{\mathrm{T}} (B_n \gamma^{-1} G_n^{-1} B_n^{\mathrm{T}} + P_n^{-1}) (P_n^{-1} + B_n \gamma^{-1} G_n^{-1} B_n^{\mathrm{T}})^{-1}$$
$$+ B_n \gamma^{-1} G_n^{-1} B_n^{\mathrm{T}} (P_n^{-1} + B_n \gamma^{-1} G_n^{-1} B_n^{\mathrm{T}})^{-1} P_n^{-1}$$
$$= B_n \gamma^{-1} G_n^{-1} B_n^{\mathrm{T}} (P_n^{-1} + B_n \gamma^{-1} G_n^{-1} B_n^{\mathrm{T}})^{-1} P_n^{-1} \tag{4-124}$$

由 $F(n) = -(\gamma G_n + B_n^{\mathrm{T}} P_n B_n)^{-1} B_n^{\mathrm{T}} P_n$ 和 $B(n) = B_n$，

$$\begin{aligned} I + B(n)F(n) &= I - B_n (\gamma G_n + B_n^{\mathrm{T}} P_n B_n)^{-1} B_n^{\mathrm{T}} P_n \\ &= I - B_n \gamma^{-1} G_n^{-1} B_n^{\mathrm{T}} (P_n^{-1} + B_n \gamma^{-1} G_n^{-1} B_n^{\mathrm{T}})^{-1} P_n^{-1} P_n \\ &= I - B_n \gamma^{-1} G_n^{-1} B_n^{\mathrm{T}} (P_n^{-1} + B_n \gamma^{-1} G_n^{-1} B_n^{\mathrm{T}})^{-1} \\ &= P_n^{-1} (P_n^{-1} + B_n \gamma^{-1} G_n^{-1} B_n^{\mathrm{T}})^{-1} \end{aligned} \tag{4-125}$$

注意到 P_n 和 $B_n \gamma^{-1} G_n^{-1} B_n^{\mathrm{T}}$ 为正定对称矩阵，$0 < P_n^{-1} (P_n^{-1} + B_n \gamma^{-1} G_n^{-1} B_n^{\mathrm{T}})^{-1} < I$。在 CAOKC 中，由式(4-115)、式(4-119)和式(4-125)，损失函数的闭环系统为

$$\begin{aligned} \widetilde{E_1(n)} &= (1 + B_1(n) F_1(n)) E_1(n) \\ &= P_{1n}^{-1} (P_{1n}^{-1} + B_1(n) \gamma_1^{-1} G_n^{-1} B_1(n)^{\mathrm{T}})^{-1} E_1(n) \end{aligned} \tag{4-126}$$

$$\begin{aligned} \widetilde{E_2(n)} &= (1 + B_2(n) F_2(n)) E_2(n) \\ &= P_{2n}^{-1} (P_{2n}^{-1} + \gamma_2^{-1} B_2(n) B_2(n)^{\mathrm{T}})^{-1} E_2(n) \end{aligned} \tag{4-127}$$

由于 $E_2(n) = \widetilde{E_1(n)}$，得到

$$\widetilde{E_2(n)} = P_{2n}^{-1} (P_{2n}^{-1} + \gamma_2^{-1} B_2(n) B_2(n)^{\mathrm{T}})^{-1} P_{1n}^{-1} (P_{1n}^{-1} + B_1(n) \gamma_1^{-1} G_n^{-1} B_1(n)^{\mathrm{T}})^{-1} E_1(n) \tag{4-128}$$

根据

$$0 < P_{2n}^{-1} (P_{2n}^{-1} + \gamma_2^{-1} B_2(n) B_2(n)^{\mathrm{T}})^{-1} P_{1n}^{-1} (P_{1n}^{-1} + B_1(n) \gamma_1^{-1} G_n^{-1} B_1(n)^{\mathrm{T}})^{-1} < I$$

也就是说，算法的更新将使得损失函数呈现出指数压缩。然而在基于梯度的算法中，损失函数根据学习率 η 而线性减小。不同于基于梯度的算法，从代数学的角度来看，CAOKC 所提出的更新方法可以在每一步都使得损失函数成比例减小。因此，我们的方法可以得到更快速的收敛和更鲁棒、精确的预测。

此外，对 $\sigma(n)$ 的更新，选择与式(4-102)近似的式(4-106)，而并非式(4-102)本身完成最优控制的更新。因此需要保证 $\Delta\sigma(n)$ 非常小，以使得式(4-102)中泰勒展开式的高阶项可以被忽略。根据式(4-119)，可以看到一个足够大的 γ_2 将使得 $\Delta\sigma(n)$ 充分小以达到近似。综上，结合式(4-106)和一些控制技巧，可以进一步验证该学习框架的合理性。

2. 复杂度

第 n 步的更新可以由式(4-112)和式(4-113)得到，为求解式(4-112)中的 P_n，将

式(4-112)改写成

$$P_n = I + P_n - P_n B_n (\gamma G_n + B_n^{\mathrm{T}} P_n B_n)^{-1} B_n^{\mathrm{T}} P_n \tag{4-129}$$

式(4-129)是一个关于 P_n 的离散代数 Riccati 方程，并且有唯一解(Hespanha，2018)。P_n 可以由矩阵因式分解或迭代法求解，记 G_n 的秩为 M_{G_n}，则在每一步更新的计算复杂度为 $O(M_{G_n})$（即 $(\gamma G_n + B_n^{\mathrm{T}} P_n B_n)^{-1}$ 的复杂度）。传统的迭代求解法即为

$$P_n(k+1) = I + P_n(k) - P_n(k) B_n (\gamma G_n + B_n^{\mathrm{T}} P_n(k) B_n)^{-1} B_n^{\mathrm{T}} P_n(k) \tag{4-130}$$

则 $P_n = \lim_{k \to \infty} P_n(k)$。由于式(4-112)和式(4-129)是标准的 Riccati 方程，也可利用 Matlab 相关工具箱或 Python 中的 scipy 科学计算函数库求解。因此，考虑式(4-113)的更新，$F_n = (\gamma G_n + B_n^{\mathrm{T}} P_n B_n)^{-1} B_n^{\mathrm{T}} P_n$ 的计算复杂度为 $O(M_{G_n}^2)$。对 CAOKC-Ⅰ和 CAOKC-Ⅱ，在获取 $\Delta\alpha(n)$ 时有 $G_n = [K_{\sigma(n)}(u_i, u_j)]_{i, j=1, \cdots, M}$，则 $M_{G_n} = M$。而计算 $\Delta\sigma(n)$ 时 $G_n = 1$，此时 G_n 的秩也为 1。因此，此时算法的计算复杂度为 $O(M^3)$，M 即为核模型的基向量个数，由于使用了动态 ALD 方法，M 必然是一个有界的值，因此该算法对在线核分类问题在计算复杂度上是可行的。

4.4　实验对比和分析

4.4.1　固定带宽核回归的数值实验

1. 非线性系统辨识问题

固定带宽核回归的数值实验使用数据生成的方法获得一个非线性系统，并比较 OKLQR 算法与一些经典算法在非线性系统辨识(即在线非线性回归问题)中的效果。由此生成如下包含噪声项 $\varepsilon(n)$ 的非线性系统：

$$y(n) = 4\sin(z(n)) + 2\cos(z(n)) + \varepsilon(n), \quad 1 \leqslant n \leqslant 1000 \tag{4-131}$$

其中，$z(n) \sim N(0, 2)$。根据噪声结构的不同生成两组数据集，前者受到白噪声的扰动，即 $\varepsilon(n) = 0.05\zeta_1(n)$，其中 $\zeta_1(n) \sim N(0, 1)$；后者的噪声则具有异质性，有 $\varepsilon(n) = 0.1\zeta_1(n)\zeta_2(n)$，其中 $\zeta_2(n)$ 服从 $[0, 1]$ 上的均匀分布。在两种情况中，我们均选取前 900 个样本作为训练集，后 100 个为测试集。测试集上的 MSE 定义为

$$\mathrm{MSE}(n) = \frac{1}{100} \sum_{j=901}^{1000} [\hat{y}_n(j) - y(j)]^2 \tag{4-132}$$

式中，$n = 1, 2, \cdots, 900$；$\hat{y}_n(j)$ 为在第 n 次训练时对 $y(j)$ 的预测。

将 OKLQR 算法与一些已有的在线核学习算法进行比较，包括 KLMS(Liu et al. , 2008)、OKPA (Online Kernel Passive Aggressive Algorithm) (Crammer et al. , 2006) 和 OIRLSSVR(Online Independent Reduced Least Square Support Vector Regression Algorithm) (Zhao et al. , 2012)。选取高斯核作为核函数，并且所有算法均使用最优带宽 $\sigma = 1$。OKPA 和 OIRLSSVR 中的阈值 ν 均为 0.001，KLMS 的学习率为 0.9，OKLQR 的正则化参数 γ 为 1。

图 4-3 展示了在白噪声和异质性噪声两种情况下测试集上 MSE 的收敛情况，为避免偶然性，收敛曲线为 50 次独立的蒙特卡罗洛模拟的均值。如图所示，实线为 OKLQR 在测试集上 MSE 的收敛曲线，无论噪声形式如何，OKLQR 均能快速收敛到 10^{-2} 数量级，并且在此后保持稳定。而其他几种在线核学习方法都各自存在一些缺陷，例如 OKPA 的收敛速度较慢，并且遍历所有的训练样本后依然无法取得较高的学习精度；KLMS 的收敛速度稍快，但同样无法保证预测精度；OIRLSSVR 算法则需要学习相当长的一段时间才能获得和 OKLQR 基本相同的精度。综上所述，无论在何种噪声环境下，在训练若干步后，不同算法在测试集上的 MSE 均可以达到收敛，但 OKLQR 相对其他算法在测试集上的预测误差更小，收敛速度也相对更快。

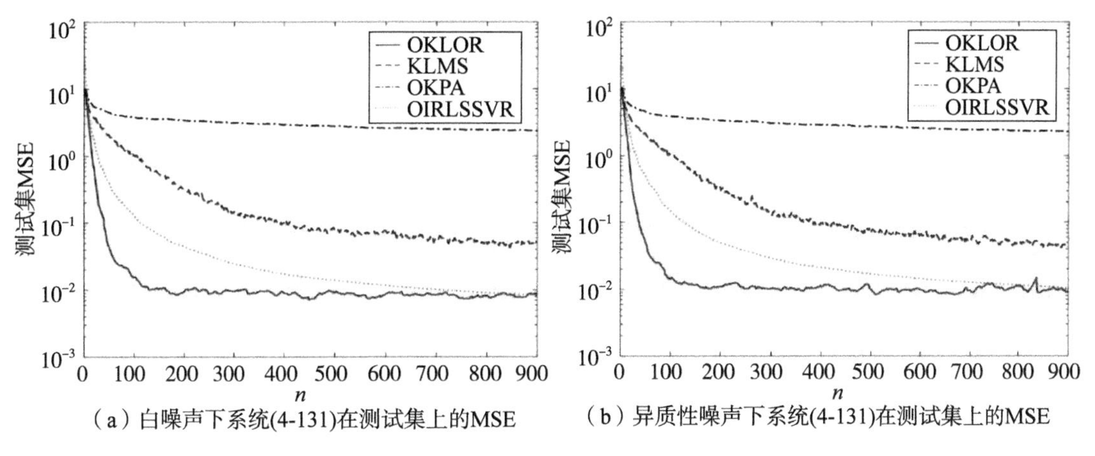

（a）白噪声下系统(4-131)在测试集上的MSE　（b）异质性噪声下系统(4-131)在测试集上的MSE

图 4-3　白噪声和异质性噪声情况下系统(4-131)在测试集上的 MSE

2. 非线性时间序列分析

为了验证算法在处理序列数据时的有效性，考虑常见的经典系统(Liu et al. , 2010)，具体的数据生成过程如下：

$$\begin{cases} y(t)=\dfrac{y(t-1)y(t-2)y(t-3)(y(t-3)-1)u(t-1)+u(t)}{1+y(t-2)^2+y(t-3)^2}+\varepsilon(t), 4\leqslant t\leqslant 1000 \\ y(t)=\dfrac{y(t-1)y(t-2)y(t-3)(y(t-2)-2)u(t-1)+u(t)}{1+5y(t-3)^2}+\varepsilon(t), t\geqslant 1001 \end{cases} \tag{4-133}$$

其中，$u(t)=0.4\sin\left(\dfrac{\pi t}{125}\right)+0.6\sin\left(\dfrac{\pi t}{25}\right)$，初始值为 $y(1)=y(2)=y(3)=1$。噪声项 $\varepsilon(t)$ 由 $\varepsilon(t)=0.05(1-0.8B)^{-1}\zeta(t)$ 生成，其中 B 为滞后算子，$\zeta(t)\sim N(0,1)$，因此 $\varepsilon(t)$ 存在序列相关。输入向量包含 $u(t)$ 及其滞后项与输出变量 $y(t)$ 的滞后项，即 $(y(t-1), y(t-2), y(t-3), u(t), u(t-1))$。该系统共生成2000个样本，在第1001个样本时系统发生了突变。

使用 OKLQR 和其他三种在线核回归算法训练该模型，其中 OKLQR 的带宽 σ 设定为 1，惩罚项 $\gamma=2$，ALD 方法的阈值为 $\nu=0.05$。真实的数据序列和 OKLQR 在每一步的输出如图 4-4 (a)所示，四种算法的预测误差则在图 4-4(b)给出。其中，KLMS 的学习率为 1，OKPA 与 OIRLSSVR 的阈值 $\nu=0.05$。

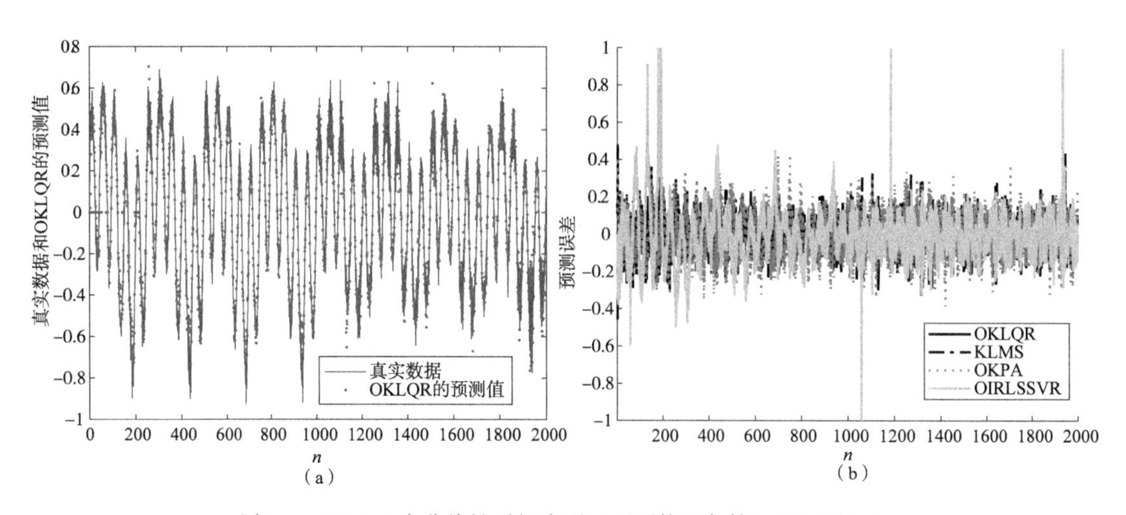

图 4-4　OKLQR 在非线性时间序列上预测值和各算法的预测误差

由图 4-4 可知，在学习开始后经过短暂的调整，OKLQR 算法就可以准确地对系统作出向前一步预测。观察各个算法的预测误差，同样可以看到 OKLQR 在四种算法中可以达到误差最小，而其他三种算法更容易受到结构变动与噪声扰动的影响，具体表现为随着拐点到来而周期性产生的预测误差。在这个例子中，去除学习的初始阶段若干样本点后，定义如下的均方误差

$$\mathrm{MSE}(n)=\frac{1}{100}\sum_{j=901}^{1000}\left[\hat{y}_n(j)-y(j)\right]^2 \tag{4-134}$$

其中，$\hat{y}(t)$ 是对 $y(t)$ 的预测。经过 100 次独立的蒙特卡罗洛模拟，不同算法的 MSE 的均值由表 4-1 列出。可以看到 OKLQR 在测试集上的 MSE 较 KLMS、OKPA 和 OIRLSSVR 都更小一些。综合图 4-4 和表 4-1 的实验结果，与其他经典算法相比，OKLQR 算法的收敛速度和预测精度都占据明显优势。

表 4-1　**非线性时间序列上不同算法的预测效果**

算法	σ	γ	ν	η	ξ	MSE
OKLQR	1	2	0.05			0.0731
KLMS	1			1		0.0826
OKPA	1		0.05		0.01	0.1197
OIRLSSVR	1		0.05		0.01	0.1823

3. 真实数据：Box-Jenkins 燃气炉问题

在燃气炉中，当二氧化碳浓度过高时氧气不足，会抑制反应的进行；反之，二氧化碳浓度太低，则说明鼓入的氧气过多，反应中氧气过量，多余的氧气排出也会造成浪费。燃气炉中二氧化碳浓度的监控与预测是工业生产中重要的实际问题，二氧化碳的浓度的影响因素可以归纳为过去时间的浓度和气体流量两个方面。下面将在真实的数据集上验证 OKLQR 算法的学习效果。经典数据集 Box-Jenkins 燃气炉通常被用于测试时间序列的建模与预测(Chen et al.，2014)。

该数据集收集了 296 个连续时间点燃气炉中的CO_2浓度 $y(t)$ 和气体流速 $u(t)$，假设输出变量为 $y(t)$，对应输入向量为 $(y(t-1), y(t-2), y(t-3), u(t-1), u(t-2), u(t-3))$，则可以建立核模型

$$\begin{aligned} y(t) &= f(\alpha^*, x(t)) + \varepsilon(t) \\ &= \sum_{i=1}^{M} \alpha_i^* \exp\left(-\frac{\|x(t)-u_i\|^2}{\sigma^2}\right) + \varepsilon(t) \end{aligned} \tag{4-135}$$

式中，$x(t)=(y(t-1), y(t-2), y(t-3), u(t-1), u(t-2), u(t-3))$ 为包含过去时刻CO_2浓度和气体流速的输入变量；$y(t)$ 为对应的响应——当前时刻的CO_2浓度。使用带宽为 σ 的高斯核作为核函数，待估计的系数为 $\alpha^*=(\alpha_1^*, \alpha_2^*, \cdots, \alpha_M^*)$，对应第 n 步学习到的参数为 $\alpha(n)=(\alpha_1(n), \alpha_2(n), \cdots, \alpha_M(n))$。

在这个任务中，OKLQR 的带宽为 10，惩罚项 $\gamma=0.2$，ALD 阈值为 $\nu=0.001$。真

实的序列和 OKLQR 的预测结果在图 4-5(a)给出，而四种算法的预测误差则如图 4-5(b)所示。为获得最佳学习效果，KLMS 的学习率设置为 1.5，OKPA 和 OIRLSSVR 的阈值 $\nu = 0.0001$。该学习问题的 MSE 定义为

$$\mathrm{MSE} = \frac{1}{293}\sum_{t=4}^{293}\left[\hat{y}(t) - y(t)\right]^2 \tag{4-136}$$

其中，$\hat{y}(t)$ 是对 $y(t)$ 的预测。不同算法的 MSE 如表 4-2 所示。可以看到，在对燃气炉 CO_2浓度的实时预测中，本章提出的 OKLQR 的预测误差远小于其他算法，因此具有一定的实用价值。

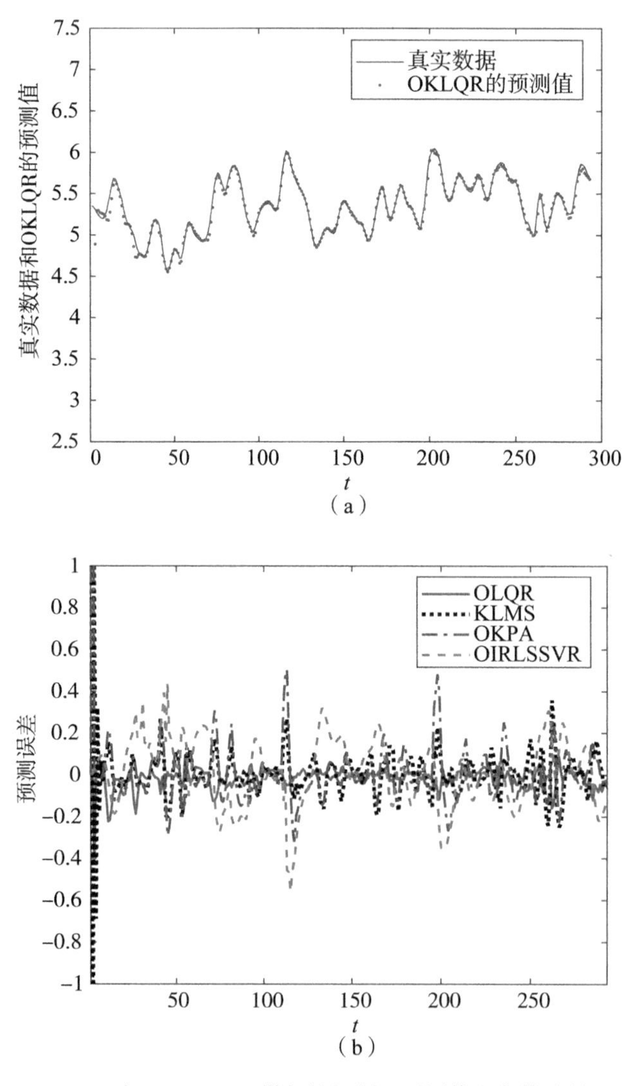

图 4-5　OKLQR 在 Box-Jenkins 燃气炉问题上预测值和各算法的预测误差

表 4-2　　非线性时间序列上不同算法的预测效果

算法	σ	γ	ν	η	ξ	MSE
OKLQR	10	0.2	0.0001			0.0013
KLMS	10			1.5		0.0085
OKPA	10		0.0001		0.0001	0.0159
OIRLSSVR	10		0.0001		0.02	0.0771

4. 实际应用：满负荷电力输出预测

正确地预测电力输出对电厂的生产效率和经济效益的提升都有重要的积极作用。发电厂的电力输出可以看成由传感器记录的温度、湿度等环境变量构成的线性和非线性函数，已有不少文献通过使用机器学习方法对电力输出进行预测(Tso et al.，2007；Che et al.；2012)。

对于包含两个燃气涡轮机、一个蒸汽涡轮和两个热回收系统的联合循环发电厂，这些设备的正常运转容易由 4 个主要因素决定：周围的温度、气压、相对湿度和排气压力。因此满负荷电力输出将受到上述 4 个变量的影响。下面使用 Tüfekci(2014)列出的数据进行建模，其中 4 个输入变量和一个输出变量由若干传感器以每小时一次的频率记录，数据收集持续 6 年(2006 年至 2011 年)，共包含 9568 个样本点。利用该数据集分别建立线性和非线性回归模型，比较 OLQR 和 OKLQR 两种算法与剩余 5 种经典的在线学习算法的效果。

一方面，建立的线性模型为

$$y(t) = \sum_{i=1}^{4} \beta_i x_i(t) + \varepsilon(t) \tag{4-137}$$

其中，$y(t)$ 为第 t 时刻的电力输出值，解释变量 $x_i(t)$ $(i=1, 2, 3, 4)$ 分别为该时刻的温度、气压、相对湿度和排气压力。$\beta_i(i=1, 2, 3, 4)$ 为待估计的系数。另一方面，建立核模型

$$\begin{aligned} y(t) &= f(\alpha^*, x(t)) + \varepsilon(t) \\ &= \sum_{i=1}^{M} \alpha_i^* \exp\left(-\frac{\|x(t) - u_i\|^2}{\sigma^2}\right) + \varepsilon(t) \end{aligned} \tag{4-138}$$

式中，$x(t)$ 为在 t 时刻包含 $x_i(t)$，$i=1, 2, 3, 4$ 的输入变量；$y(t)$ 为对应的响应——当前时刻满负荷电力输出。使用带宽为 σ 的高斯核作为核函数，待估计的系数为 $\alpha^* = (\alpha_1^*, \alpha_2^*, \cdots, \alpha_M^*)$，对应第 n 步学习到的参数为 $\alpha(n) = (\alpha_1(n), \alpha_2(n), \cdots, \alpha_M(n))$。

在打乱整个数据集后，选择其中 8000 个作为训练集，余下 1568 个为测试集。因

此第 n 步训练对应的测试集 MSE 定义为

$$\text{MSE}(n)=\frac{1}{1568}\sum_{j=8001}^{9568}\left[\hat{y}_n(j)-y(j)\right]^2 \tag{4-139}$$

式中，$\hat{y}_n(j)$ 为在第 n 次训练时对 $y(j)$ 的预测。为了排除算法在训练初始阶段的振荡，省略前 400 步训练对应的 MSE 计算 AMSE，即

$$\text{MSE}(n)=\frac{1}{1568}\sum_{j=8001}^{9568}\left[\hat{y}_n(j)-y(j)\right]^2 \tag{4-140}$$

首先建立线性模型，OLQR、LMS 和 OPA 算法的训练结果如图 4-6(a)所示。可以看到，LMS 和 OPA 容易受到复杂的噪声扰动的影响，而 OLQR 的预测精度相对更高，收敛曲线也较少出现大幅度波动。图 4-6(b)则展示了建立核模型时 OKLQR、KLMS、OKPA 和 OIRLSSVR 四种方法在测试集上的 MSE。我们基于控制的算法同样在鲁棒性、收敛速度和平均预测精度上存在优势。各算法的超参数均为事先选定的最优值，其设置细节与对应的 AMSE 由表 4-3 给出。

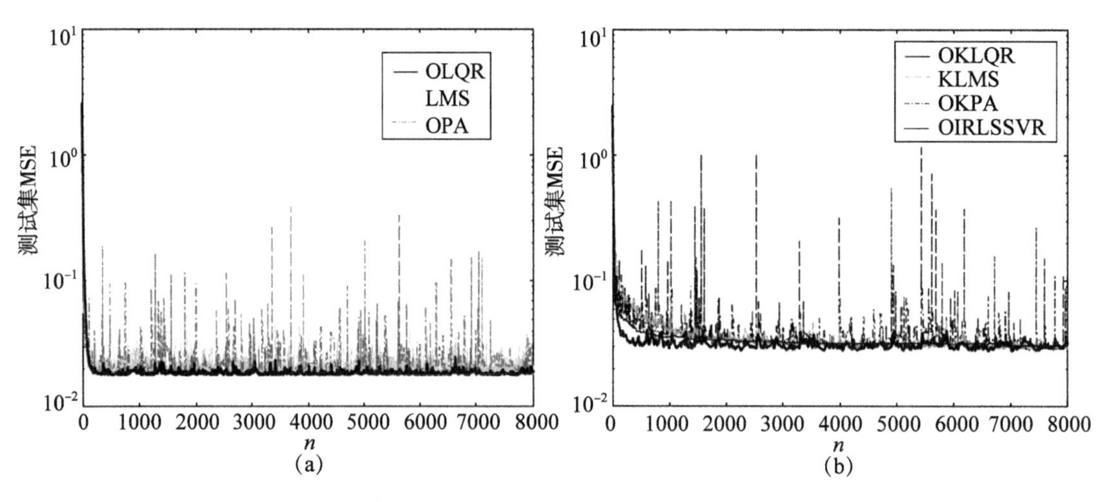

图 4-6　各算法在满负荷电力输出预测问题中的 MSE

表 4-3　**满负荷电力输出预测问题的参数设定与预测效果**

算法	σ	γ	ν	η	ξ	MSE
OLQR		1000				0. 0186
LMS				0. 2		0. 0202
OPA					0. 25	0. 0236
OKLQR	1	1000	0. 01			0. 0031
KLMS	1			0. 1		0. 0034

续表

算法	σ	γ	ν	η	ξ	MSE
OKPA	1				0.1	0.0039
OIRLSSVR	1		0.1		0.1	0.0033

为了进一步说明算法的有效性，我们将整个数据集打乱 50 次，接着采用与前文相同的方式划分训练集和测试集，但仅记录训练到最后一步时得到的测试集 MSE。不同算法的蒙特卡罗洛模拟结果以箱线图的形式展示，如图 4-7 所示，OLQR 和 OKLQR 分别在线性模型和非线性模型中取得了相对稳定的预测精度。

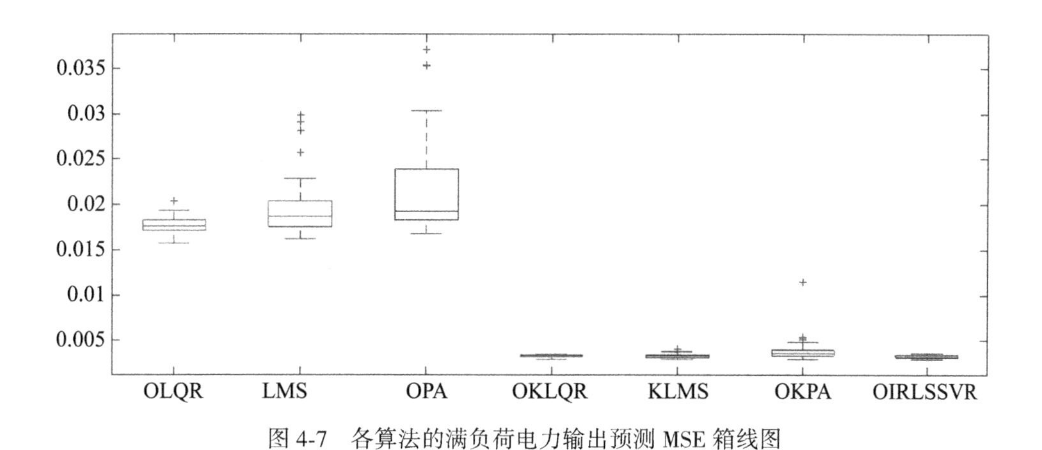

图 4-7 各算法的满负荷电力输出预测 MSE 箱线图

4.4.2 自适应带宽核回归的数值实验

该部分进行了四种不同的数值实验，用以展示 OAKL 算法的效果，并且与相应的经典核回归算法进行比较。用于比较的算法除了前文提到的 KLMS、OKPA 和 OIRLSSVR，还加入了 KRLS(Kernel Recursive Least Squares Algorithm)(Engel et al.，2004)与自适应带宽的 KLMS 算法(Kernel Least Mean Square With Adaptive Kernel Size，KLMS(ad.))(Chen et al.，2016)。

1. 非线性回归问题

首先考虑核回归形式的非线性函数拟合问题，假设基向量已知，观察系数与带宽在不同初始值下能否收敛到真实值。考虑以下核模型

$$y_0(n)=\beta_0^*\exp\left(-\frac{(x_0(n)-u_0)^2}{\sigma_0^{*2}}\right) \tag{4-141}$$

$$y(n)=\beta_1^*\exp\left(-\frac{(x(n)-u_1)^2}{\sigma^{*2}}\right)+\beta_2^*\exp\left(-\frac{(x(n)-u_2)^2}{\sigma^{*2}}\right)+\varepsilon(n) \quad (4\text{-}142)$$

系统(4-141)的目标参数向量为 $(\beta_0^*,\ \sigma_0^*)$ 为 (1，2)，基向量 $u_0=0$。对 $\forall n$，$x_0(n)$ 由 $N(0,\ 1)$ 给出，并且总共生成 1000 个样本。带宽的初始值 $\sigma_0=\sigma_0(1)$ 设定为 0.1、1、2.5 和 5 四种情况，系数的初始值 $\beta_0=\beta_0(1)=0$，惩罚项 $\gamma=10$，$\beta_0(n)$ 和 $\sigma_0(n)$ 的估计值如图 4-8 所示。

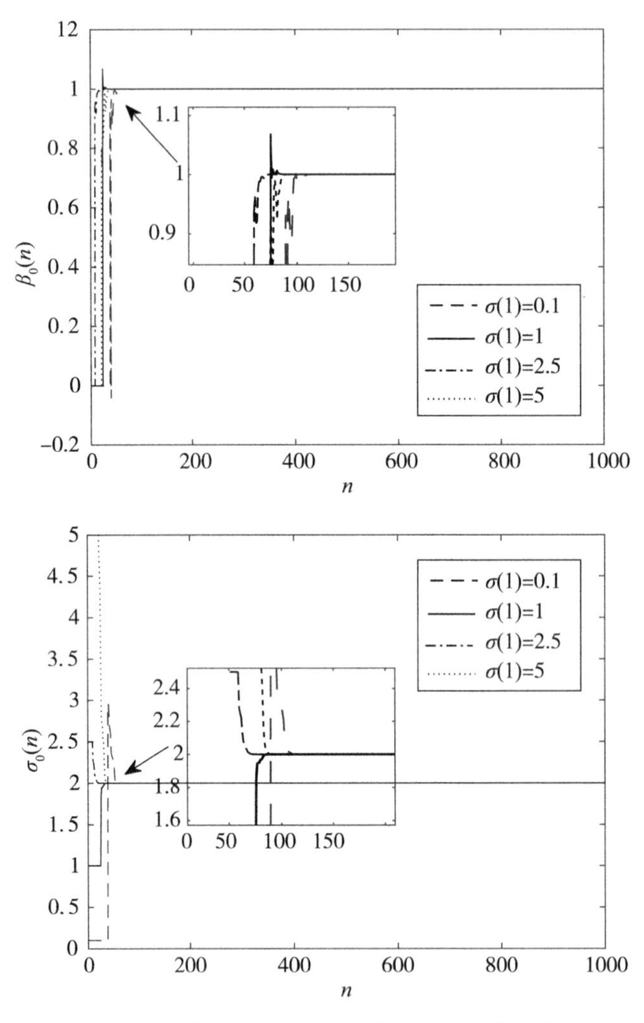

图 4-8　系统(4-141) $\beta_0(n)$ 和 $\sigma_0(n)$ 的估计值

由图 4-8 可知，无论带宽的初始值 $\sigma_0(1)$ 如何，待估系数 $\beta_0(n)$ 和 $\sigma_0(n)$ 在系统不包含噪声的情况下都可以在较少的学习步骤内收敛到真实值。受益于本书设计出的指数收敛的误差反馈系统，即使带宽初始值的设置较真实值稍远(如 $\sigma_0(n)=0.1$ 或 $\sigma_0(n)=5$)，未知参数也仅仅在经过短暂的振荡后达到真实值。也就是说，对不含噪

声的系统(4-141)，$(\beta_0^*,\ \sigma_0^*)$ 的估计值 $(\beta_0(n),\ \sigma_0(n))$ 可以达到相当准确的程度，当 n 足够大时，$\beta_0(n)=\beta_0^*$，$\sigma_0(n)=\sigma_0^*$，即 $\lim\limits_{n\to\infty}|\beta_0(n)-\beta_0^*|=0$，$\lim\limits_{n\to\infty}|\sigma_0(n)-\sigma_0^*|=0$。

系统(4-142)的目标参数向量为 $(\beta_1^*,\ \beta_2^*,\ \sigma^*)$ 为 $(2,\ 1,\ 2)$，基向量 u_1 和 u_2 分别为 -0.5 和 0.5。对 $n=1,\ 2,\ \cdots,\ 1000$，$x(n)\sim N(0,\ 1)$。带宽的初始值 $\sigma_0=\sigma_0(1)$ 设定为 0.1、1、2.5 和 5 四种情况，系数的初始值 $\beta_1=\beta_1(1)=0$ 与 $\beta_2=\beta_2(1)=0$。考虑有噪声和无噪声两种情形。当系统不包含噪声项，即 $\varepsilon(n)=0$ 时，设定惩罚项 $\gamma=20$，$\beta_1(n)$、$\beta_2(n)$ 和 $\sigma(n)$ 的估计值如图 4-9 所示。为了考察包含噪声项时的学习效果，我们生成方差为 0.05 的正态分布噪声，此时设定惩罚项 $\gamma=200$，$\beta_1(n)$、$\beta_2(n)$ 和 $\sigma(n)$ 的估计值如图 4-10 所示。

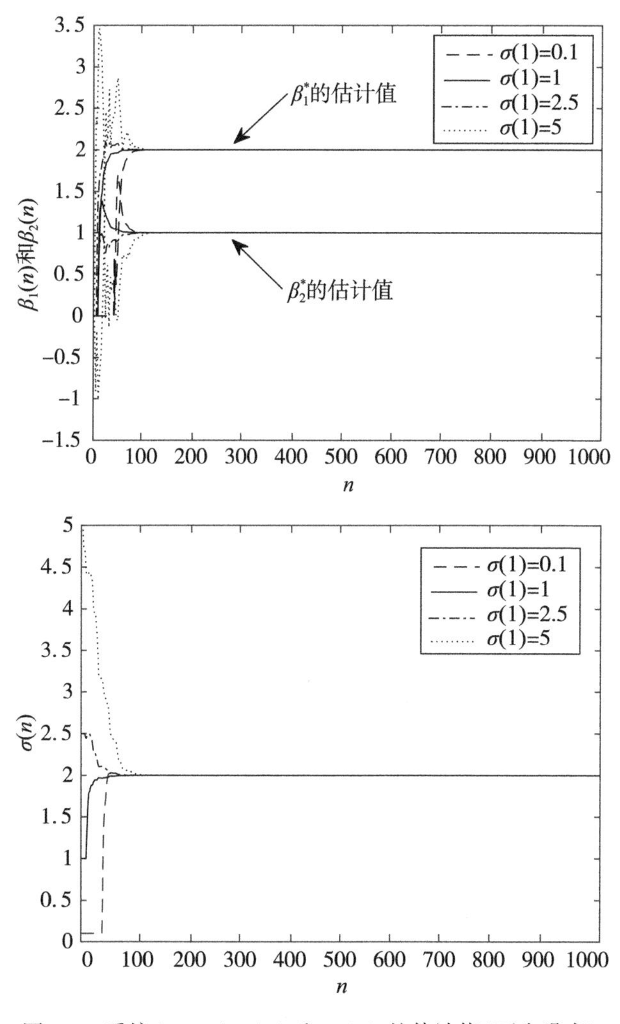

图 4-9 系统(4-142) $\beta(n)$ 和 $\sigma(n)$ 的估计值(不含噪声)

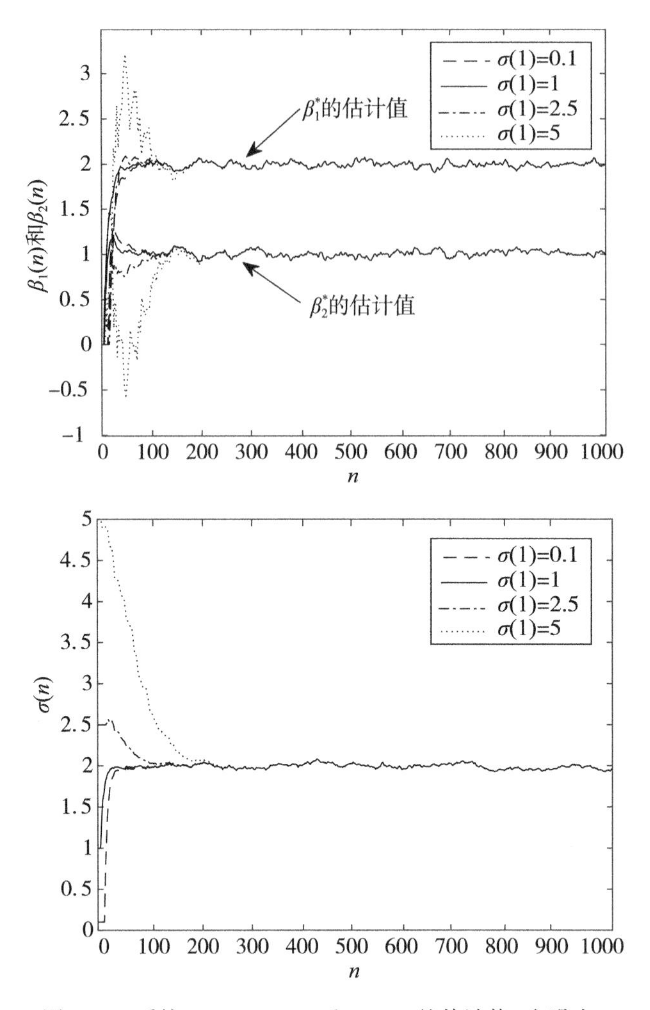

图 4-10　系统(4-142) $\beta(n)$ 和 $\sigma(n)$ 的估计值(含噪声)

对不含噪声情况下 ($\varepsilon(n)=0$) 的系统(4-142)，由图 4-9 可知，当 n 足够大时，$(\beta_1(n),\beta_2(n),\sigma(n))=(\beta_1^*,\beta_2^*,\sigma^*)$，即 $\lim\limits_{n\to\infty}|\beta_1(n)-\beta_1^*|=0$，$\lim\limits_{n\to\infty}|\beta_2(n)-\beta_2^*|=0$，$\lim\limits_{n\to\infty}|\sigma(n)-\sigma^*|=0$。而对 $\varepsilon(n)\neq 0$ 时的系统(4-142)而言，尽管受到噪声的扰动，图 4-10 显示 ($\beta_1(n)$，$\beta_2(n)$，$\sigma(n)$) 在更新大约 200 步后就可以收敛到 (β_1^*，β_2^*，σ^*) 的一个较小的邻域中。结合图 4-9 和图 4-10 可以得到以下结论：首先，无论系统中噪声存在与否，OAKL 算法都可以使得系数和带宽的估计值收敛到真实值附近，唯一不同的是噪声会使得这个邻域稍大一些；其次，带宽初始值设定不同对未知参数的收敛性影响不大，但是远离真实值的带宽将在收敛初期带来一段时间的振荡调整；最后，当系统存在噪声时，我们需要对控制项施加更大的惩罚 γ，这样就可以保证系统对未知噪声扰动的鲁棒性。

从这两个系统的学习过程可以看出，无论初始带宽的选择如何，OAKL 对它们的估计值均会收敛到真实值。因此，OAKL 算法可以得到对系数和带宽的最优估计，这一结论与 4.2 节中的引理 2 一致。

2. 非线性函数拟合问题

考虑如下非线性函数：

$$y(n) = 4\sin(x_1(n)) + 2\cos(x_2(n)) + \varepsilon(n) \tag{4-143}$$

式中，$x_1(n)$ 和 $x_2(n)$ 为 $[0, 2\pi]$ 上独立的均匀分布；$\varepsilon(n)$ 为方差为 0.0001 的高斯过程。该过程共生成 1000 个样本，其中前 900 个为训练集，余下 100 个为测试集。使用均方误差 MSE 度量不同算法的学习效果，其定义如下：

$$\text{MSE} = \frac{1}{N_s}\sum_{i=1}^{N_s} (y_i - \hat{y}_i)^2 \tag{4-144}$$

式中，y_i 为测试集中的真实输出；$\hat{y}_i$ 为对应的预测值；N_s 为测试集的样本数。首先，比较 OAKL 和不同固定带宽的 KLMS 算法。对 KLMS，为获得最优学习效果设置 $\eta = 1$；OAKL 的初始带宽 $\sigma = \sigma(1)$ 和 ALD 中的阈值 ν 分别为 0.5 和 0.001，调节参数 $\gamma = 1$。每一步训练得到测试集上 OAKL 和不同带宽的 KLMS 算法（σ = 0.1，0.25，0.5，0.75，1）的 MSE 如图 4-11 所示。其中上图为 50 次蒙特卡罗洛实验的散点图，而下图为将 50 次模拟实验取均值得到的平均收敛曲线。可以看出，相对于不同固定带宽的 KLMS 算法，具有自适应带宽的 OAKL 算法收敛速度更快，最终得到的测试集 MSE 也更小。

除此之外，模拟实验还对比了 OAKL 算法与经典算法 OKPA、OIRLSSVR、KRLS 和固定与自适应带宽的 KLMS(KLMS(ad.))算法在该问题上的学习效果。所有带宽固定的核方法都设定带宽为 0.5，对于 KLMS 设置 $\eta = 1$，OKPA 和 OIRLSSVR 的阈值 $\nu = 0.001$。OAKL 的调节参数 $\gamma = 1$，初始带宽为 0.5；KLMS(ad.)的初始带宽为 0.75，学习率 $\eta = 1$。图 4-12 给出不同算法通过 50 次蒙特卡罗洛实验得到的测试集 MSE 的收敛曲线。可以看到相对于 KLMS、OKPA、OIRLSSVR 等方法，OAKL 无论从收敛速度还是最终达到的预测精度都远远优于这些经典算法。唯一例外的是，KRLS 在训练初期的收敛速度并不占优势，但在学习的最后，预测精度比 OAKL 稍高。总的来说 OAKL 的算法在大多数学习任务上均能保持学习速率或精度上的领先地位。

3. 洛伦兹扰动序列的短期预测问题

在该实验中，OAKL 与 5 个经典的在线学习算法被应用于洛伦兹扰动序列的短期预测问题中(Harlim，2018)。洛伦兹扰动序列可以由如下 3 个不同的微分方程表示：

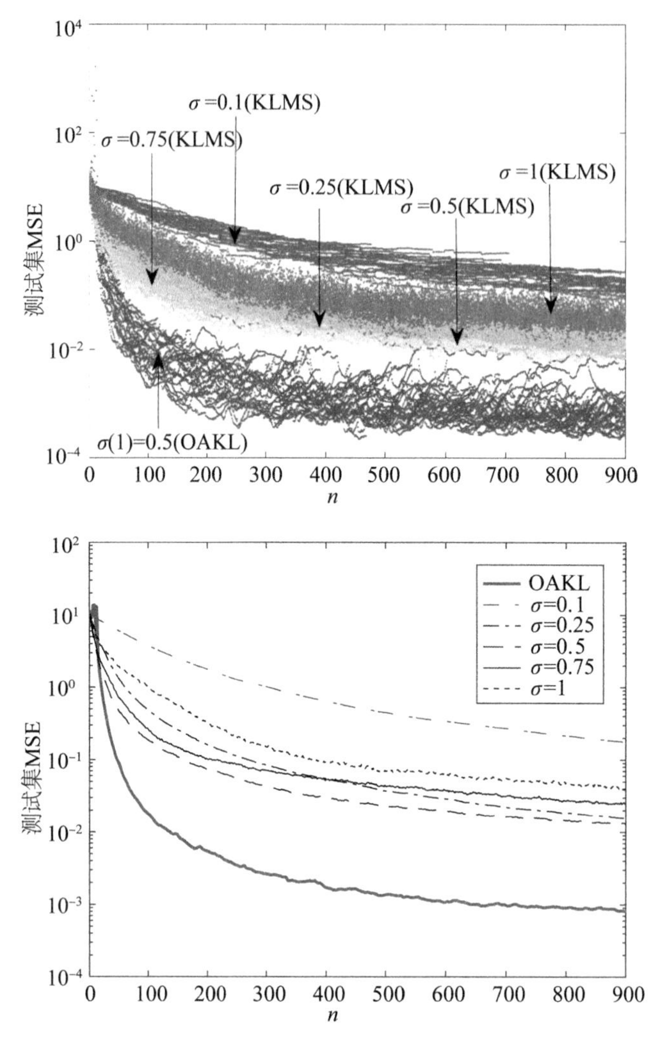

图 4-11　非线性函数方程(4-143)OAKL 与 KLMS 的收敛曲线

$$\frac{\mathrm{d}x}{\mathrm{d}t}=\delta(y-x)$$

$$\frac{\mathrm{d}y}{\mathrm{d}t}=\rho x-y-xz$$

$$\frac{\mathrm{d}z}{\mathrm{d}t}=xy-rz \tag{4-145}$$

式中，$\delta=\frac{8}{3}$，$\rho=28$，$r=\frac{8}{3}$；系统 (x, y, z) 的初始值为 $(0, 2, 9)$。挑选维度 x 的前 2000 个样本，并且将它们标准化到 $[0, 1]$，得到的序列用作短期预测，标准化后

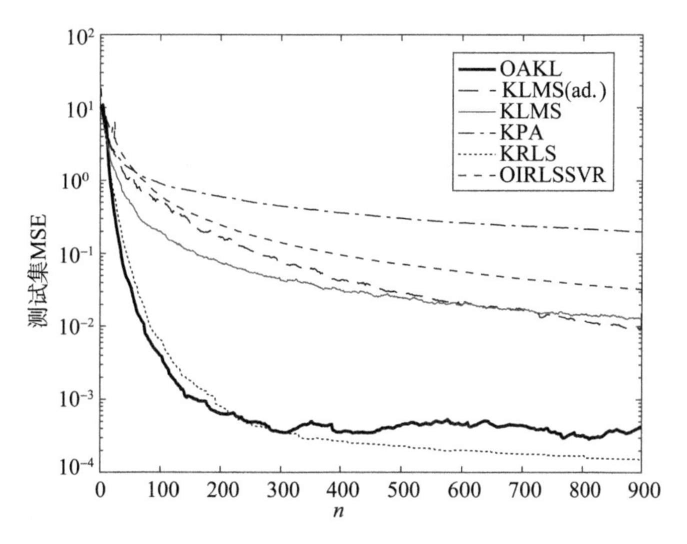

图 4-12 非线性函数(4-143)不同算法测试集 MSE 的收敛曲线

的时间序列如图 4-13(a)所示。从图中可以看出，尽管洛伦兹扰动序列轨迹较平滑，但是在某些时间点产生了结构突变。也就是说，这些时间点的前后，序列的频率和振幅的差异显著，这就更需要在线学习算法根据结构突变作出适应性的改变。学习任务被设定为根据过去 5 个样本 $u_t=[x_{t-5}, x_{t-4}, x_{t-3}, x_{t-2}, x_{t-1}]$ 预测当前样本 x_t 的值。

图 4-13(b)展示了 OAKL 与其他 5 种经典算法的单步预测误差，其中 OAKL 由实线表示。对 OAKL，带宽的初始值为 4，惩罚项 $\gamma=0.5$，ALD 阈值 $\nu=0.25$。两种 KLMS 算法的带宽均设置为 1；OKPA 的带宽为 5，阈值 $\nu=0.01$；OIRLSSVR 则有 $\sigma=1$，$\nu=0.05$。从一步预测误差可以看到，OAKL 算法不仅及时地跟踪了时间序列的结构突变，并且相对于其他 5 种经典核回归算法表现得更好。

为了观察自适应带宽的 OAKL 算法在带宽学习上的表现，图 4-14 给出了随着学习的进行，学习到的带宽 $\sigma(n)$ 的大小。从图中可知，在经过大约 300 步的学习后，带宽收敛到一个介于 2.8~2.9 的值。然而在传统的交叉验证选取最优带宽时，一方面无法做到在线学习，另一方面很少选取这样精确的取值。这也说明了 OAKL 在带宽的自适应学习中的有效性。

4. 真实数据集的在线学习任务

最后，在 6 个真实数据集上验证算法的学习效果，它们的规模各有不同，并且都可以在 UCI① 与 Delve② 网站获取。表 4-4 给出了这些数据集中的训练集与测试集的样

① 详见 http://archive.ics.uci.edu/ml/datasets.php.

② 详见 https://www.cs.toronto.edu/~delve/.

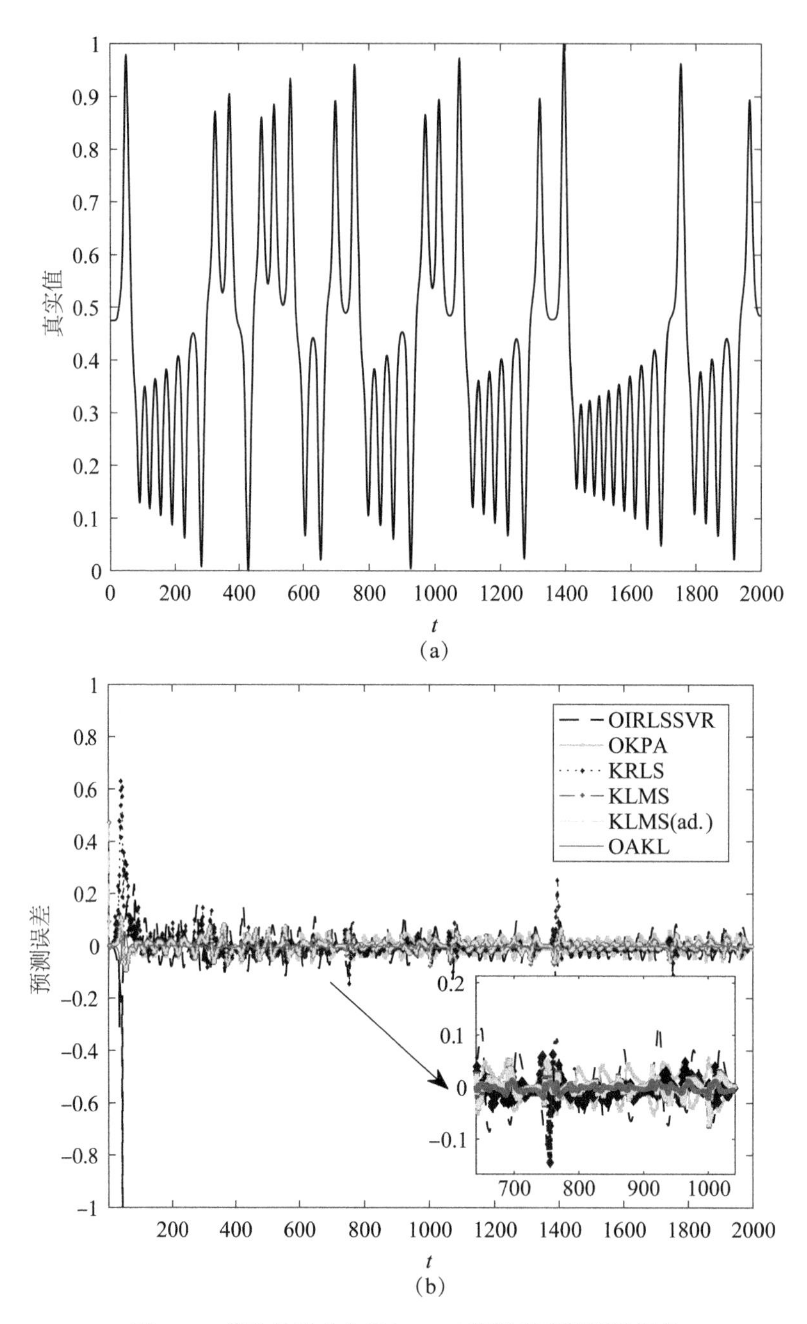

图 4-13　洛伦兹扰动方程(4-145)原始序列及预测误差

本划分和原始输入值维度，同样比较 OAKL、KLMS、KLMS(ad.)、OIRLSSVR、KRLS 和 OKPA 这些在线核回归算法的学习效果。

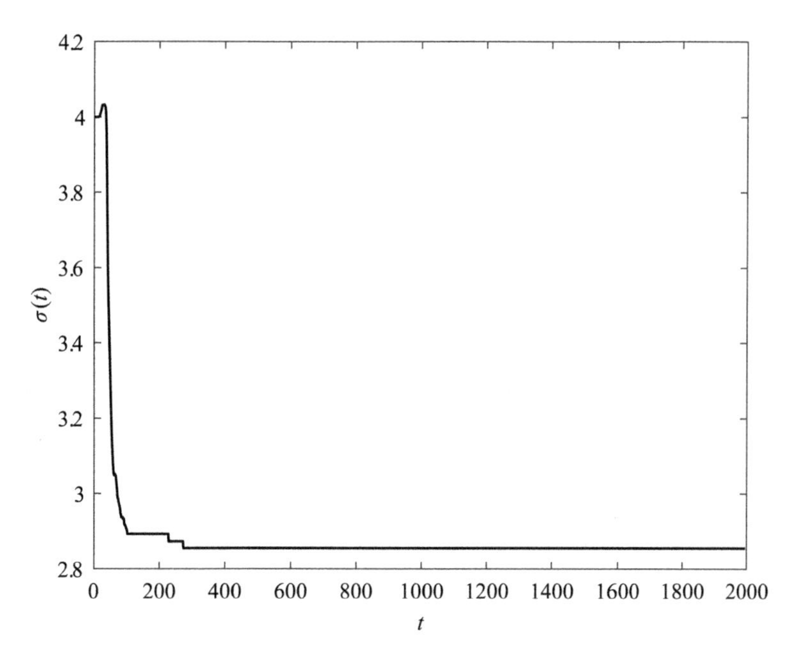

图 4-14 洛伦兹扰动方程(4-145)由 OAKL 对带宽的估计值

表 4-4 **真实数据集的样本描述**

数据集	训练样本数	测试样本数	变量个数
housing	400	106	13
mpg	350	42	6
parkinsons	5000	875	20
quake	1800	378	3
space_ga	2500	607	6
cpusmall	7500	692	12

表 4-4 涉及的 6 个数据集均在现实生活中有一定实际意义，并非纯粹的实验模拟数据，同时也是机器学习算法研究中的标准数据集，多数文献会在同一标准数据集上进行实验，以方便进行比较。例如，housing 数据来自 UCI 数据集，它取自 1978 年收集的 506 所波士顿郊区房屋的价格及其可能的 13 个影响因素，包括房屋所在城镇的犯罪率、住宅的面积、房间数目和空气污染程度等因素。mpg 数据收集了 20 世纪 70 年代末到 80 年代初不同品牌汽车的燃油效率，其影响因素有 6 个，分别为气

缸排量、马力、重量、加速、车型和年份。parkinsons 数据集中的因变量是以 UPDRS 量表来预测临床医生的帕金森氏病症状评分，它取自 42 名帕金森氏症早期患者 6 个月内的语音记录，通过他们的语音信息预测 UPDRS 得分。地震的产生源于地壳运动，因此地震的强度与发生地点的地理特征存在密切联系，quake 数据集记录了发生地震的 2178 个位置的经度、维度和高程，试图使用这三个变量对地震的震级进行预测，以达到地震预警的目的。space_ga 数据则包含了 1980 年美国总统选举县的 3107 次观测，因变量为两位候选人得票比例的对数，自变量包括各个县的总票数、各县 18 岁以上人口数、平均受教育程度、收入和拥有住房数目。cpusmall 采集了多个大学的计算机系使用的多用户系统的计算机使用情况和相关性能，用户在这些计算机上会进行多项操作，包括访问 Internet、编辑文件或运行 CPU 绑定程序。将这些指标量化得到了系统内存和用户内存之间读取与写入速度(每秒传输量)、进程运行队列大小、用户进程可用的内存页数和可用于页面交换的磁盘块数等 12 种 CPU 性能，该数据集希望使用这些性能指标对 CPU 用户模式下运行的时间占总运行时间的比例进行预测。

上述学习任务均可以归纳为非线性回归问题，即输入变量组成的向量为 $x(n)$，目标的预测变量为 $y(n)$，则可以建立模型：

$$\begin{aligned} y(n) &= f(\alpha^*, \sigma^*, x(n)) + \varepsilon(n) \\ &= \sum_{i=1}^{M} \alpha_i^* \exp\left(-\frac{\|x(n) - u_i\|^2}{\sigma^{*2}}\right) + \varepsilon(n) \end{aligned} \tag{4-146}$$

使用高斯核作为核函数，待估计的系数为 $\alpha^* = (\alpha_1^*, \alpha_2^*, \cdots, \alpha_M^*, \sigma^*)$，对应第 n 步学习到的参数为 $[\alpha(n), \sigma(n)] = (\alpha_1(n), \alpha_2(n), \cdots, \alpha_M(n), \sigma(n))$。

对每个数据集，各个算法的超参数都经过仔细选择，以达到最优的学习效果。所有包含 ALD 技巧的算法(KRLS、OKPA、OIRLSSVR 和 OAKL)都选取了同样的带宽 σ 和阈值参数 ν。可以发现，在实验过程中，诸如 KLMS 中的学习率 η 和 OKPA 与 OIRLSSVR 中的 ξ 等其他参数，若选择不当将影响学习效果。因此，为了避免这种情况的发生，所有的超参数均通过交叉验证的方法仔细筛选。各算法最优的参数设定及在测试集上最终得到的 MSE 如表 4-5 所示。从表中可以看出，如果以训练最终达到的预测效果 MSE 作为评价指标，本章提出的 OAKL 算法在 housing、mpg 和 parkinsons 这 3 个学习任务中都取得了相对于其他 5 种算法更好的效果。而对剩下的 3 个数据集 quake、space_ga 和 cpusmall 而言，OAKL 算法尽管没有在最终的 MSE 上获得最好的效果，但仍然比大多数算法精度更高。

表 4-5 **真实数据集的参数设定与测试集 MSE**

数据集	算法	σ	ν	γ	η	ρ	ξ	C	MSE
housing	OAKL	2	0.05	5000					0.0106
	KLMS	2			0.01				0.0137
	KLMS(ad.)	2			0.05	0.001			0.0161
	OKPA	2	0.05				0.5		0.0165
	OIRLSSVR	2	0.05				0.01	0.5	0.0172
	KRLS	2	0.05						0.0124
mpg	OAKL	1.5	0.1	1					0.0314
	KLMS	2.5			0.5				0.0499
	KLMS(ad.)	2.5			0.5	0.01			0.0499
	OKPA	1.5	0.1				0.01		0.0792
	OIRLSSVR	1.5	0.1				0.3	2.5	0.0344
	KRLS	1.5	0.1						0.0585
parkinsons	OAKL	1.5	0.15	2500					0.0093
	KLMS	1.5			0.5				0.0114
	KLMS(ad.)	1.5			0.5	6			0.0110
	OKPA	1.5	0.15				0.01		0.0197
	OIRLSSVR	1.5	0.15				0.1	0.1	0.0102
	KRLS	1.5	0.15						0.0115
quake	OAKL	5	0.01	1800					0.0300
	KLMS	2			0.01				0.0303
	KLMS(ad.)	2			0.01	0.1			0.0303
	OKPA	1	0.1				0.05		0.0319
	OIRLSSVR	5	0.01				0.05	10	0.0299
	KRLS	5	0.01						0.0309
space_ga	OAKL	2	0.001	200					0.0031
	KLMS	20			0.05				0.0054
	KLMS(ad.)	20			0.05	0.01			0.0054
	OKPA	2	0.001				0.17		0.0086
	OIRLSSVR	2	0.001				0.025	5	0.0021
	KRLS	2	0.001						0.0026

续表

数据集	算法	σ	ν	γ	η	ρ	ξ	C	MSE
cpusmall	OAKL	1	0.1	2000					0.0024
	KLMS	1			0.5				0.0026
	KLMS(ad.)	1			0.5	0.25			0.0025
	OKPA	1	0.1				0.001		0.0086
	OIRLSSVR	1	0.1				0.1	1	0.0029
	KRLS	1	0.1						0.0020

图 4-15 给出了不同算法学习结果的收敛曲线，其中 OAKL 对应的曲线由实线表示。可以很明显地看到，在大多数数据集上(housing、mpg、parkinsons 和 quake)，OAKL 算法的收敛速度均优于其他 5 种经典算法。另外，在这些数据集上，OAKL 的收敛曲线相对其他算法更加平稳，很少出现噪声扰动或样本的结构性改变导致的收敛曲线振荡。由于各数据集的特点不尽相同，很难出现某一算法在各数据集上均能取得最佳表现的情况。然而，本章提出的 OAKL 算法可以在大多数在线学习任务中取得比其他算法更好的学习效果。这些实验结论进一步证明了该算法在在线学习任务中的有效性。

4.4.3　自适应带宽核分类的数值实验

为了说明 CAOKC-Ⅰ和 CAOKC-Ⅱ两种基于最优控制的核分类算法的有效性，这里从算法的自适应性、非线性问题的学习，以及预测精度这三个方面设计实验，并与一些经典的核分类算法进行比较。这些算法包括 BSGD(Budgeted Stochastic Gradient Descent)(Wang et al., 2012)、NORMA(Naive Online Reg Minimization Algorithm)(Li et al., 2013)、SPA(Lu et al., 2018)、BOGD(Bounded Online Gradient Descent)(Zhao et al., 2012)和 BPA(Budgeted Passive Aggressive)(Wang et al., 2010)。

1. 棋盘问题的自适应求解

棋盘问题是一个经典的自适应分类问题(Hoi et al., 2007)，如图 4-16(a)~(o)所示，棋盘问题共生成 900 个二维模拟数据，这些数据散布在 3 × 3 的格子中，每个格子都包含 100 个样本。数据生成过程共进行了 15 轮，记圆点(浅色区域)表示正例，而三角形(深色区域)为负例，相同格子中的类别标签保持一致，为了模拟出随时间变动的分类问题，每一轮样本呈现的类别分布都并不相同。因此通过对决策边界进行跟踪描

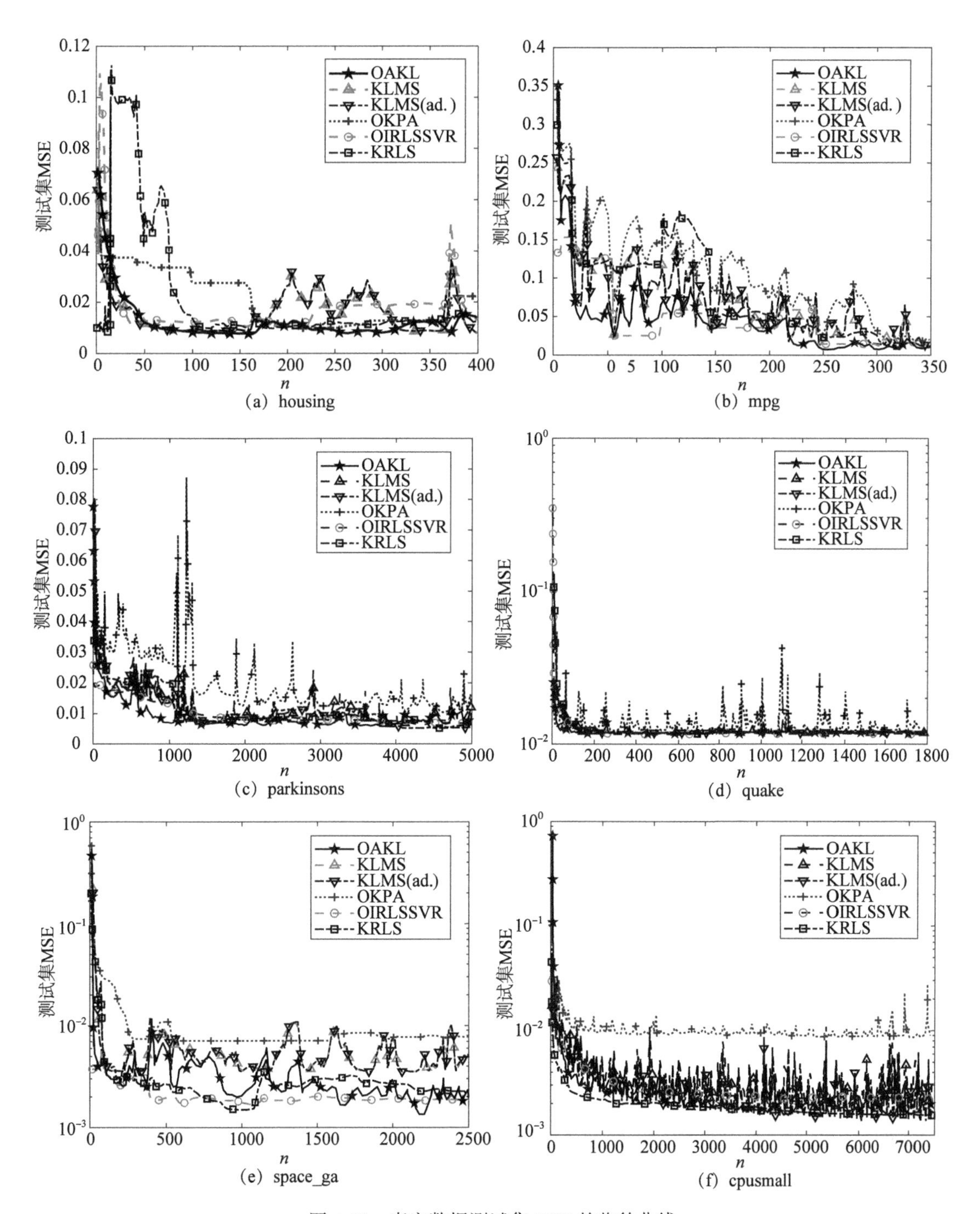

图 4-15 真实数据测试集 MSE 的收敛曲线

述就可以很容易地看出 CAOKC 方法的在线分类效果。

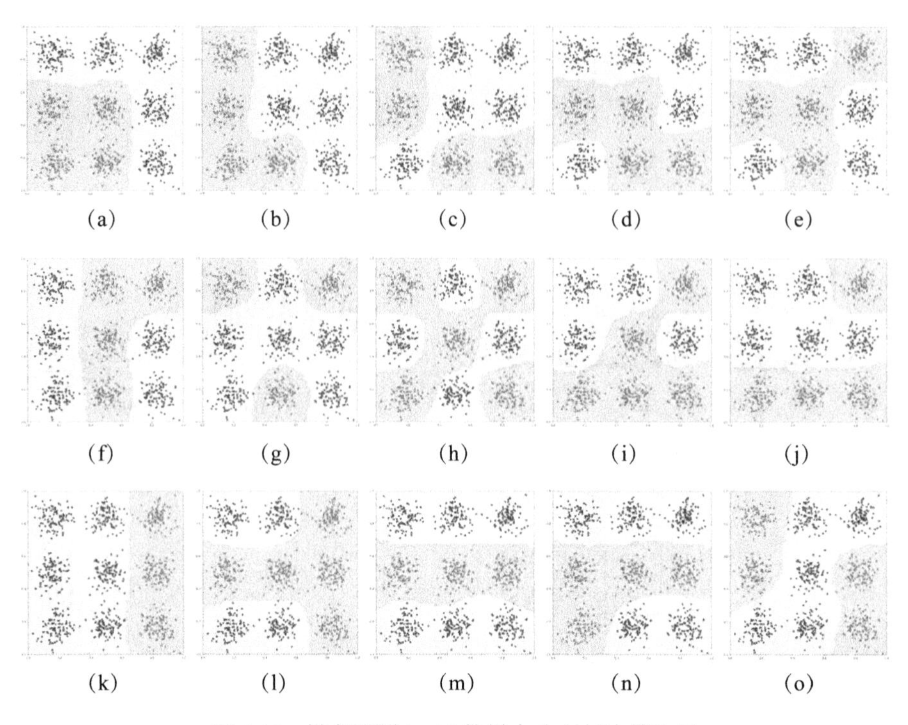

图 4-16　棋盘问题 1~15 轮样本分布与决策边界

为了方便说明问题，选择形式较简单的 CAOKC-Ⅰ算法进行训练，具体的参数设定如下：初始带宽设定为 0.25，调节参数 γ_1 和 γ_2 分别设定为 0.1 和 1，软阈值损失函数中的 ρ 为 0.05。支撑向量(基向量)则由 4.1 节用到的 ALD 方法获取。在每完成一轮训练后，尽管样本点的分布发生改变，实验依然使用上一轮得到的权重与带宽作为下一轮的对应未知参数的初始值。

在每一轮训练结束时均绘制了分类的决策边界，由图 4-16 可以看出，当各类别的分布情况发生改变时，CAOKC 算法依然可以准确地捕获这些变动并进行参数的调整。$\sigma(n)$ 的估计值如图 4-17 所示，注意到就高斯核对应的核分类问题而言，平缓的决策边界往往对应较大的带宽；反之，若真实的边界较复杂，则应该选取更小的带宽。具体而言，图 4-16(k)、(m)中分类的决策边界非常简单，或者说是几乎线性可分，对应于图 4-17 的第 11 轮和第 13 轮具有的较大带宽；而图 4-16(c)、(e)、(h)需要更复杂的决策边界，对应第 3、5、8 轮的带宽更小。此外，在每轮的训练开始后，带宽总是可以快速调整至一个合理的大小，这说明借助 CAOKC 算法，非线性性质的改变可以通过核函数自适应的带宽来捕获。

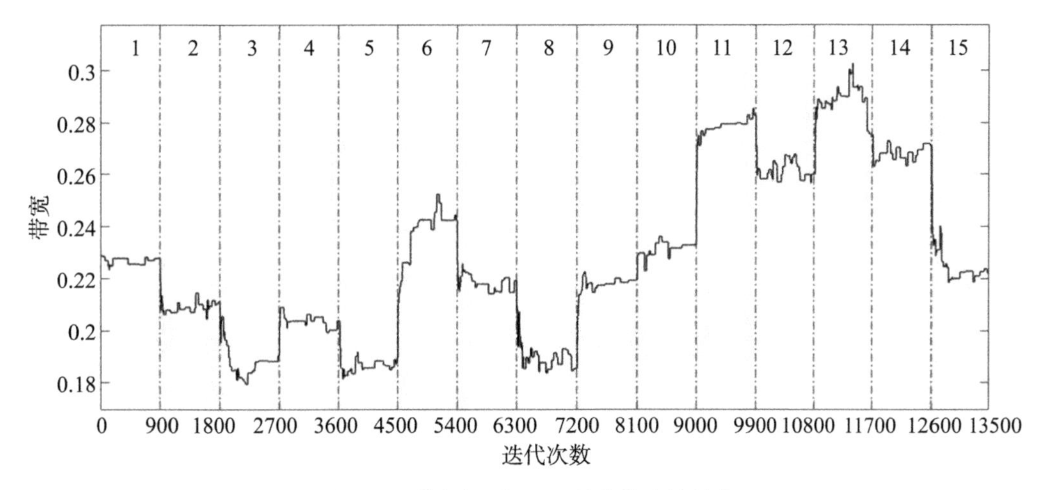

图 4-17 棋盘问题 1~15 轮的带宽估计值

2. 模拟数据的在线二分类问题

为了验证 CAOKC 算法在处理非线性问题的有效性，考虑如下系统：

$$y(n)=\operatorname{sign}(4\sin(x_1(n))+2\cos(x_2(n))+\varepsilon(n)),\quad 1\leqslant n\leqslant 2500 \tag{4-147}$$

式中，对 $\forall n$，$x_1(n)$ 和 $x_2(n)$ 服从 $[0, 2\pi]$ 上的均匀分布；$\varepsilon(n)$ 为不变方差的高斯白噪声。这个实验中共生成了 2500 个样本，其中前 2000 个样本作为训练集，余下 500 个样本为测试集。

将 CAOKC-Ⅰ 和 CAOKC-Ⅱ 算法和其他 5 种经典算法对比，即 BSGD、NORMA、SPA、BPA 和 BOGD。对两种 CAOKC 算法，动态 ALD 的阈值 $\nu=0.01$，初始带宽设定为 0.5，γ_1 和 γ_2 分别设定为 5 和 500，软阈值损失中的 $\rho=0.01$。BPA 和 BOGD 等方法中的超参数，例如学习率和支撑向量预算，均经过仔细筛选，以获得最佳学习效果。

经过 50 次蒙特卡罗洛模拟，CAOKC-Ⅰ 和 CAOKC-Ⅱ 算法在测试集上的平均预测准确率曲线在图 4-18 中给出。为了方便对比，其他 5 种算法在不同带宽（$\sigma=0.05$，0.1，0.25，0.5，1）下的预测曲线也分别如图 4-18(a)~(e)所示。从图中可以看到，一方面，在这个学习任务中 CAOKC-Ⅱ 的预测精度比 CAOKC-Ⅰ 更高；另一方面，比较 CAOKC 和其他 5 种算法可以发现，尽管这些经典的在线核分类算法使用了不同的带宽，但是从预测效果和收敛速度来看均无法超越两种 CAOKC 算法。

为了进一步描述算法性质，取各蒙特卡罗洛实验在训练完成后得到的预测结果绘制箱线图。图 4-19 中，纵轴表示通过各算法最终得到的分类器在测试集上预测的准确率，箱体的长度反映了 50 次反复实验得到的准确率的波动范围，箱体位置越高、箱体

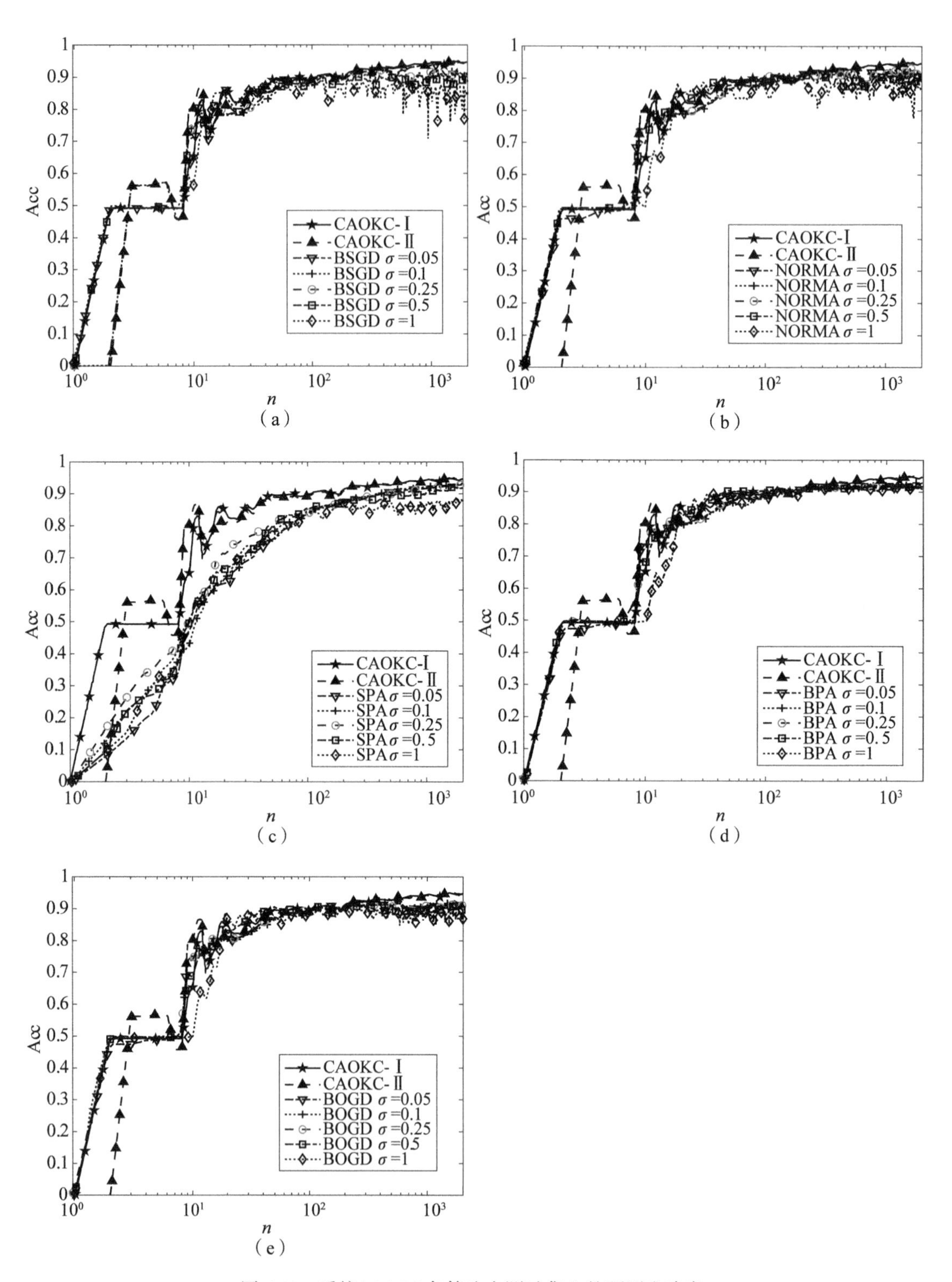

图 4-18　系统(4-147)各算法在测试集上的预测准确率

长度越短，则说明算法的准确性越高，并且具有较强的泛化能力。因此，CAOKC-Ⅰ和CAOKC-Ⅱ算法不仅预测准确率远高于其他算法，而且每次重复实验的结果相差不大，这也充分说明变带宽的 CAOKC 算法自适应地寻找最优带宽的思想在在线核分类问题中具有一定优势。

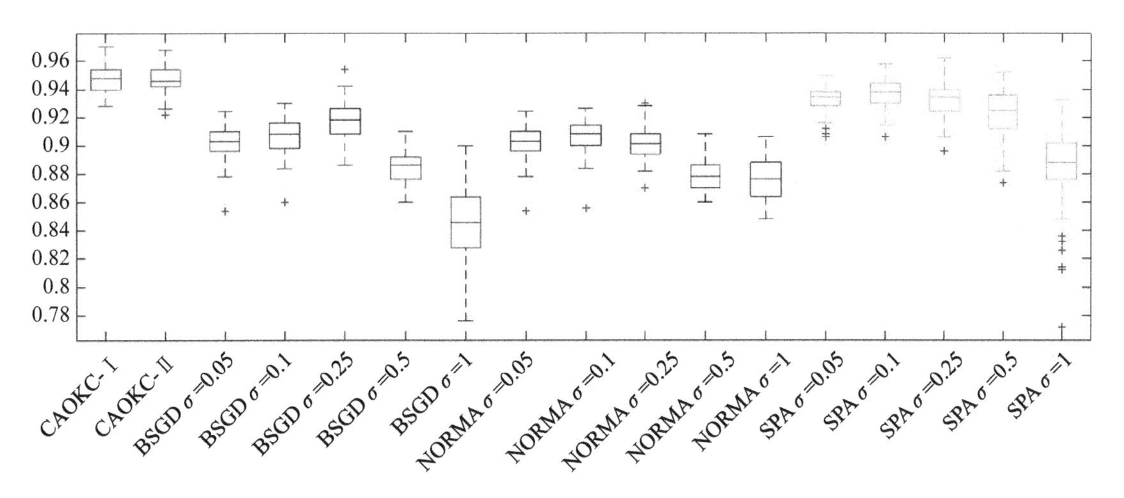

图 4-19　系统(4-147)蒙特卡罗洛模拟的预测准确率箱线图

3. 真实数据的在线分类：居住情况检测

为了验证更大规模的数据集上 CAOKC 算法的有效性，选取 UCI 中的一个关于居住情况检测的经典数据集。一般来说，空置的房屋和有人居住在其中的房屋，在一些物理指标上总是有一些不同之处。例如，人的呼吸会产生二氧化碳，开启照明设施会改变光照强度，以及烹饪食物等过程会升高房屋温度。事实上，这些信息都可以通过传感器收集，并用于房屋居住情况的预测，这样可以在不涉及业主过多隐私的前提下了解房屋的居住情况，便于物业的管理和可能遇到的刑事侦查活动的进行，具有非常重要的意义。该数据集共包含收集于多个写字楼中的 20560 个样本和 5 个原始输入变量，该分类任务是通过温度、湿度、光照、湿度比和二氧化碳浓度，判断是否有人在办公室中。上述学习任务均可以归纳为非线性分类问题，记 5 个原始的输入变量组成的向量为 $x(n)$，目标的预测变量为 $y(n) \in \{1, -1\}$，当 $y(n)=1$ 时则有人居住；反之，则没有。可以建立模型

$$
\begin{aligned}
y(n) &= \mathrm{sign}[f(\alpha^*, \sigma^*, x(n)) + \varepsilon(n)] \\
&= \mathrm{sign}\left[\sum_{i=1}^{M} \alpha_i^* \exp\left(-\frac{\|x(n)-u_i\|^2}{\sigma^{*2}}\right) + \varepsilon(n)\right]
\end{aligned}
\tag{4-148}
$$

使用高斯核作为核函数，待估计的系数为 $\alpha^* = (\alpha_1^*, \alpha_2^*, \cdots, \alpha_M^*, \sigma^*)$，对应第 n 步学习到的参数为 $[\alpha(n), \sigma(n)] = (\alpha_1(n), \alpha_2(n), \cdots, \alpha_M(n), \sigma(n))$。

将数据随机分成训练集和测试集两个部分，其中 16000 个样本用于训练，而剩余的 4560 个样本则作为测试集。与前文一样，定义第 n 步训练的预测准确率为 $Pr(n)$，最初的 5%个 Pr 值被跳过，MACC 为余下各时间点的测试集上准确率的均值，即

$$\text{MACC} = \frac{1}{15200}\sum_{j=801}^{16000} Pr(j) \tag{4-149}$$

并且定义 $\text{FACC} = Pr(16000)$ 为最后一步训练得到的预测准确率。

在该实验中，使用了不同带宽的其他各算法的学习结果见图 4-20 和表 4-6。从图中可以看到，CAOKC 算法的预测准确率曲线相对其他各算法更稳定，这也证实了该方法的鲁棒性。表 4-6 则说明了 CAOKC 无论从 MACC 还是 FACC 来看，都取得了优于其他算法的学习效果。

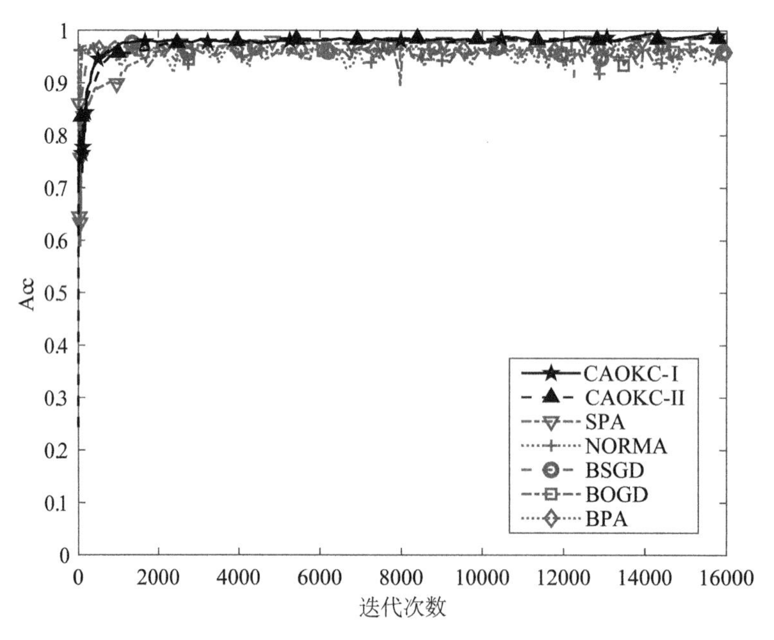

图 4-20　居住情况检测问题各算法在测试集上的预测准确率

表 4-6　**居住情况检测问题各算法在测试集上的预测准确率**

带宽	带宽	支撑向量个数	MACC	FACC
CAOKC-Ⅰ		95	0.9820	0.9853
CAOKC-Ⅱ		95	0.9810	0.9851
SPA	0.05	347	0.9748	0.9825

续表

带宽	带宽	支撑向量个数	MACC	FACC
SPA	0.1	206	0.9786	0.9809
SPA	0.5	89	0.9669	0.9840
SPA	1	136	0.9281	0.9636
NORMA	0.05	100	0.9615	0.9708
NORMA	0.1	100	0.9626	0.9726
NORMA	0.5	100	0.8891	0.9360
NORMA	1	100	0.7882	0.7895
BSGD	0.05	100	0.9615	0.9708
BSGD	0.1	100	0.9626	0.9726
BSGD	0.5	100	0.9625	0.9719
BSGD	1	100	0.9623	0.9719
BOGD	0.05	100	0.9611	0.9539
BOGD	0.1	100	0.9607	0.9781
BOGD	0.5	100	0.8165	0.8145
BOGD	1	100	0.7697	0.7689
BPA	0.05	100	0.9626	0.9629
BPA	0.1	100	0.9638	0.9627
BPA	0.5	100	0.9474	0.9590
BPA	1	100	0.9289	0.9634

4.5 本章小结

第3章针对线性模型提出了一种基于最优控制的在线学习框架，该框架在快速收敛的同时保证了鲁棒性，为在线学习提供了新的思路。然而，由于线性模型本身具有局限性，主要表现在模型形式过于简单，无法刻画复杂的函数关系，更不能解决线性不可分(XOR)问题。

考虑到这些缺陷，本章建立核模型用于解决此类非线性问题，借助表示定理，核空间上的无穷维函数被转化为其子空间上的有限维函数。首先，对于核回归问题，本章提出OLQR的直接拓展——OKLQR算法，OKLQR算法继承了OLQR算法的优良性质，同样在收敛性和鲁棒性上具有优势。接着，考虑在线学习中，固定带宽作为额外的超参数会对学习效果造成影响，本章提出了自适应带宽的算法——OAKL，该算法无论在理论证明还是实际应用都表现出优良的性质。最后，考虑到非线性的分类问题，本章提出了自适应带宽的鲁棒核分类算法 CAOKC-Ⅰ与 CAOKC-Ⅱ，该算法可以很好地跟踪类别标签的自适应变动，并同时使损失函数成指数减小，最终达到快速稳定的收敛。

由于针对核模型的最优控制问题的 Riccati 方程包含了 Gram 矩阵作为控制输入的惩罚项的权重，而并非第 3 章中的单位阵，因此无法使用极分解技巧。但这并不会对计算效率产生过大的影响，因为考虑到核诅咒的限制，基向量均以在线的形式小心筛选。具体而言，对 OKLQR 选用 ALD 技术，而带宽随着学习变动的 OAKL 与 CAOKC 算法则使用动态 ALD，在控制输入维度的情况下，使用 Matlab 相关工具箱求解 Riccati 方程，依然不会造成明显的计算负担。笔者及其所在团队现有的研究正致力于核模型加速计算等相关改进，但限于篇幅在本书不予详细阐述。

第 5 章　鲁棒深度学习优化器

与传统的线性与非线性学习任务不同，深度学习模型包括了大量未知参数，并且可能面临收敛性、稳定性和梯度消失等问题。本章可以看成第 3 章提出的在线学习框架在深度学习任务中的拓展，针对深度学习模型的相关特性提出基于最优控制的优化器，并且在若干经典深度学习数据集上进行验证。

5.1　基于控制的随机梯度收缩方法

5.1.1　问题提出与学习框架

考虑包含 N 个未知参数的非线性函数，为了与深度学习的场景一致，假设 N 足够大。对给定的小批量(mini-batch)样本 $(x^{(i)},\ y^{(i)})$，$i=1,\ 2,\ \cdots,\ m$，第 k 次更新时的损失函数可以写成

$$J(\theta_k)=\frac{1}{m}\sum_{i=1}^{m}L(f(x^{(i)};\ \theta_k),\ y^{(i)}) \tag{5-1}$$

记 $\theta_k=(\theta_k^1,\ \theta_k^2,\ \cdots,\ \theta_k^N)$ 为 N 维向量。将这些未知参数分为 M 组，对 $j=1,\ 2,\ \cdots,\ M$，有 $\theta_{k,\ j}=(\theta_k^{N_j+1},\ \theta_k^{N_j+2},\ \cdots,\ \theta_k^{N_j+N})$，其中 N_j 为前 $j-1$ 组累积的参数数目，即 $N_1=0$，当 $j\geqslant 2$ 时有 $N_j=\sum\limits_{p=1}^{j-1}n_j$。

为了分割未知参数，在时间 k 处，可将 θ_k 重新写作 $\theta_k=(\theta_{k,\ 1},\ \theta_{k,\ 2},\ \cdots,\ \theta_{k,\ M})$，接着 θ_k 有更新 $\theta_{k+1}=\theta_k+\Delta\theta_k$，其中对第 j 组有 $\theta_{k+1,\ j}=\theta_{k,\ j}+\Delta\theta_{k,\ j}$。此外，令 $\theta_{k+1}^{(j)}$ 为仅对 θ_k 中的第 j 组参数 $\theta_{k,\ j}$ 更新，而其他部分保持不变的 N 维向量，即 $\theta_{k+1}^{(j)}=(\theta_{k,\ 1},\ \cdots,\ \theta_{k,\ j-1},\ \theta_{k+1,\ j},\ \theta_{k,\ j+1},\ \cdots,\ \theta_{k,\ M})$，有 $\Delta\theta_k^{(j)}=(0,\ \cdots,\ 0,\ \Delta\theta_{k,\ j},\ 0,\ \cdots,\ 0)$，因此易知 $\theta_{k+1}^{(j)}=\theta_k+\Delta\theta_k^{(j)}$。

基于泰勒展开式，当仅更新第 j 组参数时，损失函数的变动可以写成

$$J(\theta_{k+1}^{(j)})-J(\theta_k)=J(\theta_k+\Delta\theta_k^{(j)})-J(\theta_k)$$

$$
\begin{aligned}
&= \frac{1}{m}\sum_{i=1}^{m} L(f(x^{(i)};\ \theta_k + \Delta\theta_k^{(j)}),\ y^{(i)}) - \frac{1}{m}\sum_{i=1}^{m} L(f(x^{(i)};\ \theta_k),\ y^{(i)}) \\
&= \frac{1}{m}\sum_{i=1}^{m} L(f(x^{(i)};\ \theta_k),\ y^{(i)}) + \frac{1}{m}\sum_{i=1}^{m} \nabla_\theta L(f(x^{(i)};\ \theta_k),\ y^{(i)}) \cdot \Delta\theta_k^{(j)} \\
&\quad + r(\Delta\theta_k^{(j)}) - \frac{1}{m}\sum_{i=1}^{m} L(f(x^{(i)};\ \theta_k),\ y^{(i)}) \\
&= \frac{1}{m}\sum_{i=1}^{m} \nabla_\theta L(f(x^{(i)};\ \theta_k),\ y^{(i)}) \cdot \Delta\theta_k^{(j)} + r(\Delta\theta_k^{(j)})
\end{aligned}
\tag{5-2}
$$

式中，$r(\Delta\theta_k^{(j)})$ 表示 $J(\theta_k + \Delta\theta_k^{(j)})$ 的泰勒展开式的高阶项。$\nabla_\theta L(f(x^{(i)};\ \theta_k),\ y^{(i)})$ 为包含全部参数的 N 维向量，然而 $\Delta\theta_k^{(j)}$ 中仅有 n_j 个元素不为 0，因此有

$$
J(\theta_{k+1}^{(j)}) = J(\theta_k) + \frac{1}{m}\sum_{i=1}^{m} \nabla_{\theta^{(j)}} L(f(x^{(i)};\ \theta_k),\ y^{(i)}) \cdot \Delta\theta_{k,\,j} + r(\Delta\theta_{k,\,j}) \tag{5-3}
$$

对任意给定的小批量样本，记

$$
\frac{1}{m}\sum_{i=1}^{m} \nabla_{\theta^{(j)}} L(f(x^{(i)};\ \theta_k),\ y^{(i)}) = \left[\frac{\partial J(\theta_k)}{\partial\theta_k^{N_j+1}},\ \frac{\partial J(\theta_k)}{\partial\theta_k^{N_j+2}},\ \cdots\ \frac{\partial J(\theta_k)}{\partial\theta_k^{N_j+n_j}}\right]
$$

为 $B_{k,\,j}$，因此式(5-3)可以简化为

$$
J(\theta_{k+1}^{(j)}) = J(\theta_k) + B_{k,\,j} \cdot \Delta\theta_{k,\,j} + r(\Delta\theta_{k,\,j}) \tag{5-4}
$$

其中，$j = 1,\ 2,\ \cdots,\ M$，则 M 组参数可以并行地更新，即

$$
J(\theta_{k+1}) = J(\theta_k) + \sum_{j=1}^{M} B_{k,\,j} \cdot \Delta\theta_{k,\,j} + \sum_{j=1}^{M} r(\Delta\theta_{k,\,j}) \tag{5-5}
$$

当 $\Delta\theta_{k,\,j}$ 足够小时，式(5-4)和式(5-5)中的 $r(\Delta\theta_{k,\,j})$ 可以被忽略。令 $l = 1,\ 2,\ \cdots,\ n_J$，n_J 个小批量样本构成了一个 n_J 维矩阵方程：

$$
\begin{pmatrix} J(\theta_{k+1}(1)) \\ J(\theta_{k+1}(2)) \\ \vdots \\ J(\theta_{k+1}(n_J)) \end{pmatrix} = \begin{pmatrix} J(\theta_k(1)) \\ J(\theta_k(2)) \\ \vdots \\ J(\theta_k(n_J)) \end{pmatrix} + \begin{pmatrix} B_{k,\,1}(1) & B_{k,\,2}(1) & \cdots & B_{k,\,M}(1) \\ B_{k,\,1}(2) & B_{k,\,2}(2) & \cdots & B_{k,\,M}(2) \\ \vdots & \vdots & & \vdots \\ B_{k,\,1}(n_J) & B_{k,\,2}(n_J) & \cdots & B_{k,\,M}(n_J) \end{pmatrix} \cdot \begin{pmatrix} \Delta\theta_{k,\,1} \\ \Delta\theta_{k,\,2} \\ \vdots \\ \Delta\theta_{k,\,M} \end{pmatrix} \tag{5-6}
$$

简记为

$$
J(k+1) = J(k) + B(k)\Delta\theta(k) \tag{5-7}
$$

显然，$J(k)$ 可以从上一步观测到，梯度 $B(k)$ 可以由各类深度学习框架中的自动微分技术求得。式(5-7)可以看成一个状态反馈控制系统，其中 $B(k)$ 为参数向量，$\Delta\theta(k)$ 为控制输入。该系统的更新法则需要小心设计，以使得损失函数 $J(k)$ 在每一步学习后都变得更小。

在本章中，M 组参数均独立更新，因此式(5-6)和式(5-7)所示的控制系统被分割成 M 个子系统。根据式(5-4)，第 j 个子系统为

$$\begin{pmatrix} J(\theta_{k+1}^{(j)}(1)) \\ J(\theta_{k+1}^{(j)}(2)) \\ \vdots \\ J(\theta_{k+1}^{(j)}(n_J)) \end{pmatrix} = \begin{pmatrix} J(\theta_k(1)) \\ J(\theta_k(2)) \\ \vdots \\ J(\theta_k(n_J)) \end{pmatrix} + \begin{pmatrix} \frac{\partial J(\theta_k(1))}{\partial \theta_k^{N_j+1}} & \frac{\partial J(\theta_k(1))}{\partial \theta_k^{N_j+2}} & \cdots & \frac{\partial J(\theta_k(1))}{\partial \theta_k^{N_j+n_j}} \\ \frac{\partial J(\theta_k(2))}{\partial \theta_k^{N_j+1}} & \frac{\partial J(\theta_k(2))}{\partial \theta_k^{N_j+2}} & \cdots & \frac{\partial J(\theta_k(2))}{\partial \theta_k^{N_j+n_j}} \\ \vdots & \vdots & & \vdots \\ \frac{\partial J(\theta_k(n_J))}{\partial \theta_k^{N_j+1}} & \frac{\partial J(\theta_k(n_J))}{\partial \theta_k^{N_j+2}} & \cdots & \frac{\partial J(\theta_k(n_J))}{\partial \theta_k^{N_j+n_j}} \end{pmatrix} \cdot \begin{pmatrix} \Delta \theta_k^{N_j+1} \\ \Delta \theta_k^{N_j+2} \\ \vdots \\ \Delta \theta_k^{N_j+n_j} \end{pmatrix} \tag{5-8}$$

式(5-8)可记为

$$J^{(j)}(k+1) = J(k) + B^{(j)}(k)\Delta \theta^{(j)}(k) \tag{5-9}$$

与式(5-7)相同，式(5-9)也可以看成一个控制输入为 $\Delta \theta^{(j)}(k)$ 的反馈控制系统，$B^{(j)}(k)$ 对应于式(5-7)中已经获取的 $B(k)$。假设计算得到控制律 $F^{(j)}(k)$，则反馈控制系统可以写成 $\Delta \theta^{(j)}(k) = F^{(j)}(k)J(k)$。若 $(I + B^{(j)}(k)F^{(j)}(k))$ 为压缩矩阵，则闭环系统 $J^{(j)}(k+1) = (I + B^{(j)}(k)F^{(j)}(k))J(k)$ 可以达到稳定。也就是说，当第 j 组参数发生更新后，训练集上由 $\theta^{(j)}(k+1)$ 得到的损失将相对于由 $\theta(k)$ 得到的损失更小。这一规律对任意的 j 和 k 均成立，因此无论从机器学习还是代数学角度看，对第 j 组参数 $\theta_{k,j}$ 的更新都是正确、有效的。

由控制律 $F^{(j)}(k)$，$j = 1, 2, \cdots, M$，即可获得所有的控制输入 $\Delta \theta^{(j)}(k)$。接着根据式(5-5)，$\theta(k) = (\theta^{(1)}(k), \theta^{(2)}(k), \cdots, \theta^{(M)}(k))$ 将被更新为 $\theta(k+1) = (\theta^{(1)}(k+1), \theta^{(2)}(k+1), \cdots, \theta^{(M)}(k+1))$。随着 k 的增大，可建立一系列的控制系统，在每一个时间点处都有 M 个独立更新的子系统。为了使这些子系统分别达到稳定状态，控制输入 $\Delta\theta^{(j)}(k)$，$\Delta\theta^{(j)}(k+1)$，$\cdots$ 将被序列化地获取，此时参数的学习过程可以写成 $\theta^{(j)}(k+Q) = \theta^{(j)}(k) + \sum_{q=0}^{Q-1} \Delta\theta^{(j)}(k+q)$，$j = 1, 2, \cdots, M$。

由于训练过程被转化一个反馈控制系统，并且这一完整的系统被分割为 M 个子系统，此时需要保证 $F^{(j)}(k)$ 会使得系统(5-9)达到稳定。更重要的是，完整的系统(5-9)也需要满足稳定性的要求，这样才能保证算法的有效性。关于算法合理性与收敛性质的分析将在 5.2 节给出。

5.1.2 损失动力学系统与学习策略

对式(5-9)中的任意 j，令 $L(k+1) = J^{(j)}(k+1)$，$L(k) = J(k)$，$B(k) = B^{(j)}(k)$，

$U(k)=\Delta\theta^{(j)}(k)$，则所有的状态反馈控制子系统可以写成

$$L(k+1)=L(k)+B(k)U(k) \tag{5-10}$$

式中，$L(k+1)$ 和 $L(k)$ 为状态变量，$B(k)$ 与 $U(k)$ 分别为系数向量和控制输入。由于在线学习过程已经被转化为一个最优控制问题，学习目标转化为求解式(5-10)的最优控制输入。同样借助无限时域的 LQR 方法，在第 k 步更新处建立虚拟时不变系统：

$$L_k(t+1)=L_k(t)+B_k U_k(t), \quad t=1, 2, \cdots \tag{5-11}$$

其中，系数向量为 $B_k=B(k)$，并且有损失函数的初始值 $L_k(1)=L(k)$，$U_k(t)$ 为控制输入项。假设 B_k 行满秩，式(5-11)显然是可控可观的系统，因此 $\Delta\theta^{(j)}(k)=U(k)=U_k(1)=F_kL(k)$ 可以通过求解以下无限时域的最优控制问题获得

$$\begin{aligned} V(L(k)) &= \min_{U_k(1),\cdots} \sum_{t=1}^{\infty} L_k(t)^{\mathrm{T}} L_k(t)+\gamma U_k(t)^{\mathrm{T}} U_k(t) \\ \text{s.t.}\quad & L_k(t+1)=L_k(t)+B_k U_k(t), \quad t=1, 2, \cdots \end{aligned} \tag{5-12}$$

$V(L(k))$ 的第一项度量了在 B_k 上当前参数对应的偏差，第二项则表示控制输入 $U_k(t)$ 的强度，γ 是权衡这两个部分的调节参数。在第 k 步更新时同时构建和求解式(5-12)表示的 M 个子系统，由于这些子系统共享同一个 $L_k(t)$，这些独立获取的控制输入可以重新进行拼接，形成一个完整的模型。在紧接着的第 $k+1$ 步更新时，根据新获取的小批量样本，此时式(5-10)中的 $L(k)$ 变成 $L(k+1)$，$B(k)$ 更新为 $B(k+1)$，式(5-12)的最优化问题需要被再次求解以获取 $\Delta\theta^{(j)}(k+1)$。随着训练的推进，系统将不断获得小批量样本，“分割—更新—重组”过程需要不断重复，该算法的更新法则由定理 8 给出。

定理 8　对给定的 k，式(5-12)的最优解 P_k 可以由求解以下矩阵方程得到：

$$P_k B_k (\gamma I+B_k^{\mathrm{T}} P_k B_k)^{-1} B_k^{\mathrm{T}} P_k=I \tag{5-13}$$

最优控制输入为

$$U(k)=F_kL(k), \ F_k=-(\gamma I+B_k^{\mathrm{T}} P_k B_k)^{-1} B_k^{\mathrm{T}} P_k \tag{5-14}$$

证明　与定理 1 的证明类似，此处省略。

很多方法都可以求解 $U(k)$，例如使用一些标准方法求解式(5-13)的离散时间代数 Riccati 方程，或是使用 LMI 方法直接求解式(5-12)。然而，受限于深度学习模型大量的未知参数带来的庞大的计算量，这些数值解的求解方法显然并不适用。

本章沿用第 3 章基于极分解的方法求解式(5-13)和式(5-14)，这将在大大简化计算的同时保证控制算法的优良性质。显然，对 $\forall k$，有

$$B_k^{\mathrm{T}}(\gamma I+P_k B_k B_k^{\mathrm{T}})=(\gamma I+B_k^{\mathrm{T}} P_k B_k) B_k^{\mathrm{T}} \tag{5-15}$$

因此

$$(\gamma I+B_k^{\mathrm{T}} P_k B_k)^{-1} B_k^{\mathrm{T}}=B_k^{\mathrm{T}} (\gamma I+P_k B_k B_k^{\mathrm{T}})^{-1} \tag{5-16}$$

矩阵方程(5-13)可以写成

$$\begin{aligned} I &= P_k B_k (\gamma I + B_k^{\mathrm{T}} P_k B_k)^{-1} B_k^{\mathrm{T}} P_k \\ &= P_k B_k B_k^{\mathrm{T}} (\gamma I + P_k B_k B_k^{\mathrm{T}})^{-1} P_k \\ &= (\gamma I + P_k B_k B_k^{\mathrm{T}} - \gamma I)(\gamma I + P_k B_k B_k^{\mathrm{T}})^{-1} P_k \\ &= P_k - (I + \gamma^{-1} P_k B_k B_k^{\mathrm{T}})^{-1} P_k \end{aligned} \tag{5-17}$$

因此

$$\gamma I + P_k B_k B_k^{\mathrm{T}} = (\gamma I + P_k B_k B_k^{\mathrm{T}}) P_k - \gamma P_k = P_k B_k B_k^{\mathrm{T}} P_k \tag{5-18}$$

令 $G_k = B_k B_k^{\mathrm{T}}$，式(5-18)可以写成

$$P_k G_k P_k - P_k G_k - \gamma I = 0 \tag{5-19}$$

其中，P_k 和 G_k 为 $n_J \times n_J$ 的对称矩阵。由式(5-19)有

$$G_k P_k = P_k G_k P_k - \gamma I = P_k G_k \tag{5-20}$$

由于 P_k 和 G_k 是可交换的矩阵(Golub et al.，2012)，则存在酉矩阵 $U_k \in \mathbf{R}^{n_J \times n_J}$，($U_k U_k^{\mathrm{T}} = I$)，则有

$$U_k^{\mathrm{T}} G_k U_k = G_k^*,\ U_k^{\mathrm{T}} P_k U_k = P_k^* \tag{5-21}$$

则 $G_k^* = \mathrm{diag}(g_{k,1}, \cdots, g_{k,n_J})$，$P_k^* = \mathrm{diag}(p_{k,1}, \cdots, p_{k,n_J})$，这里 $g_{k,i}$ 和 $p_{k,i}$ 分别为 P_k 和 G_k 的特征值，将式(5-21)代入式(5-19)中，则有

$$P_k^* G_k^* P_k^* - P_k^* G_k^* - \gamma I = 0 \tag{5-22}$$

这等价于对 $1 \leqslant i \leqslant n_J$：

$$g_{k,i} p_{k,i}^2 - g_{k,i} p_{k,i} - \gamma = 0 \tag{5-23}$$

由于 $g_{k,i}$ 为正数，可以得到

$$p_{k,i} = \frac{1}{2}\left(1 + \sqrt{1 + 4\gamma g_{k,i}^{-1}}\right) \tag{5-24}$$

注意到 $G_k = B_k B_k^{\mathrm{T}}$ 是 $n_J \times n_J$ 的对称矩阵，它的极分解可以由 QR 算法得到。用上述方法求出 P_k 的显示解后，可得

$$\begin{aligned} F_k &= -(\gamma I + B_k^{\mathrm{T}} P_k B_k)^{-1} B_k^{\mathrm{T}} P_k \\ &= -B_k^{\mathrm{T}} (\gamma I + P_k B_k B_k^{\mathrm{T}})^{-1} P_k \\ &= -B_k^{\mathrm{T}} (\gamma I + P_k G_k)^{-1} P_k \end{aligned} \tag{5-25}$$

根据式(5-20)，有 $(\gamma I + P_k G_k)^{-1} P_k = G_k^{-1} P_k^{-1}$。因此

$$\begin{aligned} F_k L(k) &= -B_k^{\mathrm{T}} G_k^{-1} P_k^{-1} L(k) \\ &= -B_k^{\mathrm{T}} U_k \,\mathrm{diag}(p_{k,1}^{-1} g_{k,1}^{-1}, \cdots, p_{k,n_J}^{-1} g_{k,n_J}^{-1})\, U_k^{\mathrm{T}} L(k) \end{aligned} \tag{5-26}$$

通过这种技巧，算法更新的计算复杂度相对于 LMI 或是其他的数值求解大大减小。特别是 $n_J = 1$ 时，$G_k = B_k B_k^{\mathrm{T}}$ 是一个标量，则 P_k 退化为

$$P_k = \frac{1}{2}\left(1 + \sqrt{1 + \frac{4\gamma}{B_k B_k^{\mathrm{T}}}}\right) \tag{5-27}$$

则更新值 $\Delta\theta^{(j)}(k)$ 可以写作

$$\begin{aligned}\Delta\theta^{(j)}(k) &= U(k) = F_k L(k) \\ &= -B_k^{\mathrm{T}} G_k^{-1} P_k^{-1} L(k) \frac{2L(k)}{B_k B_k^{\mathrm{T}} + \sqrt{(B_k B_k^{\mathrm{T}})^2 + 4\gamma B_k B_k^{\mathrm{T}}}} B_k^{\mathrm{T}}\end{aligned} \tag{5-28}$$

除此之外，考虑在训练后期可能存在某一组参数的梯度都为 0 的情况，即 B_k 为零向量，为了保证分母不为 0，可引入一个非常小的调节项 ϵ（一般设定 $\epsilon = 1e-8$），则有

$$\Delta\theta^{(j)}(k) = -\frac{2L(k)}{B_k B_k^{\mathrm{T}} + \sqrt{(B_k B_k^{\mathrm{T}})^2 + 4\gamma B_k B_k^{\mathrm{T}}} + \epsilon} B_k^{\mathrm{T}} \tag{5-29}$$

由于该算法需要用到各参数的梯度信息，学习框架参照了 SGD 算法，但损失函数是以指数收缩的形式减小，而并不是线性的递降，因此命名为 CSGC（Control based Stochastic Gradient Contraction）优化器。

5.2　CSGC 方法相关理论分析

5.2.1　合理性

尽管定理 8 给出了各子系统达到稳定所需的条件，但仍需要说明子系统的稳定与整个系统稳定性的关系，因此有：

定理 9　对 $\forall k, j$，若通过式(5-14)给出的控制输入，闭环子系统(5-13)可以达到稳定，则这个完整的反馈控制系统也可以达到稳定。

证明　将第 k 步时，第 j 组参数的更新重新写作 $\Delta\theta^{(j)}(k) = U^{(j)}(k) = F^{(j)}(k)J(k)$，其中，$F^{(j)}(k) = -(\gamma I + B_k^{(j)\mathrm{T}} P_k^{(j)} B_k^{(j)})^{\mathrm{T}} B_k^{(j)\mathrm{T}} P_k^{(j)}$，对式(5-13)，第 j 组参数的更新导致的损失函数变动为

$$\begin{aligned}J^{(j)}(k+1) &= J(k) + B^{(j)}(k)\, U^{(j)}(k) = J(k) + B_k^{(j)}\, U^{(j)}(k) \\ &= [I - B_k^{(j)} (\gamma I + B_k^{(j)\mathrm{T}} P_k^{(j)} B_k^{(j)})^{-1} B_k^{(j)\mathrm{T}} P_k^{(j)}] J(k) \\ &= [I - B_k^{(j)} B_k^{(j)\mathrm{T}} (P_k^{(j)} B_k^{(j)} B_k^{(j)\mathrm{T}} P_k^{(j)})^{-1} P_k^{(j)}] J(k) \\ &= [I - G_k^{(j)} P_k^{(j)-1} G_k^{(j)-1} P_k^{(j)-1} P_k^{(j)}] J(k) \\ &= [I - G_k^{(j)} P_k^{(j)-1} G_k^{(j)-1}] J(k) \\ &= [G_k^{(j)} (I - P_k^{(j)-1}) G_k^{(j)-1}] J(k)\end{aligned} \tag{5-30}$$

由式(5-24)可知 $P_k^{(j)}$ 的所有特征值均大于1，即 $I < P_k^{(j)}$，$0 < P_k^{(j)-1} < I$。显然有 $0 < I - P_k^{(j)-1} < I$，则对 $\forall k, j$，闭环子系统是稳定的，基于这些分析，整个系统可以写成

$$
\begin{aligned}
J(k+1) &= J(k) + \sum_{j=1}^{M} B^{(j)}(k)\, U^{(j)}(k) \\
&= J(k) + B^{(1)}(k)\, U^{(1)}(k) + B^{(2)}(k)\, U^{(2)}(k) + \cdots + B^{(M)}(k)\, U^{(M)}(k) \\
&= J(k) + B_k^{(1)}\, U^{(1)}(k) + B_k^{(2)}\, U^{(2)}(k) + \cdots + B_k^{(M)}\, U^{(M)}(k) \\
&= J(k) - B_k^{(1)}\,(\gamma I + B_k^{(1)\mathrm{T}} P_k^{(1)} B_k^{(1)})^{-1} B_k^{(1)\mathrm{T}} P_k^{(1)} J(k) \\
&\quad - B_k^{(2)}\,(\gamma I + B_k^{(2)\mathrm{T}} P_k^{(2)} B_k^{(2)})^{-1} B_k^{(2)\mathrm{T}} P_k^{(2)} J(k) \\
&\quad - \cdots - B_k^{(M)}\,(\gamma I + B_k^{(M)\mathrm{T}} P_k^{(M)} B_k^{(M)})^{-1} B_k^{(M)\mathrm{T}} P_k^{(M)} J(k) \\
&= [I - G_k^{(1)} P_k^{(1)-1} G_k^{(1)-1} - G_k^{(2)} P_k^{(2)-1} G_k^{(2)-1} - \cdots - G_k^{(M)} P_k^{(M)-1} G_k^{(M)-1}] J(k)
\end{aligned}
\tag{5-31}
$$

假设有 $(1 - \rho_k^{(j)}) I < I - P_k^{(j)-1} < I$，其中 $\rho_k^{(j)} = \max\left(\dfrac{1}{\rho_{k,1}^{(j)}}, \dfrac{1}{\rho_{k,2}^{(j)}}, \cdots, \dfrac{1}{\rho_{k,n_j}^{(j)}}\right)$，$\rho_{k,1}^{(j)}, \rho_{k,2}^{(j)}, \cdots, \rho_{k,2}^{(j)}$ 由式(5-24)得到，则有

$$
\begin{aligned}
J(k+1) &= [G_k^{(1)}(I - P_k^{(1)-1}) G_k^{(1)-1} - G_k^{(2)} P_k^{(2)-1} G_k^{(2)-1} - \cdots - G_k^{(M)} P_k^{(M)-1} G_k^{(M)-1}] J(k) \\
&> [I - \rho_k^{(1)} I - G_k^{(2)} P_k^{(2)-1} G_k^{(2)-1} - \cdots - G_k^{(M)} P_k^{(M)-1} G_k^{(M)-1}] J(k) \\
&> [I - \rho_k^{(1)} I - \rho_k^{(2)} I - \cdots - G_k^{(M)} P_k^{(M)-1} G_k^{(M)-1}] J(k) \\
&> [I - \rho_k^{(1)} I - \rho_k^{(2)} I - \cdots - \rho_k^{(M)} I] J(k) \\
&= (1 - \rho_k^{(1)} - \rho_k^{(2)} - \cdots - \rho_k^{(M)}) J(k)
\end{aligned}
\tag{5-32}
$$

当 γ 的取值恰当时(一般 γ 取足够大的值)，有 $1 - \rho_k^{(1)} - \rho_k^{(2)} - \cdots - \rho_k^{(M)} > 0$，因此 $J(k+1) > 0 \cdot J(k)$。另一方面

$$
\begin{aligned}
J(k+1) &= [G_k^{(1)}(I - P_k^{(1)-1}) G_k^{(1)-1} - G_k^{(2)} P_k^{(2)-1} G_k^{(2)-1} - \cdots - G_k^{(M)} P_k^{(M)-1} G_k^{(M)-1}] J(k) \\
&< [I - G_k^{(2)} P_k^{(2)-1} G_k^{(2)-1} - \cdots - G_k^{(M)} P_k^{(M)-1} G_k^{(M)-1}] J(k) \\
&< [I - G_k^{(3)} P_k^{(3)-1} G_k^{(3)-1} - \cdots - G_k^{(M)} P_k^{(M)-1} G_k^{(M)-1}] J(k) \\
&< [I - G_k^{(M)} P_k^{(M)-1} G_k^{(M)-1}] J(k) \\
&< [G_k^{(M)}(I - P_k^{(M)-1}) G_k^{(M)-1}] J(k) \\
&< I \cdot J(k)
\end{aligned}
\tag{5-33}
$$

因此，对 $\forall k$，整个闭环系统可以达到稳定。特别的当 $n_J = 1$ 时，$J(k)$、$G_k^{(j)}$ 和 $P_k^{(j)}$ 均为标量，则式(5-31)亦可写成

$$
\begin{aligned}
J(k+1) &= [1 - P_k^{(1)-1} - P_k^{(2)-1} - \cdots - P_k^{(M)-1}] J(k) \\
&= \left[1 - \frac{2}{1 + \sqrt{1 + \dfrac{4\gamma}{B_k^{(1)} B_k^{(1)\mathrm{T}}}}} - \cdots - \frac{2}{1 + \sqrt{1 + \dfrac{4\gamma}{B_k^{(M)} B_k^{(M)\mathrm{T}}}}}\right] J(k)
\end{aligned}
$$

$$= \tau(k)J(k) \tag{5-34}$$

对每一个元素 $P_k^{(j)-1} = \dfrac{2}{1+\sqrt{1+\dfrac{4\gamma}{B_k^{(j)}\ B_k^{(j)\mathrm{T}}}}}$, $j=1,2,\cdots,M$, 由于 $\gamma>0$, 当 $B_k^{(j)}\neq 0$（如若不然，则可由ϵ调整），显然 $B_k^{(j)}\ B_k^{(j)\mathrm{T}}>0$, 则 $P_k^{(j)-1}$ 的分母必大于2，因此当 γ 足够大时有 $0<\tau(k)<1$。得证。

5.2.2　收敛性分析

根据 Zinkevich(2003)中提到的在线学习框架，考虑每次更新的信息仅来源于一个小批量样本，即 $n_J=1$ 的情况分析 CSGD 方法的收敛性。假设有凸的损失函数序列 $L_1(\theta)$, $L_2(\theta)$, $\cdots$, $L_T(\theta)$, 在时间点 t 处，需要根据当前的小批量样本以及在这些样本上对应的损失函数 L_t 求解更新后的参数 θ_t。令 θ^* 为所有训练过程中统计学意义上的最优参数。由于在全体样本上的损失函数无法获取，可采用后悔值(regret)度量 CSGC 算法，即

$$R(T)=\sum_{t=1}^{T}\left[L_t(\theta_t)-L_t(\theta^*)\right] \tag{5-35}$$

为简化符号，定义 $g_t=\nabla L_t(\theta_t)$ 为所有参数的梯度，$g_{t,j}$ $(j=1,2,\cdots,M)$ 为第j组参数对应的梯度。根据式(5-29)给出的更新法则，有

$$\theta_{t+1,j}=\theta_{t,j}-\frac{2L_t(\theta_t)}{\|g_{t,j}\|_2^2+\sqrt{\|g_{t,j}\|_2^4+4\gamma\ \|g_{t,j}\|_2^2}}g_{t,j} \tag{5-36}$$

定理 10　令 $\tau_{t,j}=\dfrac{2L_t(\theta_t)}{\|g_{t,j}\|_2^2+\sqrt{\|g_{t,j}\|_2^4+4\gamma\ \|g_{t,j}\|_2^2}}$，$\tau_{t,j}$ 为标量，式(5-36)可以写成 $\theta_{t+1,j}=\theta_{t,j}-\tau_{t,j}g_{t,j}$，假设损失函数 L_t 的梯度是有界的 $\|g_{t,j}\|_2\leqslant G$。并且假设由该方法获取的同一个子系统 j 的 $\theta_{t,j}$ 距离也是有界的，即对 $\forall\ t_1, t_2\in\{1,2,\cdots,T\}$, $\|\theta_{t_1,j}-\theta_{t_2,j}\|_2\leqslant D$，令 $\tau_{t,j}=\dfrac{\tau}{\sqrt{T}}$，对所有的 $T\geqslant 1$，均有

$$\frac{R(T)}{T}=O\cdot\left(\frac{1}{\sqrt{T}}\right) \tag{5-37}$$

则有 $\lim\limits_{T\to\infty}\dfrac{R(T)}{T}=0$。

证明　假设 L_t 为凸的损失函数，则对 $\forall\theta$：

$$L_t(\theta_t)-L_t(\theta)\leqslant(\theta_t-\theta)\ g_t=\sum_{j=1}^{M}(\theta_{t,j}-\theta_{,j})\ g_{t,j} \tag{5-38}$$

令 θ^* 为统计上最优的参数向量，有

$$L_t(\theta_t) - L_t(\theta^*) \leqslant (\theta_t - \theta^*) g_t = \sum_{j=1}^{M} (\theta_{t,j} - \theta^*_{,j}) g_{t,j} \tag{5-39}$$

由更新法则 $\theta_{t+1,j} = \theta_{t,j} - \tau_{t,j} g_{t,j}$，在时间点 t 处得到有界的后悔值

$$(\theta_{t+1,j} - \theta^*_{,j}) = (\theta_{t,j} - \theta^*_{,j}) - \tau_{t,j} g_{t,j}$$

$$(\theta_{t+1,j} - \theta^*_{,j})^2 = (\theta_{t,j} - \theta^*_{,j})^2 + (\tau_{t,j} g_{t,j})^2 - 2(\theta_{t,j} - \theta^*_{,j}) \tau_{t,j} g_{t,j} \tag{5-40}$$

等价于

$$2(\theta_{t,j} - \theta^*_{,j}) \tau_{t,j} g_{t,j} = (\theta_{t,j} - \theta^*_{,j})^2 - (\theta_{t+1,j} - \theta^*_{,j})^2 + \tau^2_{t,j} \|g_{t,j}\|_2^2$$

$$(\theta_{t,j} - \theta^*_{,j}) g_{t,j} = \frac{1}{2\tau_{t,j}}[(\theta_{t,j} - \theta^*_{,j})^2 - (\theta_{t+1,j} - \theta^*_{,j})^2] + \frac{\tau_{t,j}}{2} \|g_{t,j}\|_2^2 \tag{5-41}$$

求 $j = 1, 2, \cdots, M$ 时，式(5-41)在所有时间点的和，有后悔值：

$$\begin{aligned}
R_G(T) &\leqslant \sum_{t=1}^{T} \sum_{j=1}^{M} (\theta_{t,j} - \theta^*_{,j}) g_{t,j} \\
&= \sum_{t=1}^{T} \sum_{j=1}^{M} \frac{1}{2\tau_{t,j}}[(\theta_{t,j} - \theta^*_{,j})^2 - (\theta_{t+1,j} - \theta^*_{,j})^2] + \sum_{t=1}^{T} \sum_{j=1}^{M} \frac{\tau_{t,j}}{2} \|g_{t,j}\|_2^2 \\
&\leqslant \sum_{j=1}^{M} \frac{1}{2\tau_{1,j}}[(\theta_{1,j} - \theta^*_{,j})^2 - (\theta_{2,j} - \theta^*_{,j})^2] \\
&\quad + \sum_{j=1}^{M} \frac{1}{2\tau_{2,j}}[(\theta_{2,j} - \theta^*_{,j})^2 - (\theta_{3,j} - \theta^*_{,j})^2] + \cdots \\
&\quad + \sum_{j=1}^{M} \frac{1}{2\tau_{T,j}}[(\theta_{T,j} - \theta^*_{,j})^2 - (\theta_{T+1,j} - \theta^*_{,j})^2] + \frac{G^2}{2} \sum_{t=1}^{T} \sum_{j=1}^{M} \tau_{t,j} \\
&= \sum_{j=1}^{M} \frac{1}{2\tau_{1,j}} (\theta_{1,j} - \theta^*_{,j})^2 - \sum_{j=1}^{M} \frac{1}{2\tau_{T+1,j}} (\theta_{T+1,j} - \theta^*_{,j})^2 \\
&\quad + \sum_{t=1}^{T} \sum_{j=1}^{M} \left(\frac{1}{2\tau_{t,j}} - \frac{1}{2\tau_{t-1,j}}\right) (\theta_{t,j} - \theta^*_{,j})^2 + \frac{G^2}{2} \sum_{t=1}^{T} \sum_{j=1}^{M} \tau_{t,j} \\
&\leqslant D^2 \sum_{j=1}^{M} \left(\frac{1}{2\tau_{1,j}} + \frac{1}{2} \sum_{t=1}^{T} \left(\frac{1}{\tau_{t,j}} - \frac{1}{\tau_{t-1,j}}\right)\right) + \frac{G^2}{2} \sum_{t=1}^{T} \sum_{j=1}^{M} \tau_{t,j} \\
&= \frac{D^2}{2} \sum_{j=1}^{M} \frac{1}{2\tau_{T,j}} + \frac{G^2}{2} \sum_{t=1}^{T} \sum_{j=1}^{M} \tau_{t,j}
\end{aligned} \tag{5-42}$$

定义 $\tau_{t,j} = \frac{\tau}{\sqrt{T}}$，则

$$\sum_{j=1}^{M} \frac{1}{\tau_{T,j}} = M\sqrt{T} \tag{5-43}$$

并且

$$\sum_{t=1}^{T}\sum_{j=1}^{M}\tau_{t,j}=M\sum_{t=1}^{T}\frac{1}{\sqrt{T}}\leqslant 2M\sqrt{T}-M \tag{5-44}$$

综上，得到如下的后悔界：

$$R_G(T)\leqslant\left(\frac{D^2}{2}+G^2\right)M\sqrt{T}-\frac{G^2M}{2} \tag{5-45}$$

得证。

5.3 CSGC训练的深度学习模型

本节将给出CSGC算法在训练一些特定的深度学习模型时的具体步骤，包括全连接神经网络、CNN和RNN，并给出算法的带有动量的版本。

5.3.1 训练全连接网络

考虑N层全连接神经网络，其中有$N-1$层为隐藏层。令$d_l\in\mathbf{N}$为第l层网络包含的神经元个数，并且有d_0和d_N分别为输入层与输出层包含的神经元个数，也即输入变量和输出变量的维度。由于偏置项可以通过在权重向量上加上一维全为1的向量进行扩展，对$l=1, 2, \cdots, N$，记$w_l\in\mathbf{R}^{d_l\times d_{l-1}}$为从第$l-1$层到第$l$层的权重向量，$W=\{w_l\}_{l=1}^{N}$为权重向量的集合，$m$为小批量样本所包含的样本个数，$X=(x_1, x_2, \cdots, x_m)\in\mathbf{R}^{d_0\times m}$，$Y=(y_1, y_2, \cdots, y_m)\in\mathbf{R}^{d_N\times m}$，深度神经网络的损失函数可以写成

$$L(W)=\frac{1}{m}\sum_{i=1}^{m}l(f(x_i;\ W),\ y_i) \tag{5-46}$$

式中，l为损失函数；$f(x_i;\ W)=\sigma_N(w_N\sigma_{N-1}(w_{N-1}\cdots w_2\sigma_1(w_1x_i)))$为全连接的神经网络；$\sigma_i$为第$i$层的激活函数。

显然$f(x_i;\ W)$为包含大量未知参数的非线性函数，因此式(5-46)可以转化为5.1节的更新框架。为了保证算法的有效性，神经网络中的参数分割过程需要小心设定。在本章中，对于仅包含全连接层的全连接神经网络将按行分割w_l，即连接到各个神经元的下一个参数将分别构成子系统。

将第k步更新的全部参数集合记为W_k，在保持W_k中的其他参数大小不变时，w_l的第j行参数的更新可以写成

$$L(W_{l,k+1}^{(j)})=L(W_k)+\frac{1}{m}\sum_{i=1}^{m}\nabla_{w_l^{(j)}}l(f(x_i;\ W),\ y_i)\Delta w_l^{(j)}+r(\Delta w_l^{(j)}) \tag{5-47}$$

式中，$W_{l,k+1}^{(j)}$为更新后参数的集合；$\frac{1}{m}\sum_{i=1}^{m}\nabla_{w_l^{(j)}}l(f(x_i;\ W),\ y_i)$为$w_l$第$j$行参数对应的梯

度, $\Delta w_l^{(j)}$ 是对应的更新向量。在 DNN 结构中, 记 $\frac{1}{m}\sum_{i=1}^{m}\nabla_{w_l^{(j)}}l(f(x_i; W), y_i)$ 为 $B_k^{(l,j)}$, 未知参数可以被分割为 $\sum_{l=1}^{N}d_l$ 组, 同时按照式(5-47)进行更新, 它们的重新组合可以写成

$$L(W_{k+1}) = L(W_k) + \sum_{l=1}^{N}\sum_{j=1}^{d_l}B_k^{(l,j)}\Delta w_l^{(j)} + \sum_{l=1}^{N}\sum_{j=1}^{d_l}r(\Delta w_l^{(j)}) \tag{5-48}$$

从控制的角度, 有完整的反馈控制系统:

$$L(k+1) = L(k) + B(k)\Delta W(k) \tag{5-49}$$

以及第 l 层的第 j 个子系统:

$$L^{(l,j)}(k+1) = L^{(l,j)}(k) + B^{(l,j)}(k)\Delta W^{(l,j)}(k) \tag{5-50}$$

显然式(5-50)可以由 5.1 节所提出的策略进行构建与更新。正如线性学习框架中对控制系统维度的讨论, $L(k)$ 的维数将会影响学习效果, 当维数较大时, 控制系统的鲁棒性增强, 但计算式(5-21)中的特征值与特性向量也将带来额外的计算负担, 并且每次更新都需要重复 $\sum_{l=1}^{N}d_l$ 次式(5-21)的求解, 对深度学习而言这无疑是致命的。相反, 如果对 $L(k)$ 的维数设定较小, 则仍然在保证学习精度的同时减少计算时间。因此可将 $L(k)$ 设定为一个标量, 并且每一个子系统都可以根据式(5-34)进行更新。

5.3.2 训练卷积神经网络与循环神经网络

除去传统的全连接神经网络外, 只要参数被合理地划分, CSGC 优化器也可以被应用于其他深度学习模型。

卷积神经网络(CNN)是一类多用于图像处理与计算机视觉任务的深度神经网络结构, 常见的 CNN 包括 LeNet(LeCun et la., 1989)、AlexNet(Krizhevsky et al., 2017)、VGGNet(Simonyan et al., 2014)和 ResNet(He et al., 2016)等。尽管面对不同学习任务的 CNN 模型多如牛毛, 但其核心结构仅包含三种: 卷积层、池化层和全连接层。由于池化层不涉及参数更新, 而全连接层的参数更新已经在前文给出, 因此这里把重点放在卷积层的参数更新上。

为了便于解释 CSGC 方法在 CNN 模型的学习上的作用方式, 图 5-1 给出了卷积层的示意图。对于 32×32 的三通道 RGB 图像, 使用包含 10 个 3×3 滤波器后, 原始的图像被映射成 30×30 的 10 通道图像。因此这个卷积层可以被看成使用 10 个卷积核分别抽取出了 10 种不同风格的特征图。基于此, 将这个卷积层的参数划分为 10 组, 并且每一组包含了 $28(3 \times 3 \times 3 + 1)$ 个未知参数。随后, 依然利用 5.1 节给

出的学习过程，与全连接层的训练方法类似，划分后每组的参数都通过 1 维 CSGC 方法进行更新。

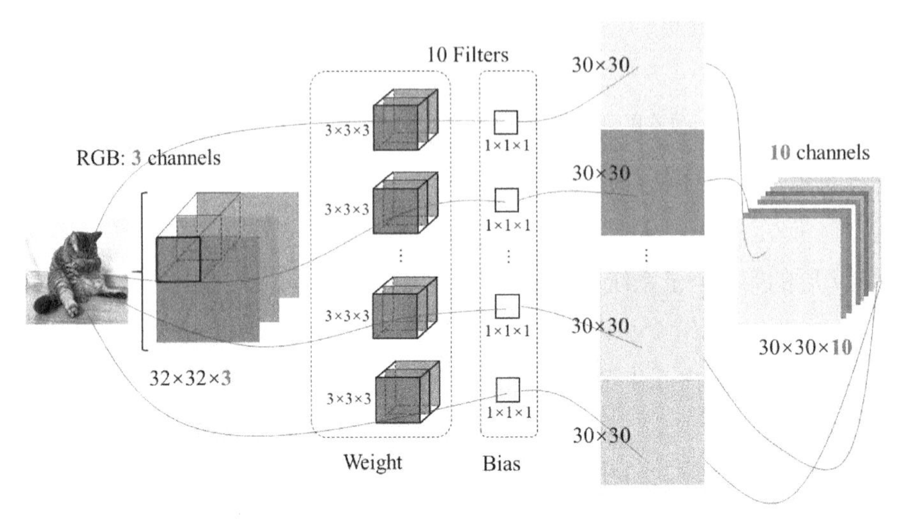

图 5-1　CNN 中卷积层示意图

另一种常见的深度神经网络为循环神经网络(RNN)，这种网络结构可以完成学习到的参数信息序列化由前一步进行传递。最著名的 RNN 模型为长短期记忆模型(LSTM)，经典的 LSTM 中某个单元的示意图见图 5-2，以便于解释 CSGC 的作用方式。在 LSTM 中，需要估计的参数将由带有不同下标的粗体的"W"表示，h_t 到 y_t 的映射本质上是一个参数为 W_{hy} 的全连接层，因此可以沿用全连接网络的方式更新。h_t 取决于 4 个不同的向量 i_t、f_t、$\tilde{c}_t$ 和 o_t，它们分别表示遗忘门(forget gate)、输入门(input gate)、细胞状态(cell state)和输出门(output gate)。可以看出这四个向量与 h_t 的维数相同，由于 CSGC 的参数划分方法是连接到下一个神经元的参数被分为一组，并分别对这些子系统使用反馈控制框架更新参数。因此，在一个 LSTM 结构中，使用 CSGC 作为优化器时，将涉及更新的参数分为 4 n_h 组（n_h 是参数 h_t 的维度）。

5.3.3　加入动量项的 CSGC

尽管上述 CSGC 方法拥有一系列的优良性质，可以在快速收敛的同时获得鲁棒性，但仍然存在一些参数估计不稳定的问题。一方面，这是因为考虑到计算量的限制，最优控制系统的维度均限制在 1；另一方面，对于参数的划分由连接到网络的下一层的

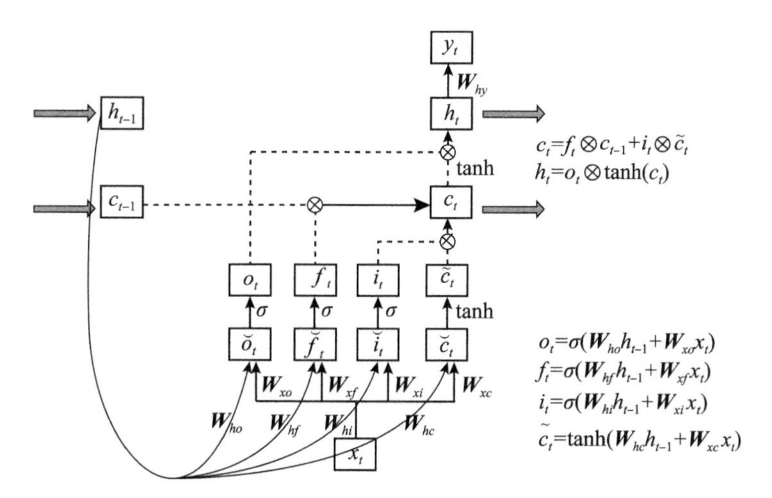

图 5-2 LSTM 结构示意图

神经元决定，这种划分方式虽然在一定程度上缓解了梯度消失等问题，但该划分并不一定是最优的，例如，被划分到同一组的参数并不一定需要共享同一个学习率。为了减小不稳定性，引入一个动量项，并命名新的版本为 CSGDM，定义为

$$\nu_k = \lambda \nu_{k-1} + \Delta\theta_k$$

$$\theta_{k+1} = \theta_k - \nu_k \tag{5-51}$$

式中，$\Delta\theta_k$ 为由根据式(5-29)得到的更新；θ_k 和 θ_{k+1} 分别为使用 CSGCM 优化器更新前后的参数。超参数 λ 则反映历史信息的重要程度，一般来说，λ 可设定为 0.9 或是其他接近 1 的正数。

5.4 实验对比和分析

本节将 CSGC 优化器应用于多个深度学习任务中，包括 MNIST 手写数字分类①、CIFAR-10 图像识别②和 IBDM 文本情感分析③。由于优化器从功能上看与学习任务和具体模型都是相互独立的，CSGC 方法同样适用于多种任务，因此本节挑选了全连接神经网络、两种 CNN 和两种 RNN 模型，来验证优化器在解决这些实际的深度学习问题时的学习效果。

① 详见 http://yann.lecun.com/exdb/mnist/.

② 详见 http://www.cs.toronto.edu/~kriz/cifar.html.

③ 详见 http://ai.stanford.edu/~amaas/data/sentiment/.

5.4.1　超参数设定

尽管已有的深度学习框架，如 Keras、TensorFlow 和 Pytorch 等均支持常用的优化算法，这里仅比较 CSGC 方法和不含梯度衰减的原始 SGD 方法。这是因为 SGD 的各种变体算法都使用了额外的超参数，或是动量因子、权重衰减和学习率衰减等技巧用来提升优化器的性能，而 CSGC 方法仅需要调整 γ，这种比较方法可以更公平地比较两类算法的性能。

SGD 用到的学习率 γ 有：{1，0.5，0.1，0.05，0.01，0.005，0.001}，而 CSGC 方法中的 γ 有 {10，50，100，500，1000，5000，10000}。为了获取最佳效果，无论对于何种优化器，我们均在同一任务上重复测试不同超参数下的学习效果，并筛选出最优的参数。考虑 GPU 调度和数据集的规模，不同模型的小批量样本数均设定为 64。此外，dropout 的概率值也和相同经典模型的设定保持一致。

5.4.2　多层全连接神经网络：基于 MNIST 数据集

MNIST 数据集由美国国家标准与技术研究所(National Institute of Standards and Technology，NIST)收集和整理得到，它包含了 250 个不同人手写若干遍数字“0～9”的黑白图片，每张图片由 28×28 个像素点构成，每个像素点用一个灰度值表示。完整的数据集有 60000 个样本，一般将其中 50000 个样本作为训练集，余下 10000 个样本作为测试集。MNIST 数据是深度学习最经典的数据集，也是测试绝大多数监督学习模型的标准数据。在处理 MNIST 手写数字识别问题时使用包含 2 个隐藏层、每个隐藏层有 30 个神经元的全连接神经网络，且激活函数均选用 sigmoid 函数。经过小心筛选，SGD 的学习率 η 为 0.1，CSGC 的 γ 设定为 100。

图 5-3 分别展示了两种不同的优化器在训练集和测试集上的损失函数和预测精度。可以看到，对这个深度学习中最简单的任务而言，两种优化器均能在训练集上达到 99%以上的预测精度。通过对网络中参数的分割，在全连接层之间，对应于下一层中神经元的权重和偏置参数将划分在一组，并分别使用式(5-34)的方法分别进行更新。在 5.2 节中已经证明，每一个子系统的参数更新均会使得损失函数以指数收缩的形式减小，只要超参数 γ 设定合理，各个子系统合并得到的完整系统也将使得损失函数达到指数减小。

根据测试集上算法的效果对比(图 5-3 右图)可知，CSGC 算法在训练初期的学习速率明显更快。在训练进行了 20 轮后，SGD 才缓慢地达到与 CSGC 同样的预测精度。

在两者都达到基本收敛后，可以很明显地看到 CSGC 在测试集上的表现相对更加稳定，受训练样本影响的小幅度波动较少。

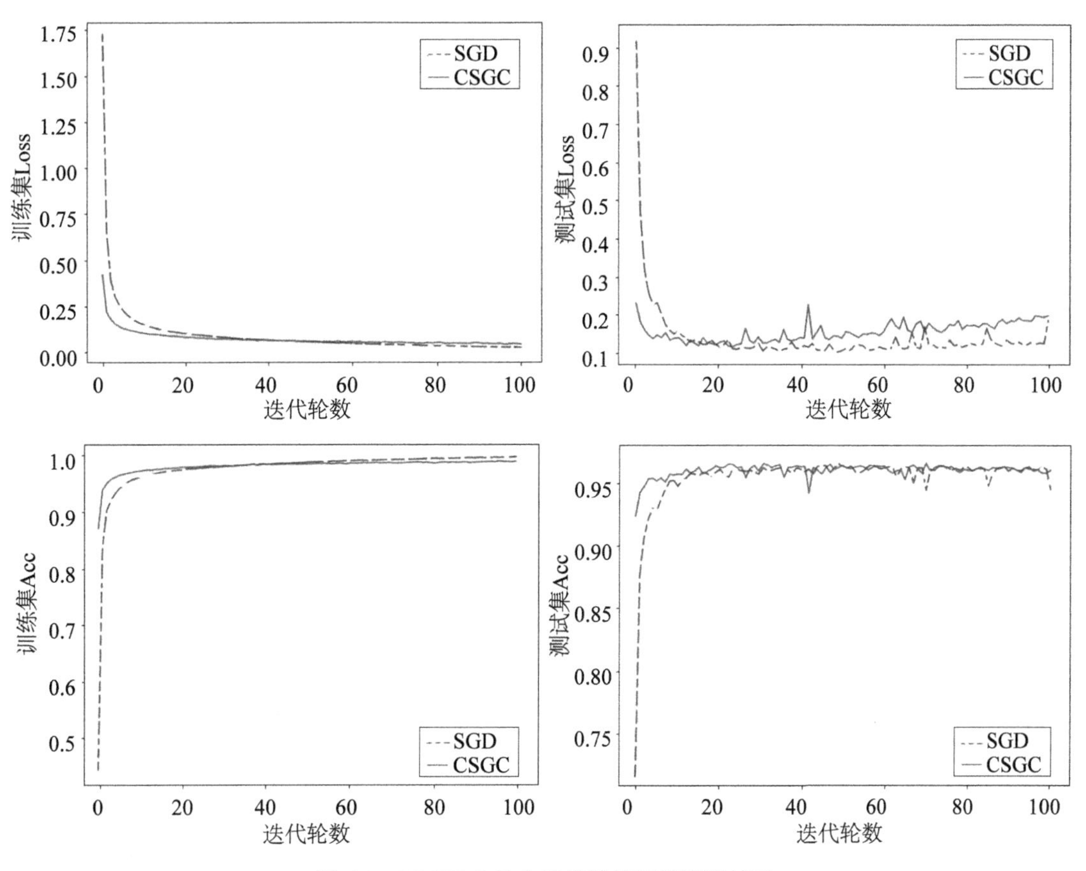

图 5-3 MNIST 上的全连接神经网络训练结果

5.4.3 卷积神经网络：基于 CIFAR-10 数据集

CIFAR-10 数据集是一个包含 50000 个训练集和 10000 个测试集的 10 分类图像识别数据集，每张图片规格均为 $32 \times 32 \times 3$。CIFAR-10 数据展现的是彩色照片，这是一个用于识别单个物体的小型数据集，包含 10 个类别的物体：飞机、汽车、鸟类、猫、鹿、狗、蛙类、马、船和卡车。尽管样本数目和 MINST 数据差不多，但 CIFAR-10 表现的是现实世界中的真实物体，具有噪声大、物体比例、特征不尽相同的特点，识别的困难较手写数字更大，对优化器的性能要求也越高。本节使用 CNN 中的两种经典模型——LeNet(LeCun et al.，1989)和 ResNet(He et al.，2016)完成这个图像分类任务。

MINST 手写数字分类任务不同，CIFAR-10 将原始数据映射到分类标签的过程将涉及上百万参数的更新，而参数量远大于样本量时可能会造成过拟合。因此使用数据增强的方法对样本进行适当的扩充，以缓解过拟合。

由于本节的主要关注点在于 CNN 中的重要结构的优化算法，而非改进模型结构，因此我们使用已经在众多文献中被验证了的最经典的 LeNet 结构，它包含 3 个卷积层、3 个池化层和 3 个全连接层。全连接层中的参数更新与 MNIST 手写数字识别任务中的方法一致，而对于卷积层而言，每个卷积核都构成一个最优控制子系统，再并行地进行更新。各种超参数均经过小心选择，SGD 中的 η 为 0.01，γ 为 10000。从图 5-4 中可以看到，相对 SGD 方法，CSGC 方法无论在收敛速度还是预测精度方面都有更好的实际效果。

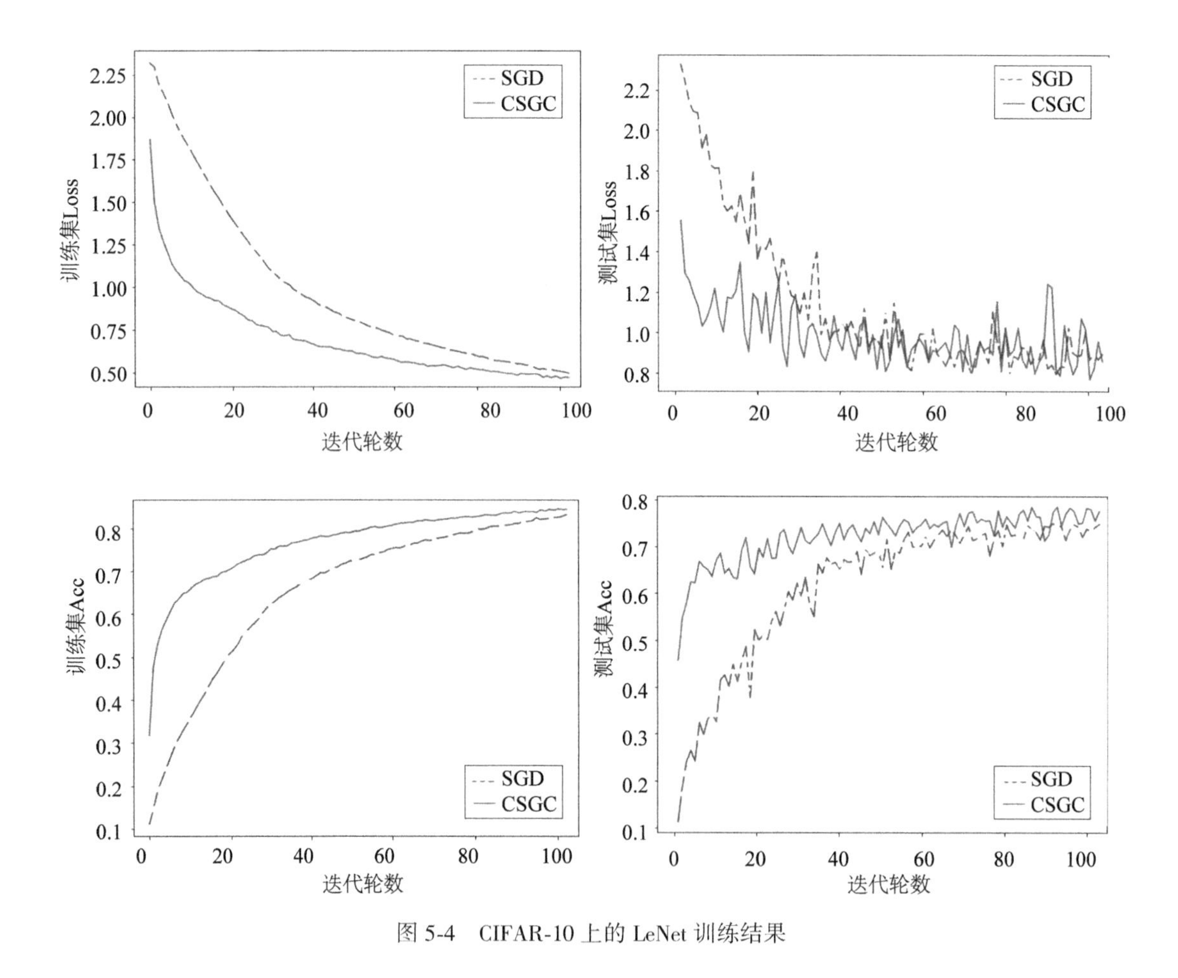

图 5-4　CIFAR-10 上的 LeNet 训练结果

本节还另外比较了两种算法在包含 5 个残差块的 ResNet 上的训练效果，网络涉及上千万的未知参数，SGD 中的 η 和 CSGC 中的 γ 设定和 LeNet 一致。训练结果如图 5-5

所示。一般来说，由于使用了更复杂的网络结构和额外的超参数，对同一任务而言 ResNet 的效果比 LeNet 更好，但 ResNet 的权重分享机制也会带来梯度消失的问题。因此基于梯度的方法在训练 CNN 模型时总是使用较小的学习率，以保证模型可以达到收敛。从图 5-5 可以看到，SGD 比 CSGC 的收敛速度更慢，在训练最终两种算法的预测精度基本相同，但 CSGC 明显更加稳定。

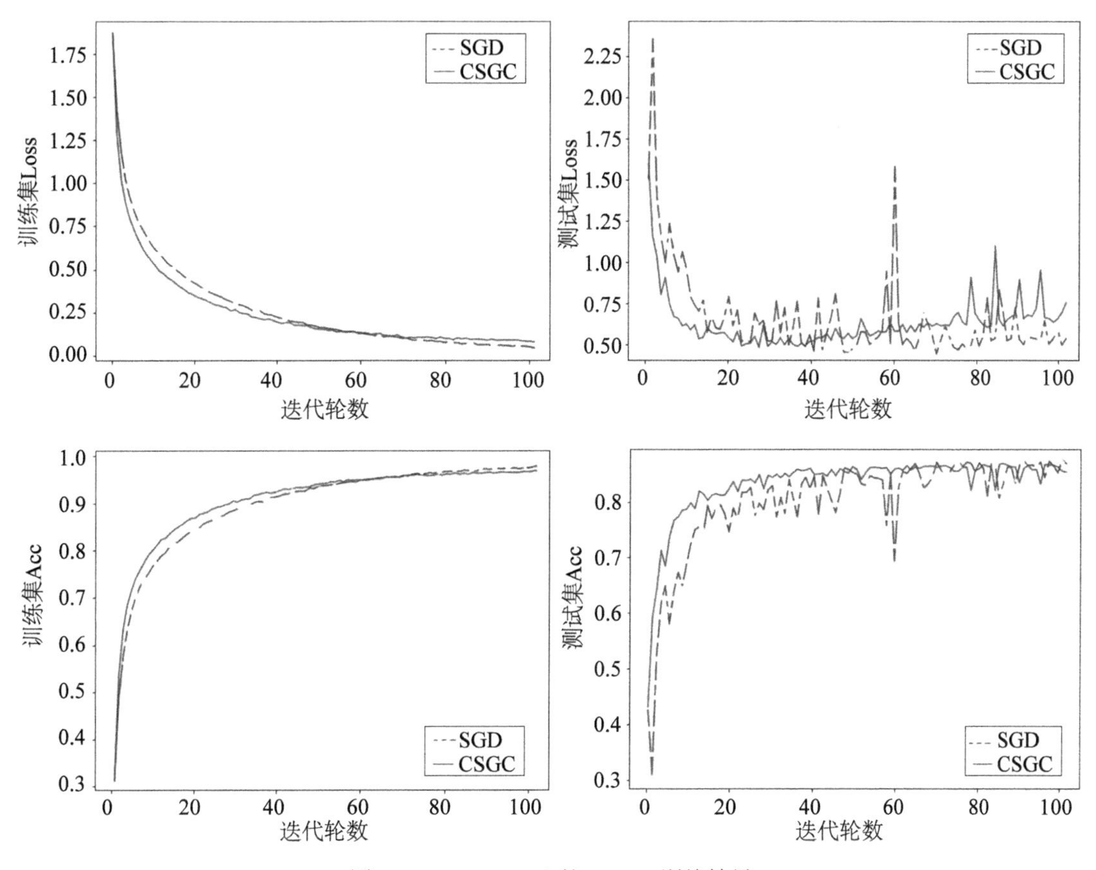

图 5-5　CIFAR-10 上的 ResNet 训练结果

5.4.4　循环神经网络：基于 IMDB 数据集

互联网电影资料库(Internet Movie Database，IMDB)创建于 1990 年 10 月 17 日，从 1998 年开始成为亚马逊公司旗下网站，IMDB 的资料中包括了影片的众多信息、演员、片长、内容介绍、分级、评论等。该实验重点关注电影评论所包含的情感倾向，为此使用了 IMDB 电影评论数据集，该数据集包含了 75000 条电影评论以及它们的正面或负面的情感标签。大多数影评的长度小于 130 个单词，所有词汇不超过 20000 个。RNN 的两种变体分别被用于处理这个任务，在训练之前这些影评都经过去除停用词和补齐 0 位置等预处理操作，以适应 RNN 模型的结构。最终得到的所有数据仅包含 6000 个常用词汇，且每条影评包含 130 个单词作为模型的输入(未满 130 个单词用 0 补齐)。在数据集的划分中，随机选取 20%的影评作为测试集，余下的 80%作为训练集。重点考察 CSGC 与 SGD 方法在这个自然语言处理任务中的效果。

该实验涉及的两种模型在除去 RNN 单元的输入和输出部分都完全相同，即输入层后紧接着一个 128 维的嵌入层和一个包含 64 个神经元的全连接层，dropout 的概率值也参考了已有的经典模型。首先使用 GRU 结构，它包含的是一个单方向的 32 维隐藏层，固定学习率的 SGD 将设定 $\eta=0.05$，CSGC 的 γ 设定为 100，使用两种算法在训练集和测试集上的效果由图 5-6 给出。在训练过程中，连接到下一层中每一个神经元的参数均纳入同一个子系统获得并行的更新。从图 5-6 中可以发现，尽管使用了较简单的网络结构，CSGC 的收敛速度和预测精度均远远超过了 SGD。

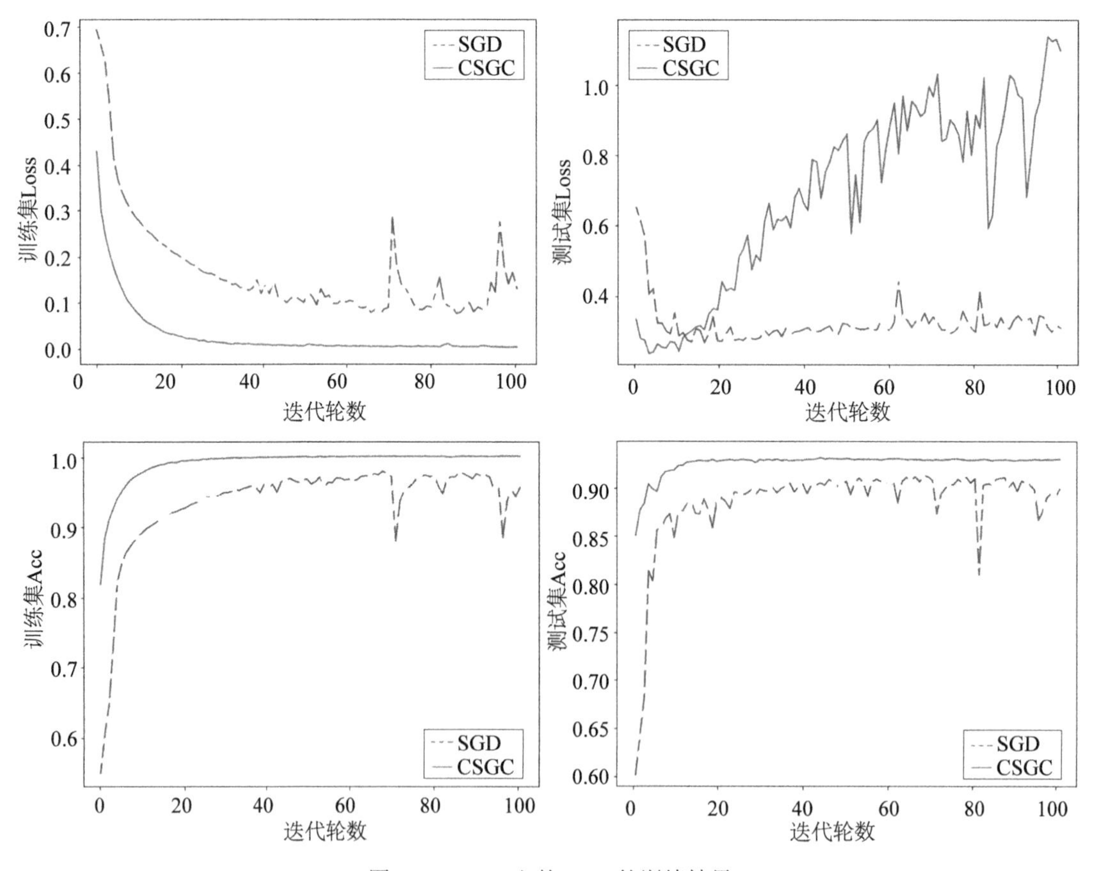

图 5-6　IMDB 上的 GRU 的训练结果

最后考虑一种相对更复杂的结构——带有两个隐藏层的双向 LSTM，其中隐藏层包含 32 个神经元。同样使用两种优化器，SGD 优化器中设定 $\eta = 0.1$，CSGC 中的 $\gamma = 100$。由图 5-7 可知，使用更复杂的网络结构使得 SGD 的预测精度大大提升，然而 CSGC 的收敛速度明显更快，并且 SGD 并没有取得超越 CSGC 的预测精度。猜想这可能是因为更复杂的 LSTM 结构包含了长期记忆、短期记忆的信息，它们所需要的更新效率并不一定相同，因此固定学习率的 SGD 方法并不一定适用，CSGC 算法将不同神经元对应的未知参数同时更新，可以有效避免这种情况的发生。

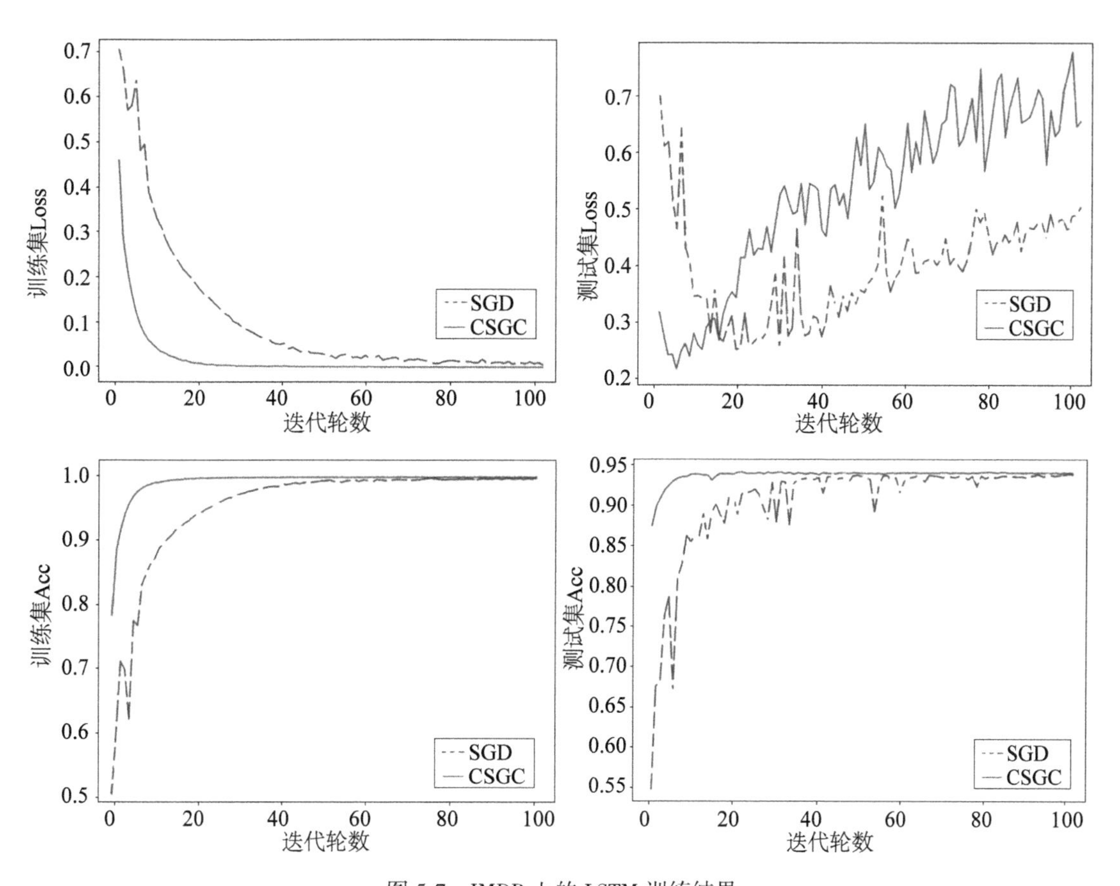

图 5-7 IMDB 上的 LSTM 训练结果

5.5 本章小结

深度学习模型的最优参数的求解一般使用一些特定的优化方法(优化器)。与其他优化问题的求解不同，深度学习具有参数众多、非线性关系明显、存在大量噪声等特点，局部极小值、鞍点和梯度消失等问题也时有发生。因此优化器要求在有限的计算复杂度限制下，尽可能避免这些问题的出现。

现有的优化器一般基于梯度，即在 SGD 的基础上加入自适应项或动量项的各种扩充。本章基于控制的全新视角，提出 CSGC 优化器。尽管 CSGC 在本质上是第 3 章的线性学习框架的一个应用，本章在其基础上进行了一些必要的改进。深度学习涉及的参数一般以万计数，同时更新会增加计算负担；更重要的是这种做法会导致所有参数具有相同的学习速率，降低了学习效率。因此将网络中的所有参数进行划分，划分依据是连接到下一层网络的同一个神经元的参数将纳入同一个最优控制子系统并参与更新，更新方法仍然借助了极分解的技巧，最终再组合所有参数。这种“分割—更新—重组”的学习流程，一方面吸纳了鲁棒最优控制方法的优良性质，另一方面也保证了深度学习训练过程中相对较低的计算复杂度，并且在一定程度上缓解了梯度消失等问题。

本章从理论上和实践上都验证了 CSGC 优化器的有效性。理论分析从控制子系统和完整的控制系统间的稳定性关系入手，同时推导了优化器的后悔值。理论研究表明，只要选择了合适的超参数，完整的控制系统和子系统均为稳定的系统，即损失函数会成比例缩减。后悔值的结果也说明 CSGC 具有和梯度方法相同的收敛阶。将该算法分别用于图像识别和自然语言处理等任务，可以发现相对于传统的梯度优化器 SGD，本章提出的算法在收敛性和预测精度上均具有一定优势，这也与理论研究的结论不谋而合。

第 6 章　深度样本选择网络

样本选择模型一直是统计学与微观计量经济学研究的核心内容之一。本章充分结合样本选择问题的经济学理念、计量经济学理论和深度学习技术，提出深度样本选择网络模型，并利用第 5 章提出的 CSGC 优化器求解。数值模拟与实证分析结果均显示了该方法的有效性。

6.1　样本选择模型简介

Tobit-Ⅰ模型和 Tobit-Ⅱ模型是两个最经典，也是应用最广泛的样本选择模型（Cameron et al.，2005），本节将简单介绍这两个模型，进而引出深度样本选择模型。

6.1.1　Tobit-Ⅰ模型

在样本选择问题中可以很容易地观测到模型的解释变量 $X = (x_1, x_2, \cdots, x_m)$，而被解释变量 y 则是被选择性地观测到。假设有由 X 决定的潜变量 y^*，满足某一条件时 $y = y^*$ 可以被观测到，反之，只能观测到一个截断值 c。即

$$y = \max(c, y^*) = \begin{cases} y^*, & y^* > c \\ c, & y^* \leqslant c \end{cases} \tag{6-1}$$

式中，c 为审查参数。当 $c = 0$ 时，式(6-1)即为 Tobit-Ⅰ模型。Tobit-Ⅰ模型可以用于耐用品的消费问题的描述，其中 y^* 定义了消费者的期望支出，观测到的消费者由两部分构成：对耐用品的期望支出为正的样本（$y^* > 0$）和没有消费期望的样本（$y^* \leqslant 0$）。通常假设对 y^* 有线性回归

$$y^* = X\beta + \varepsilon \tag{6-2}$$

假设误差项 $\varepsilon \sim N(0, \sigma_0^2)$，对所有观测值有不变方差 σ_0^2，则有 $y^* \sim N(X\beta, \sigma_0^2)$。若 y^* 服从的条件分布成立，这个分布包含的所有参数均可以由极大似然估计得到，并进行统计推断。令 $f^*(y^* \mid X)$ 和 $F^*(y^* \mid X)$ 分别为 y^* 的条件概率密度函数和累积分布函数。当 $y > c$ 时，y 出现的概率密度与 y^* 一致。当 $y = c$ 时即意味着 y^* 已经被 c 截

断，此时的概率密度函数为 $y^* \leqslant c$ 的概率。因此，y 的概率密度可以表示为

$$f(y \mid X)=\begin{cases} f^*(y^* \mid X), & y^* > c \\ F^*(c \mid X), & y^* \leqslant c \end{cases} \tag{6-3}$$

令 d 为示性函数

$$d=\begin{cases} 1, & y^* > c \\ 0, & y^* \leqslant c \end{cases} \tag{6-4}$$

则 y 的条件密度可以写成

$$f(y \mid X)=f^*(y \mid X)^d F^*(c \mid X)^{1-d} \tag{6-5}$$

给定 N 个观测样本 $(y(i), X(i))$，$i=1, 2, \cdots, N$，则对数似然函数可以写成

$$\ln L_N=\sum_{i=1}^{N}\{d(i)\ln f^*(y(i) \mid X(i), \beta, \sigma_0)+(1-d(i))\ln F^*(c \mid X(i), \beta, \sigma_0)\} \tag{6-6}$$

其中，$d(i)$ 为 $y(i)$ 的示性函数，通过求解式(6-6)的最优值，可以得到 β 和 σ_0 的极大似然估计(Maximum Likelihood Estimates，MLEs)。当概率密度 $f^*(y^* \mid X, \beta, \sigma_0)$ 的假定正确时，参数的估计值将满足渐进正态和一致性。然而当误差项并非白噪声，或是线性回归模型不足以描述 y^* 与 X 的关系时，传统的由极大似然法得到的估计值将不满足一致性。因此需要更灵活的模型来刻画这一问题。

6.1.2　Tobit-Ⅱ模型

在 Tobit-Ⅱ模型中需要引入决定 y_2^* 能否被观测到的潜变量 y_1^*，即当 $y_1^* > 0$ 时 y_2 的观测值为 y_2^*，否则为 0，因此可以写成

$$y_1=\begin{cases} 1, & y_1^* > 0 \\ 0, & y_1^* \leqslant 0 \end{cases} \quad 和 \quad y_2=\begin{cases} y_2^*, & y_1^* > 0 \\ 0, & y_1^* \leqslant 0 \end{cases} \tag{6-7}$$

Tobit-Ⅱ模型一般可用于工作时长、失业时间和健康支出的研究。在标准的 Tobit-Ⅱ模型中，潜变量 y_1^* 和 y_2^* 均可由线性模型表示，即

$$\begin{cases} y_1^*=X_1\beta_1+\varepsilon_1 \\ y_2^*=X_2\beta_2+\varepsilon_2 \end{cases} \tag{6-8}$$

式中，$X_1 \in \mathbf{R}^{N_1}$ 和 $X_2 \in \mathbf{R}^{N_2}$ 为相互独立的变量向量；ε_1 和 ε_2 为随机误差项。式(6-8)中的两个方程在本质上分别描述了 Tobit-Ⅱ模型的选择部分和回归部分。当使用极大似然法进行估计时，假设随机误差项服从同方差的联合正态分布，即

$$\begin{pmatrix}\varepsilon_1\\ \varepsilon_2\end{pmatrix} \sim N\left[\begin{pmatrix}0\\0\end{pmatrix}, \begin{pmatrix}1 & \sigma_{12}\\ \sigma_{12} & \sigma_2^2\end{pmatrix}\right] \tag{6-9}$$

当 $y_1^* > 0$ 时，y_2 的观测值为 y_2^*，此时 y_2 发生的概率为 $y_1^* > 0$ 发生的概率与给定 $y_1^* > 0$ 时 y_2^* 发生的条件概率的乘积。因此正值 y_2 的密度函数记为 $g^*(y_2^* \mid y_1^* > 0) \times Pr[y_1^* > 0]$。其中 $Pr[y_1^* > 0]$ 和 g^* 分别表示 $y_1^* > 0$ 的概率和 y_2^* 的密度函数。当 $y_1^* \leqslant 0$ 时，总的概率密度函数为 $y_1^* \leqslant 0$ 发生的概率。综上，对已获得的 N 个观测 $(y(i), X_1(i), X_2(i))$，$i=1, 2, \cdots, N$，获取以下似然函数

$$L_N = \prod_{i=1}^{N} \{Pr[y_1^*(i) \leqslant 0]\}^{1-y_1(i)} \{Pr[y_1^*(i) > 0] \times g^*(y_2^*(i) \mid y_1^*(i) > 0)\}^{y_1(i)} \tag{6-10}$$

及对应的对数似然

$$\begin{aligned}\ln L_N = \sum_{i=1}^{N} \{ & (1 - y_1(i))\ln Pr[y_1^*(i) \leqslant 0] \\ & + y_1(i)(\ln g^*(y_2^*(i) \mid y_1^*(i) > 0) + \ln Pr[y_1^*(i) > 0])\}\end{aligned} \tag{6-11}$$

其中，$y(i)$ 即为 $y_2(i)$ 的观测值，通过最优化式(6-11)，可以得到式(6-7)和式(6-8)的估计。

另一种估计式(6-8)的方法为 Heckman 两步法(Puhani，2000)。该方法中对模型的假设条件比式(6-9)中 ε_1 和 ε_2 服从联合正态分布的假定更弱，假设两者之间存在线性关系

$$\varepsilon_2 = \delta_\varepsilon \varepsilon_1 + \xi \tag{6-12}$$

其中，ξ 与 ε_1 相互独立，对大于 0 的 y_2，观测值的期望为

$$\begin{aligned}E[y_2 \mid X_1, X_2, y_1^* > 0] &= E[X_2\beta_2 + \varepsilon_2 \mid X_1\beta_1 + \varepsilon_1 > 0] \\ &= E[X_2\beta_2 + \delta_\varepsilon \varepsilon_1 + \xi \mid X_1\beta_1 + \varepsilon_1 > 0] \\ &= X_2\beta_2 + \delta_\varepsilon E[\varepsilon_1 \mid \varepsilon_1 > -X_1\beta_1] \\ &= X_2\beta_2 + \delta_\varepsilon \lambda(X_1\beta_1)\end{aligned} \tag{6-13}$$

式中，$\lambda(z) = \phi(z)/\Phi(z)$ 为逆米尔斯比，$\phi(\cdot)$ 和 $\Phi(\cdot)$ 分别为标准正态分布的概率密度函数和累积密度函数。在 Heckman 两步法的第一步中，β_1 的估计值 $\hat{\beta}_1$ 可以通过 y_1 与 X_1 建立的 probit 模型得到。在第二步中仅考虑取正值的 y_2，使用 OLS 估计以下模型中的 β_2 和 δ_ε：

$$y_2 = X_2\beta_2 + \delta_\varepsilon \lambda(X_1\hat{\beta}_1) + \upsilon \tag{6-14}$$

其中，$\lambda(X_1\hat{\beta}_1) = \phi(X_1\hat{\beta}_1)/\Phi(X_1\hat{\beta}_1)$ 为逆米尔斯比的估计值，υ 为残差项。相对于 MLEs 方法，Heckman 两步法由于便于理解而受到更广泛的应用。

这些方法也具有一定的局限性。极大似然法假设 ε_1 和 ε_2 服从联合正态分布，但这个假设明显过于严格，两者还可能存在其他的分布形式。Heckman 两步法放宽了这个假定，但仍需假设误差项之间存在强线性关系。然而，考虑到真实的误差项可能存在有偏或异方差的情况，这种假设下得到的估计值可能并不具有有效性和一致性。另外，在微观计量经济学中，人们的决策过程往往具有高度复杂性，因此带有对误差项严格假设的线性模型并不足以刻画变量间的关系，模型设定错误时也会造成有偏非一致的估计。因此需要对传统的 Tobit-Ⅱ模型的模型结构与求解方法做出一些改进以获取更好的估计效果。

6.2　深度样本选择网络构建与估计

本节以这 Tobit-Ⅰ和 Tobit-Ⅱ模型为基础，充分参考其背后的经济学理念，构建了两种深度样本选择网络模型（Deep Sample Selection Network，DSSN），即深度 Tobit-Ⅰ网络和深度 Tobit-Ⅱ网络，并给出对应的估计方法。

6.2.1　Tobit-Ⅰ网络构建与估计

给定输入变量构成的向量 $X=(x_1,\ x_2,\ \cdots,\ x_m)$，单层的神经网络可以表达为

$$y=\sigma(b+x^{\mathrm{T}}w) \tag{6-15}$$

其中，在单输出（y 为标量）的神经网络中，b 为表示偏置的常数而 w 为权重向量，维度与输入值 x 相同。σ 是一个激活函数，输出层的激活函数是依据输出的数据结构来决定的，例如，二分类问题的 σ 为 sigmoid 函数 $\sigma(z)=1/(1+e^{-z})$，回归问题的 σ 为线性函数 $\sigma(z)=z$。本节针对样本选择问题，调整输出层的激活函数，构建样本选择网络。

修正线性神经元（ReLU）是很多在深度学习模型中，特别是用于图像处理任务的 CNN 模型，得到广泛应用的一类激活函数（Glorot et al.，2011）。ReLU 是一个分段线性函数，当输入为正时直接输出该输入值；反之，则输出 0。虽然在很多 Tobit 模型的实际应用中均设定 $c=0$，但在本节中不失一般性地，仍然考虑 $c\neq 0$ 的情形。为了方便理解，针对 Tobit-Ⅰ模型提出如下的单层 Tobit-Ⅰ网络：

$$y=\mathrm{ReLU}(b+Xw)+c \tag{6-16}$$

式中，$\mathrm{ReLU}(z)=\max(0,\ z)$；$c$ 是事先给定的大于 0 的值。式（6-16）可以实现样本选择模型的功能，并且保证模型的输出被限制在 $[c,\ \infty)$。

接着将式（6-16）的线性模型假定放宽，把单层的 Tobit 网络推广到多层的情形。除了输出层使用 ReLU 作为激活函数，深度 Tobit-Ⅰ网络包含了若干以 sigmoid 函数作为

激活函数的前馈网络结构。假设该网络包含 L 层，第 1 层和第 L 层分别为输入层和输出层，对 $l=1, 2, \cdots, L$，第 l 层包含了 n_l 个神经元，而 $n_L=1$。记第 l 层的第 j 个神经元的激活值为 a_j^l，特别地，当 $l=1$ 时，$j=1, 2, \cdots, n_1$，$a_j^1=x_j$。令 σ 为 sigmoid 函数。对给定的 $1<l<L$，有激活值

$$a_j^l = \sigma\left(\sum_{k=1}^{n_{l-1}} w_{j,k}^l a_k^{l-1} + b_j^l\right), \quad l=2, 3, \cdots, L-1; j=1, 2, \cdots, n_j \tag{6-17}$$

对 $l=2, 3, \cdots, L$，令 W^l 和 b^l 分别为连接第 $l-1$ 层到第 l 层的权重矩阵和偏置向量，$W^l \in \mathbf{R}^{n_l \times n_{l-1}}$ 的第 j 行与第 k 列的元素为 $w_{j,k}^l$，并且有 $b^l=(b_1^l, b_2^l, \cdots, b_{n_l}^l)^{\mathrm{T}}$，式(6-17)可以简写成向量的形式

$$a^l=\sigma(W^l a^{l-1}+b^l), \quad l=2, 3, \cdots, L-1 \tag{6-18}$$

而对于输出层则有

$$\hat{y}=\mathrm{ReLU}(W^L a^{L-1}+b^L)+c \tag{6-19}$$

式(6-17)、式(6-18)和式(6-19)构成了深度 Tobit-Ⅰ网络，其完整的结构示意图见图 6-1。注意到 ReLU 是深度神经网络特别是卷积神经网络(CNN)中一种经典的激活函数，它具有稀疏激活性，能加快训练速度并克服梯度消失问题。不难发现，使用了 ReLU 作为输出层的激活函数时，网络的单侧抑制特征与 Tobit-Ⅰ模型中的选择性输出的思想不谋而合；网络隐藏层中的深度结构能够充分地挖掘变量中隐含的非线性结构信息；这些都为我们利用深度学习技术来解决样本选择问题提供了一个自然而有效的工具。

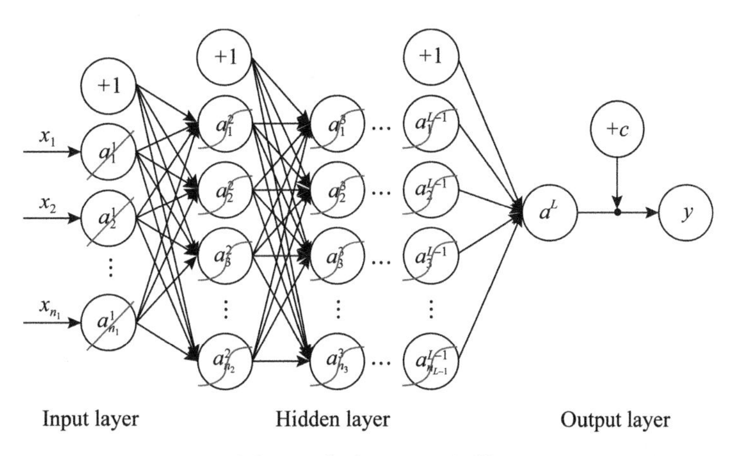

图 6-1 深度 Tobit-Ⅰ网络

此外，与式(6-1)的下审查模型相反，当模型对高于某个值的输出截取时有上审查模型

$$y=\min(c,\ y^{*})=\begin{cases}y^{*}, & y^{*}\leqslant c\\ c, & y^{*}>c\end{cases} \tag{6-20}$$

其中，潜变量依然由线性模型决定，即 $y^{*}=X\beta+\varepsilon$。这种样本选择模型被广泛应用于实际经济问题中，例如在分析决定收入的影响因素时，具有不同收入水平的样本均会被纳入采样范围，但是出于保密性的考虑，一小部分收入过高的人群并不记录实际收入，而是以一个上界(如超过 100 万元/年)给出。对于上审查模型也可以用翻转的 ReLU 作为输出层的激活函数来构造相应的深度神经网络模型，以单层的网络结构为例，有

$$y=-\operatorname{ReLU}(b+Xw)+c \tag{6-21}$$

式(6-21)的设计可以很容易地实现选择过程，并保证最终的输出不超过给定的常数 c。对应的深度 Tobit-Ⅰ网络的形式可以采用式(6-17)、式(6-18)和式(6-19)的方法进行构建。

假设使用 N 个样本 $((y(i),\ x(i)),\ i=1,\ 2,\ \cdots,\ N)$ 训练式(6-18)和式(6-19)构成的网络，每一轮训练使用的小批量样本个数为 N_{b1}，将如下二次代价函数作为训练网络的损失函数

$$C_1=\frac{1}{2N_{b1}}\sum_{i=1}^{N_{b1}}\left[y(i)-\hat{y}(i)\right]^2 \tag{6-22}$$

对于每一轮网络的训练依然采用深度学习中的反向传播算法和第 5 章提出的 CSGC 算法对网络中的参数进行更新。对 $l=2,\ 3,\ \cdots,\ L$，令 $z^l=W^l a^{l-1}+b^l$，并且有第 l 层的反向传播误差 δ^l。反向传播误差可以写成

$$\delta^L=\frac{\partial C_1}{\partial a^L}\frac{\partial a^L}{\partial z^L}=\frac{\partial C_1}{\partial a^L}\frac{\partial \operatorname{ReLU}(z^L)}{\partial z^L}=\frac{1}{N_{b1}}\sum_{i=1}^{N_{b1}}\left[y(i)-\hat{y}(i)\right]I(\hat{y}(i)>c) \tag{6-23}$$

其中，I 为示性函数。隐藏层的反向传播误差可以写成

$$\delta^l=((W^{l+1})^{\mathrm{T}}\delta^{l+1})\odot\sigma'(z^l) \tag{6-24}$$

式中，$\odot$ 为向量的 Hadamard 乘积或 Schur 乘积，即 $s\odot t$ 中的元素 $(s\odot t)_j=s_j t_j$；σ' 为激活函数 σ 的导数。接着，由反向传播误差可以求出损失函数的梯度

$$\frac{\partial C_1}{\partial W^l}=(\delta^l)^{\mathrm{T}}a^{l-1},\quad \frac{\partial C_1}{\partial b^l}=\delta^l \tag{6-25}$$

其中，W^l 和 b^l 可以根据式(6-23)、式(6-24)和式(6-25)由第 L 层到第 2 层反向计算得到。

由于式(6-25)已经给出梯度的计算方法，且涉及的网络结构为全连接神经网络，因此对参数的更新可以利用第 5 章提出的全连接网络中的 CSGC 算法，这里限于篇幅不再展开描述。CSGC 算法在研究该类微观计量经济学问题的优势在于对噪声的鲁棒

性，众所周知，个体的经济学决策容易受到多种因素干扰，这些噪声一方面可以通过样本选择网络的设计，借助非线性结构来尽可能地提取噪声中的信息；另一方面则可选取具有对噪声鲁棒的优化方法对构建出的网络进行求解。需要注意的是，CSGC 仅仅是一种优化器，它也可以根据学习的需要被其他常见的优化器取代，如 SGD、Adam、Adagrad 和 Rmsprop 等(Goodfellow et al.，2016)。

6.2.2 Tobit-Ⅱ网络构建与估计

对式(6-7)和式(6-8)的 Tobit-Ⅱ模型中的选择部分，尽管潜变量 y_1^* 无法被直接观测，但可以得到反映 y_2^* 是否会被截断的指示变量 $y_1 \in \{0, 1\}$。在使用 Heckman 两步法估计 Tobit-Ⅱ模型时，首先使用 probit 模型估计 β_1，接着利用 β_1 的相关估计结果，通过式(6-14)对 β_2 进行估计。

图 6-2 从神经网络角度重新解读了 Tobit-Ⅱ模型，Heckman 两步法的思想可以看成两个分别表示分类与回归的单层神经网络的结合，而 $\lambda(X_1\hat{\beta}_1)$ 连接了选择部分和回归部分。也就是说，最终观察到 y_2 的值可以理解成两个单层神经网络的输出值以某种非线性的方式结合的产物。

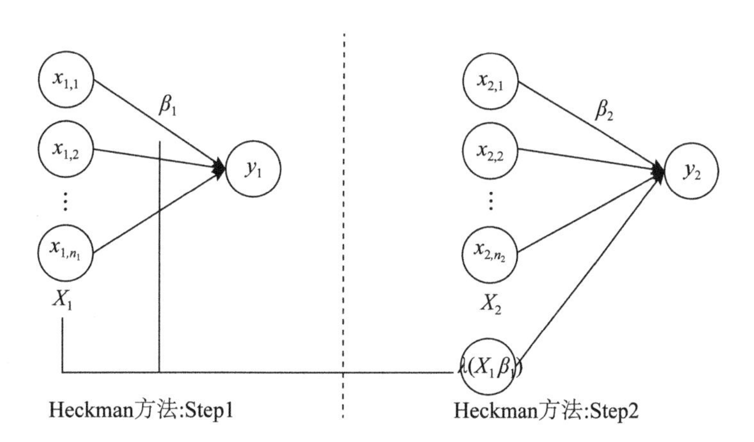

图 6-2 从神经网络角度重新解读 Tobit-Ⅱ模型

令 $I(\cdot)$ 为示性函数，式(6-7)可以写成

$$y_2 = y_2^* I(y_1^* > 0) \tag{6-26}$$

由于最终的输出 y_2 为回归部分的输出 y_2^* 与选择部分输出 y_1 的乘积，可在此基础上使用一些深度学习中的特殊技巧，达到改进传统 Tobit-Ⅱ模型的目的。包含一个以上隐藏层的神经网络可以近似任意非线性函数，利用这一特点加入多层网络结构，从而将

线性模型转化为非线性的形式。

另外，LSTM 模型结构也为我们提供了启发，一个完整的 LSTM 模型包含输入门、遗忘门和输出门三个部分，事实上这就是三个 sigmoid 函数。它们的值被控制在 0 到 1 之间，也可以被设计为 0 和 1 这两个极端值的二值函数，充当阀门的作用。深度 Tobit-Ⅱ网络模型使用一扇由二值 sigmoid 函数构成的“门”来模拟 Tobit-Ⅱ模型中的选择性输出结构，控制回归模型的输出值是连续值或 0，并以此为基础来设计相应的深度神经网络。

记 a_1 为输入变量为 $x_{1,m}(m=1,2,\cdots,n_1^1)$ 的 L_1 层的选择子网络；a_2 为包含 L_2 层的回归子网络，其输入变量表示 $x_{2,m}(m=1,2,\cdots,n_1^2)$。假设选择网络 a_1 的第 j 层包含 n_j^1 个神经元 $(j=1,2,\cdots,L_1)$，回归网络 a_2 的第 i 层包含 n_i^2 个神经元 $(i=1,2,\cdots,L_2)$。令激活函数 σ 为一个 sigmoid 函数，$a_1^{l_1}$ 和 $a_2^{l_2}$ 分别为选择网络与回归网络在第 l_1 层和第 l_2 层的激活值。对输入层有 $a_1^1=X_1$ 和 $a_2^1=X_2$，对 $1<l_1<L_1$ 和 $1<l_2<L_2$，这两个子网络中的激活值分别为

$$\begin{aligned} a_1^{l_1} &= \sigma(W_1^{l_1}a_1^{l_1-1}+b_1^{l_1}) \\ a_2^{l_2} &= \sigma(W_2^{l_2}a_2^{l_2-1}+b_2^{l_2}) \end{aligned} \tag{6-27}$$

式中，$W_1^{l_1}\in \mathbf{R}^{n_{l_1}^1\times n_{l_1-1}^1}$ 和 $b_1^{l_1}\in \mathbf{R}^{n_{l_1}^1}$ 分别为 a_1 中第 l_1 层的权重和偏置；$W_2^{l_2}\in \mathbf{R}^{n_{l_2}^2\times n_{l_2-1}^2}$ 和 $b_2^{l_2}\in \mathbf{R}^{n_{l_2}^2}$ 分别为 a_2 中第 l_2 层的权重和偏置。对输出层有

$$\begin{aligned} a_1^{L_1} &= \sigma(W_1^{L_1}a_1^{L_1-1}+b_1^{L_1}) \\ a_2^{L_2} &= W_2^{L_2}a_2^{L_2-1}+b_2^{L_2} \end{aligned} \tag{6-28}$$

借鉴 LSTM 中特殊结构，两个网络通过一个由二值函数构造的“输出门”来融合成一个深度网络模型，网络的输出由选择网络和回归网络的输出的乘积来确定，即

$$\hat{y}=a_1^{L_1}a_2^{L_2} \tag{6-29}$$

式(6-27)、式(6-28)和式(6-29)共同构成了深度 Tobit-Ⅱ网络，对应的结构示意图见图 6-3。

从图 6-3 中可以看到，a_1 的隐藏层和输出层均使用 sigmoid 函数作为激活函数，a_2 使用 sigmoid 函数作为隐藏层的激活函数，而使用线性函数作为输出层的激活函数。$a_1^{L_1}$ 的值在 0 到 1 之间，特别地，当深度 Tobit-Ⅱ网络训练得较好时，根据 sigmoid 函数的性质，$a_1^{L_1}$ 的值将无限接近于 0 或 1。同时，通过加入更复杂的隐藏层，Tobit-Ⅱ网络将有效地捕捉到目标系统蕴含的复杂的非线性关系。

假设使用 N 个样本 $((y(i),X_1(i),X_2(i)),i=1,2,\cdots,N)$ 训练深度 Tobit-Ⅱ网络，每一轮训练使用的小批量样本个数为 N_{b2}，以式(6-22)中的二次代价函数作为

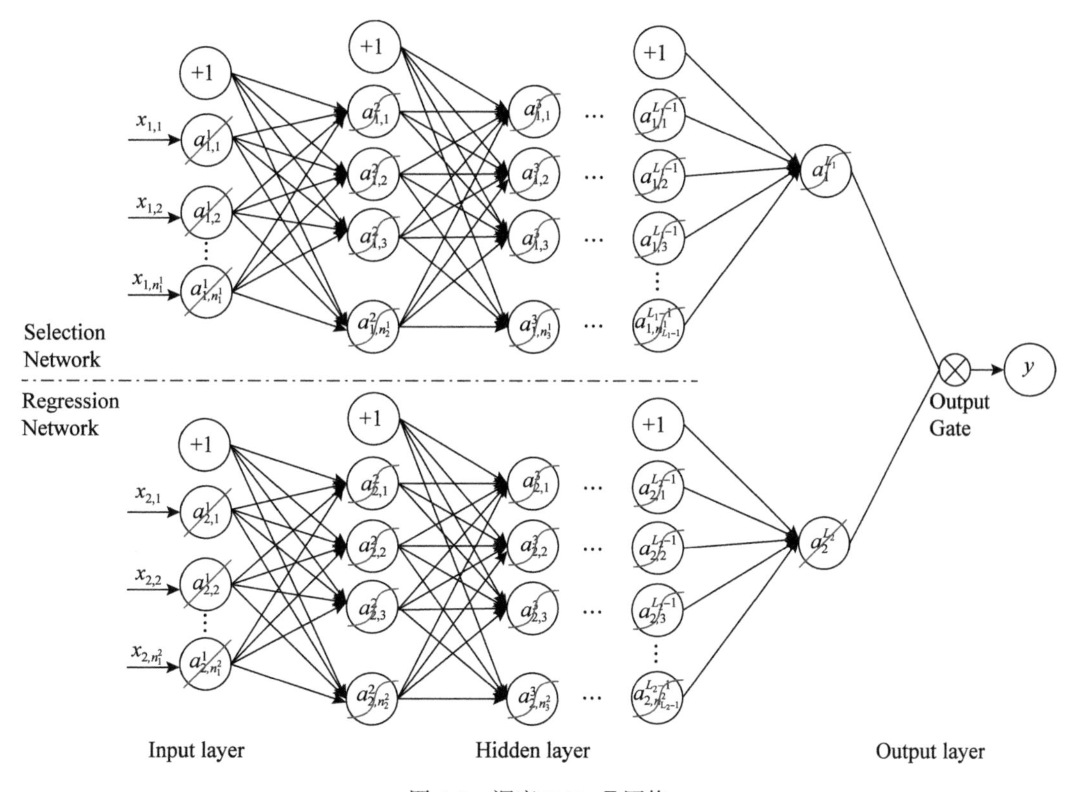

图 6-3 深度 Tobit-Ⅱ网络

深度 Tobit-Ⅱ网络的损失函数，进行类似于 Tobit-Ⅰ模型的反向传导，这个推广似乎合情合理，但结合模型的实际结构考虑，该损失函数并非最优方案。当模型的输出是选择网络和回归网络的乘积时，模型的识别问题将成为一个新的挑战，选择网络的错误判断会带动原本正确的回归网络也朝着错误的方向学习。sigmoid 函数输出虽然在 0 和 1 之间，但很多值分布在两侧，即接近 0 或接近 1。这意味着当选择网络的输出接近 1，但真实值为 0 时，为了使得乘积与 0 的差距缩小，回归网络需要向输出为 0 的方向学习(即使原本已经学到较好的参数)；当真实输出大于 0 而选择网络的输出接近 0 时，情况变得更加严峻，回归网络的学习目标变成一个非常大的正数，这样才能使得其与选择网络的乘积更加接近于真实的输出。在这里，二次代价函数作为损失函数会导致网络的参数变得非常不稳定，因此并不适合深度 Tobit-Ⅱ网络的训练。

为了解决这一问题，Tobit-Ⅱ网络在二次代价函数的基础上加入选择网络的交叉熵损失，设计出如下损失函数：

$$C_{\mathrm{II}} = \frac{1}{2N_{b2}} \sum_{i=1}^{N_{b2}} ((y(i) - \hat{y}(i))^2 - 2\Omega(\tau(x(i))\log(a_1^{L_1}(x(i)))$$

$$+(1-\tau(x(i)))\log(1-a_1^{L_1}(x(i)))))\qquad(6\text{-}30)$$

式中，Ω 为针对选择网络部分的惩罚系数，它权衡了 a_1 的损失和整个网络的 MSE，Ω 的值越大，表明网络对选择部分的训练更加重视；$\tau(\cdot)$ 是反映 $y(\cdot)$ 是否为正数的示性函数。即当 $y(i)>0$ 时 $\tau(x(i))=1$，反之，则为0。一个合适的 Ω 可以权衡回归网络和选择网络的训练，从而避免识别问题。

定义第 l 层的反向传播误差为 δ_s^l，$l=2, 3, \cdots, L$，当 s 的取值为1或2时，δ_s^l 分别用来表示选择网络和回归网络的反向传播误差。深度 Tobit-Ⅱ网络的更新方法仅在输出层的反向传播误差与 Tobit-Ⅰ网络有所不同，即

$$\begin{aligned}\delta_1^{L_1}&=\frac{\partial C_{\text{II}}}{\partial a_1^{L_1}}\frac{\partial a_1^{L_1}}{\partial z_1^{L_1}}\\&=\frac{1}{2N_{b2}}\sum_{i=1}^{N_{b2}}\left((y(x(i))-\hat{y}(x(i)))\,a_2^{L_2}(x(i))+\frac{\Omega(a_1^{L_1}(x(i))-\tau(x(i)))}{a_1^{L_1}(x(i))(1-a_1^{L_1}(x(i)))}\right)\\&\quad\cdot z_1^{L_1}(x(i))(1-z_1^{L_1}(x(i)))\end{aligned}\qquad(6\text{-}31)$$

$$\delta_2^{L_2}=\frac{\partial C_{\text{II}}}{\partial a_2^{L_2}}\frac{\partial a_2^{L_2}}{\partial z_2^{L_2}}=\frac{1}{2N_{b2}}\sum_{i=1}^{N_{b2}}[y(x(i))-\hat{y}(x(i))]\,a_1^{L_1}(x(i))\qquad(6\text{-}32)$$

由于深度 Tobit-Ⅱ网络在输出层（L 层）之前的部分是完全独立的，选择网络和回归网络中权重与偏置的取值互不干扰，因而隐藏层的误差求解方法与深度 Tobit-Ⅰ网络的原理相同。沿用式(6-31)和式(6-32)中用 s 标记这两个部分，对任意的 s 有

$$\delta_s^l=((W_s^l)^{\mathrm{T}}\delta_s^{l+1})\odot\sigma'(z_s^l),\quad s=1, 2;\ l=2, 3, \cdots, L_s\qquad(6\text{-}33)$$

由式(6-33)得到深度 Tobit-Ⅱ网络中包含的未知参数梯度分别为

$$\frac{\partial C_{\text{II}}}{\partial b_s^l}=\delta_s^l,\ \frac{\partial C_{\text{II}}}{\partial W_s^l}=(\delta_s^l)^{\mathrm{T}}a_s^{l-1},\quad s=1, 2;\ l=2, 3, \cdots, L_s\qquad(6\text{-}34)$$

在获得这些梯度信息后，出于鲁棒性的考虑，同样可以很容易地通过 CSGC 优化器训练深度 Tobit-Ⅱ网络。需要注意的是，虽然反向传播的推导过程有些繁琐，但是在一些成熟的深度学习框架（如 Tensorflow、Keras 和 Pytorch 等）中网络可以较容易地依据需求搭建，框架内置的自动微分功能有助于快速得到网络中所有参数的梯度。

6.3 显著性检验

本节给出基于深度样本选择网络模型的变量识别与因素分析方法。在机器学习和神经网络理论中，没有对深度神经网络的随机误差项作任何的统计假设，因而计量经济模型中的变量识别方法如显著性检验并不适用于深度神经网络模型。尽管如此，笔

者仍然希望本章提出的网络模型也可以实现传统的计量模型在判断变量显著性上的功能。一般来说，一个神经网络模型对特定数据和任务的适用性只取决于其在测试集上的预测表现。因此，可以通过比较具有不同的变量的深度网络模型在测试集上的预测误差来提出变量识别方法。基本思想与技术路线如下。

6.3.1 Tobit-Ⅰ网络显著性检验

假设有原始数据集 $(y(k), x_1(k), x_2(k), \cdots, x_p(k))$，$k=1, 2, \cdots, N$，通过自助法采样，将数据集随机分为测试数据集 $(y(k), x_1(k), x_2(k), \cdots, x_p(k))$，$k=1, 2, \cdots, N_1$ 和训练数据集 $(y(k), x_1(k), x_2(k), \cdots, x_p(k))$，$k=N_1+1, N_1+2, \cdots, N_1+N_2$，测试集和训练集分别有 N_1 和 N_2 个样本。把相应的在已经训练完毕的深度 Tobit-Ⅰ网络模型和其在第 k 个样本的预测值分别记为

$$\hat{y}=f(x_1, x_2, \cdots, x_p),\ \hat{y}(k)=f(x_1(k), x_2(k), \cdots, x_p(k)) \tag{6-35}$$

若需要考察某个 x_i 是否对预测重要，或者说是否“显著”。可以令网络结构 f 不变，考察没有变量 x_i 的网络模型和其预测值，此时 Tobit-Ⅰ网络模型和其在第 k 个样本的预测值分别记为

$$\hat{y}_{-i}=f_{-i}(x_1, \cdots, x_{i-1}, x_{i+1}, \cdots, x_p)$$

$$\hat{y}_{-i}(k)=f_{-i}(x_1(k), \cdots, x_{i-1}(k), x_{i+1}(k), \cdots, x_p(k)) \tag{6-36}$$

其中，记 f_{-i} 为去掉输入变量 x_i 后对应的模型。通过比较式(6-35)与式(6-36)的预测效果可以判断 x_i 的重要程度。对于任意的 k，两个模型的预测误差可表示为

$$e(k)=y(k)-\hat{y}(k),\ e_{-i}(k)=y(k)-\hat{y}_{-i}(k) \tag{6-37}$$

两个模型在测试集上的均方误差(TMSE)定义为

$$\text{TMSE}=\frac{1}{N_1}\sum_{k=1}^{N_1} e(k)^2,\ \text{TMSE}_{-i}=\frac{1}{N_1}\sum_{k=1}^{N_1} e_{-i}(k)^2 \tag{6-38}$$

对 $\forall k$，上述两者之差记为 $\text{DTMSE}_i=\text{TMSE}-\text{TMSE}_{-i}$，若 x_i 是一个对模型起作用的变量，则 TMSE 和 TMSE_{-i} 间应当有一些差别，即 DTMSE_{-i} 显著异于 0。否则若 DTMSE_{-i} 接近于 0，则意味着 x_i 是一个几乎可以被忽视的变量。

为了消除采样可能带来的偏误，我们用自助法随机采样 M 次，把原始数据集分成 M 组测试集和训练集，并在不同组的数据集上对网络模型 $\hat{y}=f(x_1, x_2, \cdots, x_p)$ 和 $\hat{y}_{-i}=f(x_1, x_2, \cdots, x_{i-1}, x_{i+1}, \cdots, x_p)$ 进行训练和测试，并记它们在第 j 组测试集上的均方误差为 $\text{TMSE}(j)$ 和 $\text{TMSE}_{-i}(j)$，两者之差为 $\text{DTMSE}_i(j)$。当需要比较两组配对样本的集中趋势时，有两种常见做法：配对样本做 t 检验和 Wilcoxon 符号秩检验。但

配对 t 检验需要满足的假定更严格，即配对样本为连续值，服从渐进正态分布，并且相互独立。而使用 Wilcoxon 符号秩检验仅需要满足配对样本相互独立，但并不要求服从正态分布。因此，这里选择 Wilcoxon 符号秩检验，若 DTMSE_i 的中位数显著大于 0，则说明删除 x_i 后测试集上的预测效果变差。当需要解释的为一组(多个)变量时，该方法同样适用。

6.3.2　Tobit-Ⅱ网络显著性检验

深度 Tobit-Ⅱ网络由选择网络和回归网络组成，且两个网络的自变量可以不同。假设有原始数据集 $(y(k),\ x_1(k),\ x_2(k),\ \cdots,\ x_n(k))$，$k=1,\ 2,\ \cdots,\ N$，选择网络的输入变量为 $x_{1,\ m}(m=1,\ 2,\ \cdots,\ n_1^1)$，回归网络的输入变量为 $x_{2,\ m}(m=1,\ 2,\ \cdots,\ n_1^2)$，两者都为原始数据自变量的子集。通过 bootstrap 方法，所有样本被划分为包含 N_1 个样本的测试集和包含 N_2 个样本的训练集。把相应的在已经训练完毕的选择子网络模型和其在第 k 个样本上的预测值分别记为

$$\hat{y}_s=g_s(x_{1,\ 1},\ x_{1,\ 2},\ \cdots,\ x_{1,\ n_1^1}),\ \hat{y}_s(k)=g_s(x_{1,\ 1}(k),\ x_{1,\ 2}(k),\ \cdots,\ x_{1,\ n_1^1}(k)) \tag{6-39}$$

其中，$\hat{y}_s(k)$ 的值为 0 或 1，对应的真实值为 $y_s(k)$。同时，训练得到的回归子网络与第 k 个样本的预测值分别记为

$$\hat{y}_r=g_r(x_{2,\ 1},\ x_{2,\ 2},\ \cdots,\ x_{2,\ n_1^2})$$
$$\hat{y}_r(k)=g_r(x_{2,\ 1}(k),\ x_{2,\ 2}(k),\ \cdots,\ x_{2,\ n_1^2}(k)) \tag{6-40}$$

则深度 Tobit-Ⅱ网络与其预测值记为

$$\hat{y}=g(x_1,\ x_2,\ \cdots,\ x_n)=g_s(x_{1,\ 1},\ x_{1,\ 2},\ \cdots,\ x_{1,\ n_1^1})\,g_r(x_{2,\ 1},\ x_{2,\ 2},\ \cdots,\ x_{2,\ n_1^2}) \tag{6-41}$$

$$\begin{aligned}\hat{y}(k)&=g(x_1(k),\ x_2(k),\ \cdots,\ x_n(k))\\&=g_s(x_{1,\ 1}(k),\ x_{1,\ 2}(k),\ \cdots,\ x_{1,\ n_1^1}(k))\,g_r(x_{2,\ 1}(k),\ x_{2,\ 2}(k),\ \cdots,\ x_{2,\ n_1^2}(k))\end{aligned} \tag{6-42}$$

由于两个子网络的输入变量会有一些重复，需要分两种可能的情况进行讨论。

如果 $x_{1,\ i}$ 作为输入变量仅仅出现在选择网络中，可先构建并训练完整的网络结构，再在保持网络结构不变的前提下去除 $x_{1,\ i}$，得到的选择子网络与其在第 k 个样本的预测值分别为

$$\hat{y}_{s-i}=g_{s-i}(x_{1,\ 1},\ x_{1,\ 2},\ \cdots,\ x_{i-1},\ x_{i+1},\ \cdots,\ x_{1,\ n_1^1})$$

$$\hat{y}_{s-i}(k)=g_{s-i}(x_{1,1}(k),\ x_{1,2}(k),\ \cdots,\ x_{i-1}(k),\ x_{i+1}(k),\ \cdots,\ x_{1,n_1^1}(k)) \quad (6\text{-}43)$$

使用预测准确率(Acc)度量选择子网络在测试集上的估计效果。记 $s(k)=I(y_s(k)=1)$，$\hat{s}(k)=I(\hat{y}_s(k)=1)$，$\hat{s}_{-i}(k)=I(\hat{y}_{s-i}(k)=1)$，定义

$$\mathrm{Acc}=\frac{1}{N_1}\sum_{k=1}^{N_1}I(s(k)=\hat{s}(k)),\ \mathrm{Acc}_{-i}=\frac{1}{N_1}\sum_{k=1}^{N_1}I(s(k)=\hat{s}_{-i}(k)) \quad (6\text{-}44)$$

对 $\forall i$，上述两者之差定义为 $\mathrm{DAcc}_i=\mathrm{ACC}-\mathrm{Acc}_{-i}$。若 $x_{1,i}$ 对选择网络而言是一个起作用的变量，则 DAcc_i 显著异于0；否则若 DAcc_i 接近0则意味着 $x_{1,i}$ 可以被选择子网络忽略。与Tobit-Ⅰ的检验原理类似，依然使用自助法随机采样 M 次，得到对应的 M 组测试集与训练集。并在不同组的数据集上对网络进行训练和测试，并记它们在第 j 组测试集上的预测准确率为 $\mathrm{Acc}(j)$ 和 $\mathrm{Acc}_{-i}(j)$，两者之差为 $\mathrm{DAcc}_i(j)$。本节仍然使用单侧Wilcoxon符号秩检验，若 DAcc_i 的中位数显著大于0，则说明删除 $x_{1,i}$ 后选择网络在测试集上的预测效果变差，即 $x_{1,i}$ 是显著的变量。同样，当需要解释的为一组(多个)变量时，该方法同样适用。

对于出现在回归子网络中的变量 $x_{2,i}$，则需要比较在去除该变量前后的均方误差，假设去除变量 $x_{2,i}$ 后完整的Tobit-Ⅱ网络及其预测值为

$$\hat{y}_{-i}=g_s(x_{1,1},\ x_{1,2},\ \cdots,\ x_{1,n_1^1})\cdot g_r(x_{2,1},\ \cdots,\ x_{2,i-1}(k),\ x_{2,i+1}(k),\ \cdots,\ x_{2,n_1^2})$$

$$\begin{aligned}\hat{y}_{-i}(k)=&g_s(x_{1,1}(k),\ x_{1,2}(k),\ \cdots,\ x_{1,n_1^1})\\&\cdot g_r(x_{2,1}(k),\ \cdots,\ x_{2,i-1}(k),\ x_{2,i+1}(k),\ \cdots,\ x_{2,n_1^2}(k))\end{aligned} \quad (6\text{-}45)$$

注意到真实的输出 $y(k)$，则可以根据 $e(k)=y(k)-\hat{y}(k)$，$e_{-i}(k)=y(k)-\hat{y}_{-i}(k)$ 计算TMSE、TMSE_{-i} 和 DTMSE_{-i}。在进行 M 次采样后，使用和Tobit-Ⅰ网络中相同的对 DTMSE_{-i} 进行单侧Wilcoxon符号秩检验的方法判断变量 $x_{2,i}$ 在回归网络中是否显著。

6.4 实验对比与分析

本节将通过4个不同的实验来评价本章提出的深度样本选择网络模型：前两个实验为数值实验，设定真实的数据生成过程(Data Generating Process，DGP)，并利用这些数据生成过程产生一定容量的样本。后两个实验则使用了CHFS和CHNS两个微观计量数据库。无论使用的数据是生成数据还是真实数据，这里都应用深度样本选择网络模型和Tobit模型分别进行建模，并进行比较研究。作为鲁棒自适应机器学习方法的应用，本节所有网络模型的求解均使用了第5章提出的CSGC优化器，以保证参数学习过程中的稳定性和收敛速度。

6.4.1　Tobit-Ⅰ网络数值实验

对于 Tobit-Ⅰ模型，考虑如下的数据生成过程

$$y(k)=\max(1,\ y^*(k))=\begin{cases}y^*(k), & y^*(k)>1\\ 1, & y^*(k)\leqslant 1\end{cases} \tag{6-46}$$

其中，$y^*(k)$ 由以下非线性函数给出

$$\begin{aligned}y^*(k)=&1+x_1(k)-x_2(k)-0.5x_3(k)+0.5x_1^2(k)+0.25x_3^2(k)\\&+0.75x_1(k)x_3(k)-0.75x_2(k)x_3(k)+\varepsilon(k)\end{aligned} \tag{6-47}$$

其中对 $\forall k$，噪声项为 $\varepsilon(k)\sim N(0,\ 0.05^2)$，$x_1(k)\sim U(-1,\ 1)$，$x_2(k)\sim$ Bernoulli(0.5)，$x_3(k)\sim N(0,\ 1)$，$x_4(k)\sim F(20,\ 20)$。为了说明 DSSN 方法在显著性检验中的作用，设定 $x_4(k)$ 是一个冗余变量，即实际上并不出现在式(6-47)中。

首先将深度 Tobit-Ⅰ网络模型设置为：输入层有 4 个变量，即 $(x_1,\ x_2,\ x_3,\ x_4)$；第一个隐藏层采用 sigmoid 激活函数，50 个神经元；第二个隐藏层同样采用 sigmoid 激活函数，10 个神经元；最后的输出层采用 ReLU 为激活函数，ReLU 激活函数中的截断值 c 设定为 1。考虑四组实验，在每组实验中基于生成过程式(6-46)和式(6-47)独立地生成 100 个数据集，采用蒙特卡罗洛模拟的方法进行 100 次实验，其样本量分别为 5000、10000、50000 和 100000。在每次实验下，随机选择 50%的生成样本作为训练集，另外 50%的生成样本作为测试集。同样利用每个实验生成的训练数据集，以 $(x_1,\ x_2,\ x_3,\ x_4)$ 为自变量用标准的 Tobit-Ⅰ模型进行建模，并将所估计出的 Tobit-Ⅰ模型和深度 Tobit-Ⅰ网络模型在相应的测试集上进行预测效果的比较。

图 6-4 展示了深度 Tobit-Ⅰ网络模型和 Tobit-Ⅰ模型在不同组蒙特卡罗洛实验中的预测误差的上下限和平均值。可以发现，在不同的样本量的实验下，训练完成的深度 Tobit-Ⅰ网络模型的预测效果都优于 Tobit-Ⅰ模型。而且样本量越大，深度 Tobit-Ⅰ网络模型的预测精度越高，优势也更明显。为了研究变量的显著性问题，依然采用前述的生成数据、网络结构和算法，首先以 $(x_1,\ x_2,\ x_3,\ x_4)$ 为自变量来建立深度 Tobit-Ⅰ网络模型。然后，在 $(x_1,\ x_2,\ x_3,\ x_4)$ 的基础上分别去掉 x_1、x_2、x_3 和 x_4，即分别建立以 $(x_2,\ x_3,\ x_4)$，$(x_1,\ x_3,\ x_4)$，$(x_1,\ x_2,\ x_4)$ 和 $(x_1,\ x_2,\ x_3)$ 为自变量的深度 Tobit-Ⅰ网络模型，并记为 f_{-1}、f_{-2}、f_{-3}、f_{-4}。最后，通过考察分别去掉 x_1、x_2、x_3 和 x_4 后，深度 Tobit-Ⅰ网络模型预测能力的变化，来考察这些变量的重要程度和显著性。

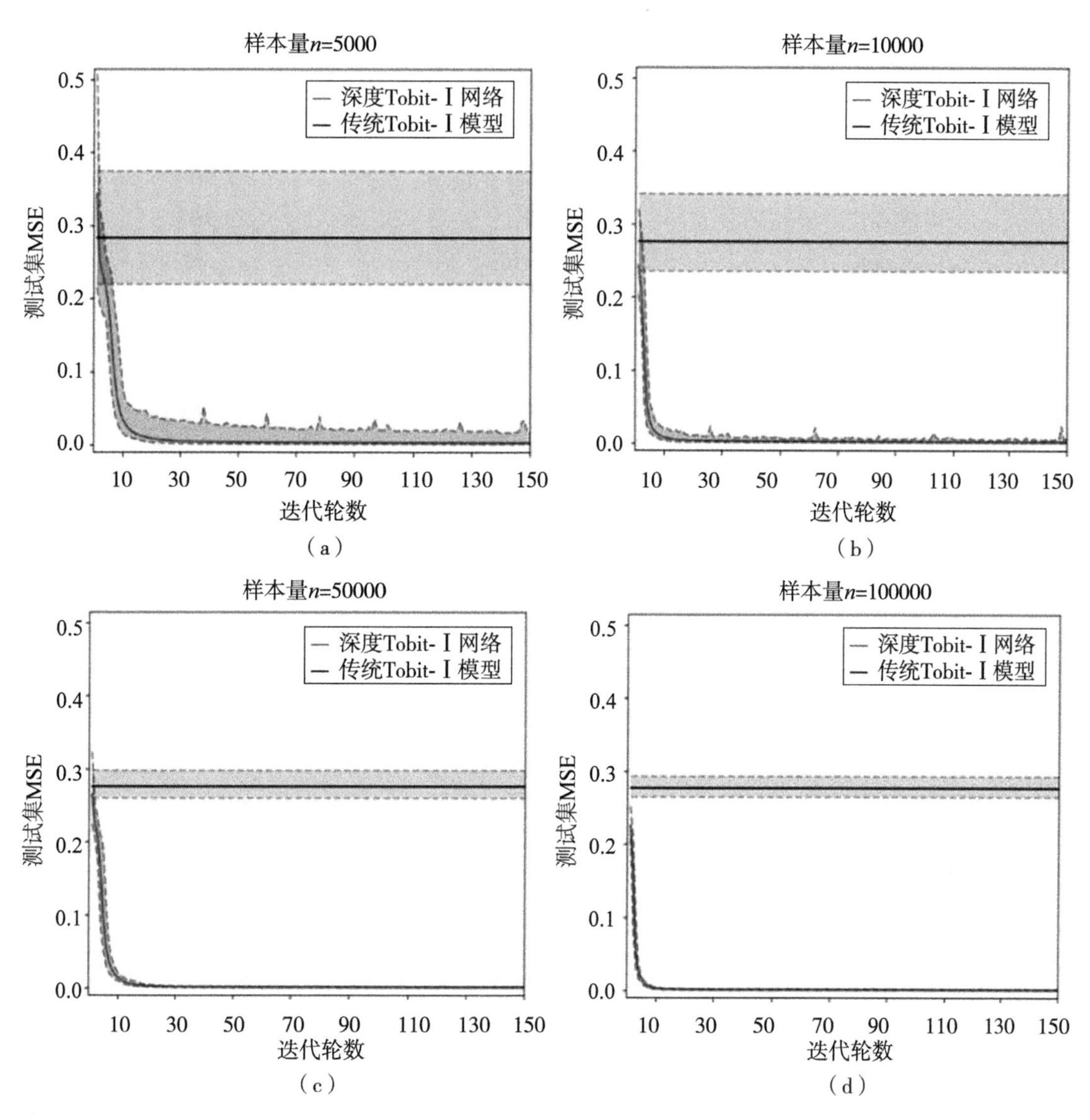

图 6-4 不同 Tobit-Ⅰ模型在测试集上均方误差的蒙特卡罗洛模拟

表 6-1 **深度 Tobit-Ⅰ网络变量显著性检验结果**

n = 5000	DTMSE 的均值	Z_{DTMSE} 统计量
去掉 x_1	-0.1429	(-8.682)***
去掉 x_2	-0.0923	(-8.682)***
去掉 x_3	-0.4338	(-8.682)***
去掉 x_4	0.0001	1.179

续表

n = 10000	DTMSE 的均值	Z_{DTMSE} 统计量
去掉 x_1	- 0. 1405	(- 8. 682) ***
去掉 x_2	- 0. 0899	(- 8. 682) ***
去掉 x_3	- 0. 4310	(- 8. 682) ***
去掉 x_4	0. 0001	1. 032
n = 50000	DTMSE 的均值	Z_{DTMSE} 统计量
去掉 x_1	- 0. 1384	(- 8. 682) ***
去掉 x_2	- 0. 0868	(- 8. 682) ***
去掉 x_3	- 0. 4249	(- 8. 682) ***
去掉 x_4	0. 0000	- 0. 915
n = 100000	DTMSE 的均值	Z_{DTMSE} 统计量
去掉 x_1	- 0. 1381	(- 8. 682) ***
去掉 x_2	- 0. 0865	(- 8. 682) ***
去掉 x_3	- 0. 4262	(- 8. 682) ***
去掉 x_4	0. 0001	2. 328

注：(·) *** 、(·) ** 和(·) * 分别表示 1%、5%和 10%的显著性水平。下表同。

表 6-1 展示了不同样本量的蒙特卡罗洛模拟下，以（x_1，x_2，x_3，x_4）为自变量的深度 Tobit-Ⅰ网络模型(完整模型)的预测误差与以（x_2，x_3，x_4），（x_1，x_3，x_4），（x_1，x_2，x_4）和（x_1，x_2，x_3）为自变量的深度 Tobit-Ⅰ网络模型 DTMSE 的均值和对应单侧 Wilcoxon 符号秩检验的 Z 统计量。显然，对于生成过程式(6-46)和式(6-47)，x_1，x_2，x_3 是显著的解释变量，而 x_4 是不起作用的变量。从表 6-1 可以看出，在去掉 x_1，x_2，x_3 后，网络模型的预测结果出现了显著的差异，而去掉 x_4 以后，模型的预测结果变化很小。这说明 x_1，x_2，x_3 是重要变量，而 x_4 不是重要变量，即该方法非常好地识别了这些变量的显著性。

6. 4. 2　Tobit-Ⅱ网络数值实验

对于 Tobit-Ⅱ模型，考虑如下的数据生成过程

$$y_2(k) = \begin{cases} y_2^*(k), & y_1^*(k) > 0 \\ 0, & y_1^*(k) \leqslant 0 \end{cases} \tag{6-48}$$

$y_1^*(k)$ 和 $y_2^*(k)$ 由以下非线性函数给出

$$y_1^*(k)=1-0.75x_1(k)+0.75x_2(k)-0.5x_4(k)-0.5x_6(k)$$
$$-0.25x_1^2(k)-0.75x_1(k)x_4(k)-0.25x_1(k)x_2(k)$$
$$-x_1(k)x_6(k)+0.5x_2(k)x_6(k)+\varepsilon_1(k) \tag{6-49}$$
$$y_2^*(k)=1+0.25x_4(k)-0.75x_6(k)+0.5x_7(k)+0.25x_8(k)$$
$$+0.25x_4^2(k)+0.75x_7^2(k)+0.5x_8^2(k)-x_4(k)x_6(k)$$
$$+0.5x_4(k)x_8(k)+x_6(k)x_7(k)-0.25x_7(k)x_8(k)+\varepsilon_2(k) \tag{6-50}$$

式中，$x_1(k)\sim U(-1,\ 1)$，$x_2(k)\sim F(20,\ 20)$，$x_3(k)\sim \text{Bernoulli}(0.75)$，$x_4(k)\sim N(1,\ 1)$，$x_5(k)\sim N(0,\ 1)$，$x_6(k)\sim \text{Bernoulli}(0.5)$，$x_7(k)\sim F(20,\ 200)$，$x_8(k)\sim U(0,\ 2)$ 噪声 $\varepsilon_1(k)\sim N(0,\ 0.05^2)$，$\varepsilon_2(k)\sim N(0,\ 0.05^2)$。数据生成过程显示，变量 x_4 和 x_6 同时出现在选择部分和回归部分，x_1 和 x_2 仅出现在式(6-49)，x_7 和 x_8 仅出现在式(6-50)，尽管 x_3 和 x_5 在这个数据生成过程中为冗余变量，依然在网络的构建和估计中纳入这两个变量，用于验证显著性检验的效果。

在深度 Tobit-Ⅱ网络中，设置输入层有 8 个变量，即（x_1，x_2，x_3，x_4，x_5，x_6，x_7，x_8）；回归网络和选择网络选用两个隐藏层，其神经元个数分别为 50 个和 10 个，均采用 sigmoid 激活函数；最后的输出层中，选择模型采用 sigmoid 激活，而回归模型采用的是线性激活函数。事实上，分类网络和回归网络的输入变量可以根据实际情况分别进行灵活的设定。尽管本实验中两个网络的结构基本相同，但其中参数的训练是独立的。因此完全可以依据具体建模需求对两个网络的层数、神经元个数和激活函数分别进行调整。

在与标准的 Tobit-Ⅱ模型比较时，设定输入变量保持一致，同样采用全体变量（x_1，x_2，x_3，x_4，x_5，x_6，x_7，x_8）作为解释变量。考虑样本量为 5000、10000、50000 和 100000 的四组实验，在每一组中依据生成过程式(6-48)、式(6-49)和式(6-50)分别生成 100 组蒙特卡罗洛模拟数据，并且随机选取 50%的样本作为训练集，另外 50%的样本作为测试集。不同组别的深度 Tobit-Ⅱ网络与标准模型在测试集上预测误差的均值与上下界如图 6-5 所示。可以发现，随着样本量的增多，深度 Tobit-Ⅱ网络相对于传统模型在拟合精度上的优势更加明显，这与深度 Tobit-Ⅰ网络的训练结果基本一致。

对于各个变量的显著性的判断，同样以（x_1，x_2，x_3，x_4，x_5，x_6，x_7，x_8）为自变量作为基准模型，再保持网络结构不变，逐一删去各个变量，对比它们在测试集上的预测效果以达到判断这些变量显著性的目的。这里仍然使用单侧 Wilcoxon 符号秩检验的 Z 统计量识别变量的显著性。对选择网络，若去除 x_1、x_2、x_4 和 x_6 这四个变量，则 Acc 显著减小，表 6-2 显示 DAcc 显著小于 0。相反，在删除 x_3、x_5、x_7 或 x_8 后 Acc 并未产生显著的变化，因此可以判断这四个变量对于选择网络为冗余变量。对于回归网

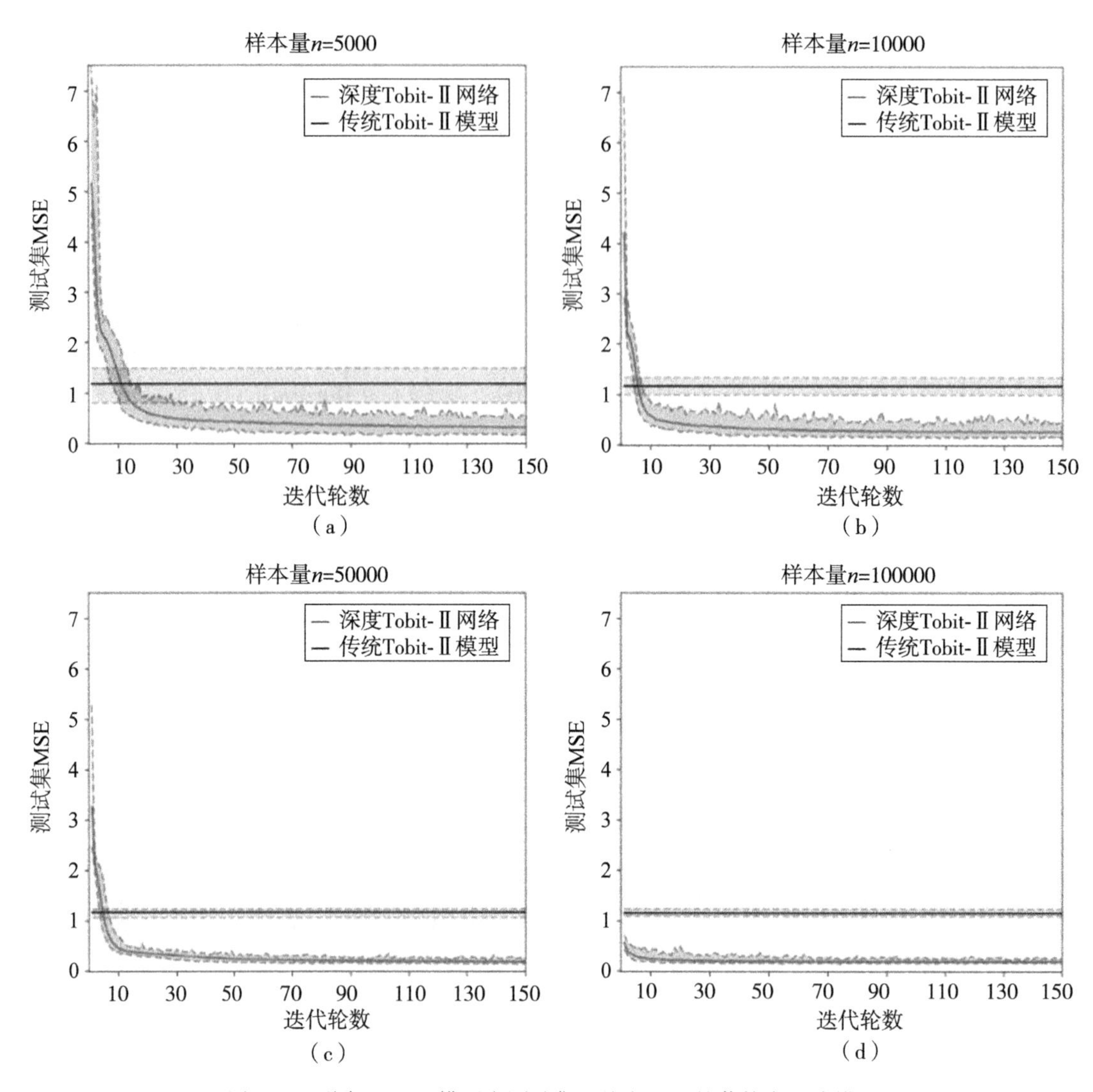

图 6-5　不同 Tobit-Ⅱ模型在测试集上均方误差的蒙特卡罗洛模拟

络，同样通过 DTMSE 是否显著大于 0 的单侧检验，得到 x_4、x_6、x_7 和 x_8 为回归网络中的重要解释变量，而其余四个变量不起作用。综上，对于变量显著性分析的结论与式(6-49)和式(6-50)中展示的真实数据生成过程完全相同，这完美地验证了 DSSN 方法在变量显著性检验中同样具有有效性。

表 6-2　　**深度 Tobit-Ⅱ网络变量显著性检验结果**

$n=5000$	DAcc 的均值	Z_{DAcc} 统计量	DTMSE 的均值	Z_{DTMSE} 统计量
去掉 x_1	0.3121	(8.682)***	0.0007	−0.110
去掉 x_2	0.0618	(8.682)***	0.0069	0.778

续表

$n=5000$	DAcc 的均值	Z_{DAcc} 统计量	DTMSE 的均值	Z_{DTMSE} 统计量
去掉 x_3	-0.0008	-2.098	-0.0010	0.041
去掉 x_4	0.1089	(8.682)***	-0.4673	(-8.682)***
去掉 x_5	-0.0006	-1.596	-0.0009	-0.361
去掉 x_6	0.0651	(8.683)***	-0.2230	(-8.678)***
去掉 x_7	-0.0007	-2.260	-0.4394	(-8.682)***
去掉 x_8	-0.0004	-1.182	-0.4673	(-8.682)***
$n=10000$	DAcc 的均值	Z_{DAcc} 统计量	DTMSE 的均值	Z_{DTMSE} 统计量
去掉 x_1	0.2738	(8.455)***	0.0012	0.615
去掉 x_2	0.0768	(6.848)***	0.0050	0.794
去掉 x_3	-0.0123	-0.407	-0.1472	-1.156
去掉 x_4	0.1108	(5.912)***	-1.8648	(-8.682)***
去掉 x_5	-0.0063	-0.913	-0.0898	0.007
去掉 x_6	0.0429	(5.312)***	-1.2847	(-8.682)***
去掉 x_7	-0.0109	-1.200	-0.5296	(-7.685)***
去掉 x_8	-0.0071	-0.726	-0.6196	(-8.190)***
$n=50000$	DAcc 的均值	Z_{DAcc} 统计量	DTMSE 的均值	Z_{DTMSE} 统计量
去掉 x_1	0.312	(8.682)***	-0.0007	0.021
去掉 x_2	0.0643	(8.678)***	-0.0025	-1.313
去掉 x_3	0.0016	-1.472	0.0089	1.197
去掉 x_4	0.1259	(8.682)***	-1.7457	(-8.682)***
去掉 x_5	-0.0005	-1.515	0.0818	1.946
去掉 x_6	0.0704	(8.678)***	-1.2519	(-8.682)***
去掉 x_7	-0.001	-1.317	-0.4385	(-7.530)***
去掉 x_8	0.0005	-0.808	-0.3732	(-6.478)***
$n=100000$	DAcc 的均值	Z_{DAcc} 统计量	DTMSE 的均值	Z_{DTMSE} 统计量
去掉 x_1	0.3093	(8.682)***	-0.0011	-1.049
去掉 x_2	0.0632	(8.678)***	0.0002	-0.210
去掉 x_3	-0.0014	-1.472	0.1156	3.277
去掉 x_4	0.1131	(8.682)***	-1.8166	(-8.682)***
去掉 x_5	-0.0019	-1.515	0.0671	2.070
去掉 x_6	0.067	(8.678)***	-1.2802	(-8.682)***
去掉 x_7	-0.0007	-1.317	-0.3291	(-7.341)***
去掉 x_8	-0.0028	-0.808	-0.3727	(-7.210)***

6.4.3 Tobit-Ⅰ网络实证分析：基于 CHFS 数据

中国家庭金融调查研究中心(CHFS)是由西南财经大学经济管理研究所建立的非营利性的调查学术机构。CHFS 进行具有全国代表性的纵向调查，收集微观层面的家庭财务信息。最近的一项调查是收集了全中国范围内具有代表性的 3 万多户家庭的微观经济金融数据。除了家庭的基本状况以外，请户主回答一系列问题，以提供有关家庭财务状况各个方面的信息。这些信息涉及每个家庭主要成员的教育年限、婚育状况、收入情况、个人金融知识和家庭资产持有状况等。CHFS 为我们提供了一个独特的机会来分析各种家庭特征对于家庭金融资产持有状况的影响。

在去除部分无效数据后，总共有 37261 个家庭的调查数据被纳入数据集。模型的自变量包括户主的人口学特征、财务特征和家庭结构特征。具体为性别：是否为男性(X_1)。婚姻状况：是否同居或已婚(X_2)。年龄：18~30 岁(X_3)、30~40 岁(X_4)、40~50 岁(X_5)、50~60 岁(X_6)，60 岁以上为参考类别。健康状况：身体状况良好或极好(X_7)。最高学历：完成高中(X_8)，部分大学教育(X_9)，大学学位或以上(X_{10})，高中以下为参考类别。风险态度：是否容忍风险(X_{11})。就业状况：是否自主创业(X_{12})。家庭总收入(劳动收入和非劳动收入)：家庭收入是否在 0~25 分位数(X_{13})，25~50 分位数(X_{14})，50-75 分位数(X_{15})，高于 75 分位数作为参考类别。家庭结构：家庭中成年人的数量(X_{16})和家庭中孩子的数量(X_{17})。因变量(Y)为家庭住房资产(在调查中，要求户主详细说明所拥有房产的当前市场价值)。表 6-3 给出了观测变量的详细描述和汇总统计。

表 6-3　　家庭住房资产数据的描述与汇总统计

因素	变量	取值方式	均值	标准差
性别	X_1	男性 1，女性 0	0.537	0.499
婚姻状况	X_2	同居或已婚 1，其他 0	0.860	0.347
年龄	X_3	年龄 18~30 岁 1，其他 0	0.094	0.292
	X_4	年龄 30~40 岁 1，其他 0	0.163	0.370
	X_5	年龄 40~50 岁 1，其他 0	0.253	0.435
	X_6	年龄 50~60 岁 1，其他 0	0.235	0.424
健康状况	X_7	身体状况良好 1，其他 0	0.460	0.498

续表

因素	变量	取值方式	均值	标准差
教育水平	X_8	完成高中 1，其他 0	0.144	0.351
	X_9	部分高等教育 1，其他 0	0.137	0.343
	X_{10}	本科学位以上 1，其他 0	0.100	0.299
风险偏好	X_{11}	容忍投资风险 1，其他 0	0.110	0.313
	X_{12}	自我雇佣或创业 1，其他 0	0.091	0.287
收入水平	X_{13}	家庭收入在 0~25 分位数 1，其他 0	0.250	0.433
	X_{14}	家庭收入在 25~50 分位数 1，其他 0	0.250	0.433
	X_{15}	家庭收入在 50~75 分位数 1，其他 0	0.250	0.433
家庭结构	X_{16}	家庭中成年人数量(年龄大于 16 岁)	2.953	1.261
	X_{17}	家庭中未成年人数量(年龄小于等于 16 岁)	0.670	0.849

很显然，决定家庭金融资产持有情况的是高度复杂的、异质性的和个性化的微观决策，根据这一事实，假定其潜在的数据生成过程也是高度复杂和非线性的。可以发现研究对象 Y 是一个非负变量，有一定比例的被调查家庭并不持有住房资产，因此采用深度 Tobit-Ⅰ网络模型对居民家庭特征与家庭住房资产之间的关系进行建模与分析。受到已有研究成果(Feng et al., 2019)的启发，我们将 X_i ($i=1, 2, \cdots, 17$) 作为输入变量(自变量)构建深度 Tobit-Ⅰ网络。网络共包含四层结构，第二层包含 128 个神经元，第三层包含 32 个神经元，隐藏层通过 sigmoid 函数激活。在去除无效样本后，剩余 37261 个样本可用于研究。通过简单随机抽样的方法，借助计算机生成的伪随机数获得其中的 20000 个样本并作为训练集，而余下的 17261 个样本则作为测试集。这个过程被重复 100 次，得到了蒙特卡罗洛意义下的 100 组训练集和测试集。在训练过程中使用 CSGC 作为优化器，通过式(6-22)和式(6-25)的损失函数与反向传播方法获取的梯度信息训练这个网络。为了进一步说明 DSSN 的效果，使用极大似然法估计了对应的经典 Tobit-Ⅰ模型，并在图 6-6 中分别给出两种方法对应的 TMSE，其中 TMSE 的均值以实线表示，而 100 次蒙特卡罗洛模拟的上下界则由虚线表示。从图中可以看到，DSSN 的拟合效果优于传统的 Tobit-Ⅰ模型。这是因为数据中未能被拟合的部分都被传统模型看成噪声并被归纳到不可捉摸的随机误差项中而被忽略了。在微观计量问题中，这些被忽略的部分显然包含传统线性模型无法捕捉的非线性结构。深度样本选择网络的模型架构更加灵活，适合利用这些潜在非线性结构中的信息，从而获得更加精准的预测和建模效果。

为了度量不同因素对家庭持有资产的影响，在变量 X_i($i=1, 2, \cdots, 17$) 的基础

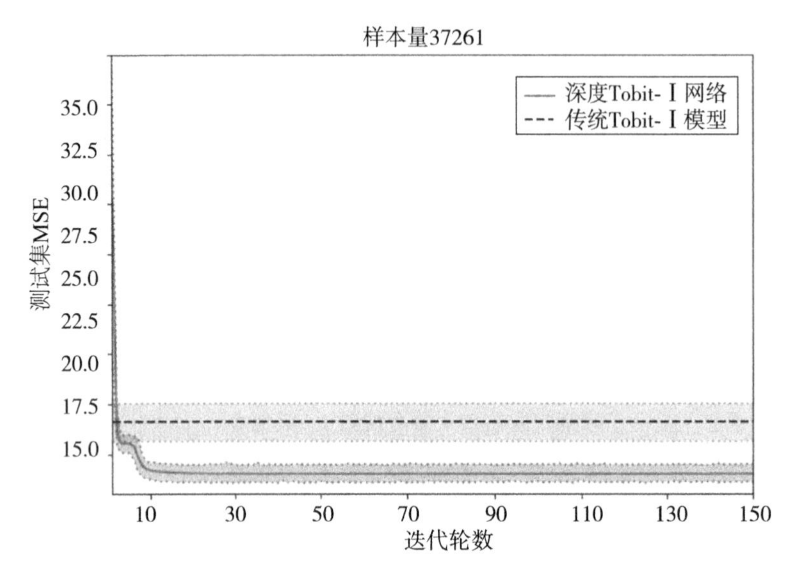

图 6-6　传统 Tobit-Ⅰ模型与深度 Tobit-Ⅰ网络的 TMSE(CHFS 数据)

上依次去掉表 6-3 中各个特定因素所对应的变量，并以剩余的变量作为自变量，依然采用前述的生成数据集合、网络结构和算法来建立深度 Tobit-Ⅰ网络模型。例如，在研究教育水平对家庭资产持有状况的影响时，就从 $X_i(i=1, 2, \cdots, 17)$ 的基础上去掉教育水平所对应的 X_8、X_9 和 X_{10}，并利用剩余的变量来建立深度 Tobit-Ⅰ网络模型。接着使用 6.3 节所述的方法，将该过程重复 100 次，使用单侧 Wilcoxon 符号秩检验验证在去除该(组)前后深度 Tobit-Ⅰ网络的预测效果是否发生改变。

去除各变量得到的 DTMSE 的均值和对应的 Z 统计量值如表 6-4 所示。可以发现收入水平、家庭结构、年龄、教育水平、婚姻状况和健康状况均为显著变量。Z 统计量越大，就说明对应的去掉的变量在预测中起到更重要的作用，也表示相应的因素对家庭资产持有状况具有更显著的影响。对 Z 值进行排序，排序结果显示收入水平、教育水平、家庭结构和年龄对家庭持有住房资产有着重要的影响。

表 6-4　**深度 Tobit-Ⅰ网络的显著性检验(CHFS 数据)**

去除的因素	DTMSE 的均值	Z_{DTMSE} 统计量
性别	0.0174	1.471
婚姻状况	-0.0280	(-2.664)***
年龄	-0.1849	(-4.782)***
健康状况	-0.0178	(-2.191)**
教育水平	-0.0833	(-4.638)***
风险偏好	0.0123	1.759

续表

去除的因素	DTMSE 的均值	Z_{DTMSE} 统计量
收入水平	-0.3454	$(-4.782)^{***}$
家庭结构	-0.1975	$(-4.782)^{***}$

6.4.4 Tobit-Ⅱ网络实证分析：基于 CHNS 数据

家庭营养健康调查(The China Health and Nutrition Survey, CHNS)①是一项美国北卡罗来纳大学人口中心和中国疾病预防控制中心营养与食品安全所合作的追踪调查项目。内容涉及人口特征，经济发展、公共资源和健康指标。该调查始于 1989 年，到 2015 年为止共进行了 10 次，调查涉及了 37333 位参与者，共获得了约 130000 个样本。被解释变量 (Y) 为每月缴纳医疗保险金额(元)，而解释变量则涵盖人口学特征、健康状况和作为控制变量的调查年份与省份信息。具体包括：性别：是否为男性 (X_1)。年龄：(X_2)。城乡：(X_3)。婚姻状况：是否已婚 (X_4)。患慢性病情况：是否患高血压 (X_5)、是否患糖尿病 (X_6)、是否患心肌梗死 (X_7)、是否患脑梗死 (X_8)；健康状况：优秀 (X_9)、良好 (X_{10})、一般 (X_{11})、差 (X_{12})。考虑医疗保险的消费可能存在时域和地域上的差别，使用 X_{13} 至 X_{23} 这 11 个哑变量表示省份；X_{24} 至 X_{31} 共 8 个哑变量标识调查年份。具体的变量定义与描述性统计分析如表 6-5 所示。

表 6-5　**CHNS 数据的描述与汇总统计**

因素	变量	取 值 方 式	均值	标准差
性别	X_1	男性 1，女性 0	0.4731	0.2493
年龄	X_2	不小于 0 的整数	37.120	450.30
城乡	X_3	城镇 1，乡村 0	0.2686	0.1965
婚姻状况	X_4	已婚 1，其他 0	0.6957	0.2117
慢性病	X_5	高血压 1，其他 0	0.0794	0.0731
	X_6	糖尿病 1，其他 0	0.0173	0.0170
	X_7	心肌梗死 1，其他 0	0.0045	0.0045
	X_8	脑梗死 1，其他 0	0.0080	0.0079

① 有关 CHNS 的进一步信息，可以访问：http://chfs.swufe.edu.cn.

续表

因素	变量	取 值 方 式	均值	标准差
健康状况	X_9	优秀 1，其他 0	0.0644	0.0603
	X_{10}	良好 1，其他 0	0.2342	0.1793
	X_{11}	一般 1，其他 0	0.1565	0.1320
	X_{12}	差 1，其他 0	0.0308	0.0298
省份	X_{13}	辽宁 1，其他 0	0.0799	0.0736
	X_{14}	黑龙江 1，其他 0	0.0812	0.0746
	X_{15}	上海 1，其他 0	0.0193	0.0189
	X_{16}	江苏 1，其他 0	0.0800	0.0736
	X_{17}	山东 1，其他 0	0.0921	0.0836
	X_{18}	河南 1，其他 0	0.1195	0.1052
	X_{19}	湖北 1，其他 0	0.1094	0.0974
	X_{20}	湖南 1，其他 0	0.1145	0.1014
	X_{21}	广西 1，其他 0	0.1359	0.1174
	X_{22}	贵州 1，其他 0	0.1335	0.1157
	X_{23}	重庆 1，其他 0	0.0206	0.0202
年份	X_{24}	1993 年 1，其他 0	0.1116	0.0992
	X_{25}	1997 年 1，其他 0	0.1298	0.1129
	X_{26}	2000 年 1，其他 0	0.1156	0.1022
	X_{27}	2004 年 1，其他 0	0.0895	0.0815
	X_{28}	2006 年 1，其他 0	0.0620	0.0581
	X_{29}	2009 年 1，其他 0	0.1096	0.0976
	X_{30}	2011 年 1，其他 0	0.1306	0.1136
	X_{31}	2015 年 1，其他 0	0.1378	0.1188

在数据预处理环节使用 1991 年作为基准年对每月缴纳医疗保险金额（Y）进行价格调整，并用 Z-标准化方法处理年龄数据（X_2）。在删除无效数据后，我们得到可供分析的 79943 个样本。个人是否购买医疗保险与购买金额取决于一个复杂的决策过程。因此使用深度 Tobit-Ⅱ网络研究个人每月缴纳医疗保险金额的影响因素，并且将选择网络与回归网络的输入变量均设定为 X_i（$i = 1, 2, \cdots, 31$），这两个子网络均为包含一个隐藏层的全连接神经网络，该隐藏层包含 16 个神经元。选取 50000 个样本作为训练集，剩余 29943 个样本作为测试集，并使用蒙特卡罗洛模拟的方法重复 100 次。为

了比较深度 Tobit-Ⅱ网络与传统模型的效果，经典的 Heckman 两步法也被用于估计传统的 Tobit-Ⅱ模型。两种方法的估计结果则以 TMSE 的形式展示在图 6-7 中，同样给出两者 TMSE 的均值与上下界。从图中可知，深度 Tobit-Ⅱ网络模型在预测准确度和稳定性方面均略胜一筹。

最后考察深度 Tobit-Ⅱ网络在模型显著性检验上的效果，根据 6.3 节提出的方法，比较删除某个变量后测试集上的 Acc 和 TMSE 的变化。该过程共进行 100 次重复，得到变化之差 DAcc 和 DTMSE 的均值与对应单侧 Wilcoxon 符号秩检验的 Z 统计量值如表 6-6 所示。从表中可以看到，从选择网络删除年龄、城乡、婚姻状况、省份与调查年份后，测试集上的 Acc 值出现了明显下降。其中省份和年份对应的 Z 统计量的值最大。这是因为我国的医疗保险制度受到相关政策的影响，而这些政策在各省份与年份间都有所不同。而对于回归网络来说，性别、年龄、城乡、健康状况、省份和年份均为显著变量，其中被调查者的年龄和所在省份的显著性最强。

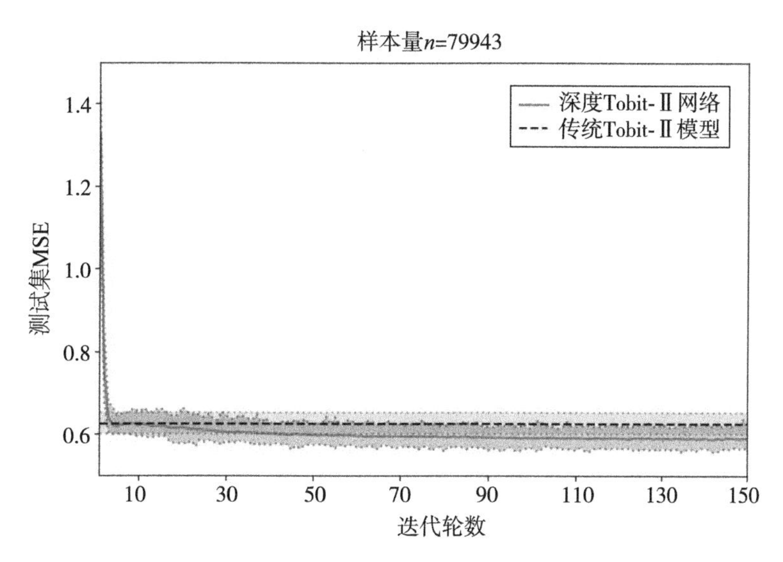

图 6-7　传统 Tobit-Ⅱ模型与深度 Tobit-Ⅱ网络的 TMSE(CHNS 数据)

表 6-6　**深度 Tobit-Ⅱ网络的显著性检验(CHNS 数据)**

去除的因素	DAcc 的均值	Z_{DAcc} 统计量	DTMSE 的均值	Z_{DTMSE} 统计量
性别	-0.0000	-0.2607	-0.0024	(-1.5397)*
年龄	0.0033	(6.1544)***	-0.0177	(-6.1057)***
城乡	0.0027	(6.1543)***	-0.0032	(-2.2251)**
婚姻状况	0.0001	(1.6899)**	-0.0001	-0.0627

续表

去除的因素	DAcc 的均值	Z_{DAcc} 统计量	DTMSE 的均值	Z_{DTMSE} 统计量
慢性病	-0.0000	-0.6518	-0.0019	(-1.4914)*
健康状况	0.0000	0.2559	-0.0021	(-2.0224)**
省份	0.0037	(6.1541)***	-0.0171	(-6.154)***
年份	0.1778	(6.1543)***	-0.0031	(-2.3409)**

6.5 本章小结

样本选择模型是研究微观经济数据的重要工具。微观经济数据的形成机制是个体的微观决策，其本身就具有高度的复杂性、异质性与非线性的特点。虽然传统的样本选择模型通过对模型的随机误差项的正态假设，能够对变量的显著性和参数的约束条件很自然、方便地作假设检验，并在很多实际问题的研究中取得了巨大的成功。但是微观计量经济模型一般是线性模型，参数较少，假设较多，因而在描述数据中蕴藏的个性化规律和微观决策过程上，可能并不是一个最优的选择。注意到在深度神经网络理论中，网络的层数多，参数越多，模型就越复杂，网络能够“存储”的信息就越多，如果样本数量足够大，模型就越能够对高度复杂的数据进行全面且细致的量化。因而深度神经网络模型在对复杂微观数据建模上有着天然的优势。

本章将深度神经网络模型和样本选择模型背后的经济决策理念有机结合，从机器学习的视角去构建新的微观计量经济模型，即深度样本选择网络模型。通过理论分析和实证研究，可以发现在大样本的条件下，无论是实际数据还是模拟数据，新的模型在测试集合上的预测表现相较于传统的样本选择模型都有很大的提高，因而有着更好的延展性。这说明所建立的深度样本选择网络模型从机器学习的角度来评价，它更接近数据背后潜在的真实模型，能更好地提取信息并描述微观数据的形成机理。与通常的机器学习模型只侧重预测不同，一方面，基于深度样本选择网络模型提出了新的变量显著性判定方法，相关实证研究结果也进一步说明了新的模型在分析计量经济问题时的有效性；另一方面，灵活运用鲁棒自适应的优化器对所提出的网络模型进行求解，将其对噪声干扰和结构变动较稳定的特殊优势与复杂的经济决策系统相融合，使得整个样本选择网络从构建到优化求解构成一个完整的闭环。更重要的是，本章的技术路线亦为利用机器学习理论和人工智能技术来发展新的计量经济模型和方法提供了原创性的思路。

第7章　结论与展望

机器学习与人工智能相关领域正经历着日新月异的蓬勃发展，传统的数据分析方法无法满足在复杂噪声下对模型中待估参数实时更新的要求。因此，在线学习算法成为机器学习中一个重要的研究方向，许多研究者就增强已有在线学习算法的鲁棒性、加快其收敛性、提高泛化性能这些方面做出了很多改进。

最优控制理论是一门相当成熟的学科，其高效性和稳定性已在众多工业工程项目的应用中得到证实。已有少量研究基于最优控制理论，设计出一些用于机器学习的自适应算法，尽管最终可以达到较好的学习效果，但这些方法最大的缺陷在于计算复杂，无法满足大规模高维度数据的要求。基于上述背景，本书从二次型最优控制出发，设计了一套完整的鲁棒自适应机器学习框架，并且从理论上与实际数据上都验证了其优良性质。

7.1　主要结论

(1) 基于最优控制的在线学习框架具有鲁棒性和误差指数收敛的优良性质。

传统的在线学习算法一般为基于梯度的算法，其学习方式是沿着负梯度方向依据某个指定步长小范围移动，达到损失函数的线性减小，因此需要小心选择步长参数，若选择不当会影响收敛的效果。本书提出基于最优控制的在线学习框架，设计误差反馈系统和对应的求解方法，使得误差呈现出指数收缩的减小趋势以逼近最优解，也就避免了步长选择的问题。

线性学习是很多机器学习算法研究的基础，是完成“0”到“1”的一步，因此本书首先针对在线的线性回归问题，以误差反馈控制为基础，利用二次型最优控制及其迭代解法提出了 OLQR 算法。接着考虑到实际数据维度高、学习任务多样的特点，针对高维情况下的回归、二分类与多分类问题提出了 ROHDL 算法。由于在本书的框架下，模型的预测误差总是以指数形式减小，因此两种算法无论是从收敛速度还是对噪声的稳定性而言，都取得了不输于传统算法的学习效果。

(2) 自适应带宽的鲁棒核学习算法可以更加合理地追踪带宽变动。

非线性问题的求解中，核方法是一个有力的工具，它将低维空间中的线性不可分问题和复杂的函数关系映射到高维空间中，接着借助表示定理在低维子空间上进行求解。已有方法一方面继承了梯度方法特有的缺陷，另一方面无法自适应地调整核模型的带宽，两者都影响了学习效果。

在线性学习框架的基础上，可以很容易地向非线性学习进行拓展，本书采用核学习的思路，依据表示定理和 RKHS 相关理论，提出了 OKLQR 算法。然而，OKLQR 算法使用的是固定带宽系统，事先选定的带宽将会影响核学习的效果，因此针对核回归与核分类问题分别提出了 OKAL 和 CAOKC 两种算法。相关理论与实验证明，上述三种基于控制的在线核学习算法不仅具有鲁棒性和快速收敛的性质，而且 OKAL 和 CAOKC 两种变带宽学习算法可以获得相对于固定带宽核方法更好的学习效果，使用这两种算法可以有效地捕捉随时间变动的带宽，实现对目标模型更细致和准确地刻画。

(3)将最优控制理论用于改进深度学习优化器，不仅可以加速收敛和提升鲁棒性，还能缓解梯度消失等问题。

本书提出的一系列算法的最大优点在于对噪声具有鲁棒性，而深度学习模型解决的正是这类大规模非线性问题(如文本、语音、图像的处理与分析)。这些任务需要构造包含上万甚至上亿个未知参数的复杂模型，出于减小计算量的考虑，一般只能使用以梯度法为基础的一些优化器。然而基于梯度的优化器存在很多缺陷，例如学习步长需要事先给定，精度与收敛速度无法兼顾，以及无法避免的梯度消失和局部最优值附近的振荡。

本书同样基于最优控制理论提出了一种深度学习优化器 CSGC。该算法仿照 ROHDL 建立了一个依赖一阶泰勒展开式的损失反馈系统，使得损失函数在学习过程中成比例减小。得益于下层神经元对应未知参数的分割，这个完整地包含网络中全部未知参数的损失反馈系统，可以被分成若干个能使得损失函数指数收敛的子系统。CSGC 算法在保证学习效率的同时，在一定程度上缓解了梯度消失的缺陷。理论研究与经典数据集上的实验都证实了这一点。

(4)将深度学习和基于最优控制的优化器运用到微观数据建模中，可以获得更好的预测效果。

个体的微观计量决策往往涉及较复杂的函数关系和噪声结构，事实上并不符合传统基于线性函数的相关模型。神经网络的层数越多，参数越多，模型就越复杂，因此深度神经网络在对复杂微观数据的建模上有着天然优势。因此本书提出了计量经济学中样本选择模型的一个改进思路，将经典的计量经济学与深度神经网络中的相关技巧进行有机结合而提出了 DSSN，分别改进了传统的 Tobit-Ⅰ和 Tobit-Ⅱ模型。

考虑到实际的经济学问题具有相当多的不可控噪声，本书使用基于控制的 CSGC

优化器求解所提出的深度样本选择网络。总的来说，DSSN 分别吸取了深度学习可以拟合任意非线性函数的优良性质和 CSGC 作为优化算法具有的鲁棒性。实验结果表明，当数据量增大时，DSSN 预测效果的提升明显。

(5)在深度学习框架下提出的变量显著性判别方法表现良好，弥补了机器学习缺乏解释性的不足。

众所周知，机器学习的预测效果较好，但解释性能不足；相反，传统的计量经济学与统计学模型可以通过一套成熟的体系完成参数估计与假设检验，进而对变量间的关系作出解释，但过于简单的线性模型并不足以描述变量间真正的函数关系。因此，机器学习总是被经济学研究者视为黑箱，由于其缺乏可解释性而被忽视了很多优点。

本书针对提出的 DSSN 模型结合机器学习与统计学理论，提出一种基于模型在测试集上的预测效果的变量显著性检验方法。在完整模型的基础上删除各变量，依据测试集上预测效果的好坏构造出相应的单侧 Wilcoxon 符号秩检验，若差异显著则可以认为模型必须包含该变量。模拟实验和真实微观数据的建模都验证了这种检验方法的有效性。

7.2 研究不足与展望

首先，本书从二次型最优控制(LQR)出发，通过构造恰当的误差反馈系统，再运用迭代或矩阵论的相关技巧求解矩阵方程，完成在线学习任务。事实上，LQR 仅仅是模型最优控制的一种特殊情况，在控制论中还有很多具有优良特性的控制方法。如何利用其他控制方法的特性，改造和重构现有的机器学习算法是一个未来值得探讨的问题。

其次，本书所提出的核学习算法均使用 ALD 或动态 ALD 算法在线选取基向量，该方法的缺陷在于当阈值选取不当时，基向量的个数可能会偏多，造成核诅咒。加之 ALD 方法无法均匀地选取基向量，因而也无法使用极分解法加速运算，这将带来更大的计算负担。这个问题的解决也已有一些思路，例如使用随机特征投影的方法将模型线性化，就可以继续利用极分解加速运算。但由于时间和篇幅的限制，本书不予详细阐述，将其纳入未来的研究中。

再次，本书提出的 CSGC 方法的比较对对象是 SGD，SGD 的损失为线性减小而 CSGC 为指数减小，因此在一定程度上可以取得相对 SGD 更优的学习效果。然而，在 SGD 基础上的改进算法也不在少数，这些算法多数利用了梯度方法的优良性质并且增加相应的参数。CSGC 是一个相当年轻的算法，或许借助最优控制理论中的一些优良性质，可以获得更加有效的更新，成为深度学习优化器一个新兴的分支。

最后，无论是微观计量经济学还是金融计量学，都将面临愈发复杂的噪声结构和日益增长的数据规模，而深度学习和机器学习中的一些技巧恰好可以改进和融合这些特性。本书对样本选择模型提出的DSSN模型仅仅是冰山一角，未来笔者还将考虑更多的机器学习方法与微观计量经济学方法的结合，真正搭建起跨越学科间的桥梁。

参考文献

[1] Agarwal S, Saradhi V V, Karnick H. Kernel-based online machine learning and support vector reduction [J]. Neurocomputing, 2008, 71 (7-9): 1230-1237.

[2] Agmon S. The relaxation method for linear inequalities [J]. Canadian Journal of Mathematics, 1954, 6: 382-392.

[3] Allen-Zhu Z. How to make the gradients small stochastically: Even faster convex and nonconvex sgd [C] //Advances in Neural Information Processing Systems, 2018: 1157-1167.

[4] Allen-Zhu Z. Natasha 2: Faster non-convex optimization than sgd [C] //Advances in neural information processing systems, 2018: 2675-2686.

[5] Allen-Zhu Z, Li Y. Neon 2: Finding local minima via first-order oracles [C] //Advances in Neural Information Processing Systems, 2018: 3716-3726.

[6] Al-Kaff A, Martin D, Garcia F, et al. Survey of computer vision algorithms and applications for unmanned aerial vehicles [J]. Expert Systems with Applications, 2018, 92: 447-463.

[7] Alpaydin E. Introduction to machine learning [M]. MIT Press, 2020.

[8] Anderson B D O, Moore J B. Optimal control: Linear quadratic methods [M]. Courier Corporation, 2007.

[9] Anderson P M, Fouad A A. Power system control and stability [M]. John Wiley & Sons, 2008.

[10] Anderson T. The theory and practice of online learning [M]. Athabasca University Press, 2008.

[11] Andrejevic M, Gates K. Big data surveillance: Introduction [J]. Surveillance & Society, 2014, 12 (2): 185-196.

[12] Arjevani Y, Carmon Y, Duchi J C, et al. Second-order information in non-convex stochastic optimization: Power and limitations [C] //Conference on Learning Theory. PMLR, 2020: 242-299.

[13] Arlot S, Celisse A. A survey of cross-validation procedures for model selection [J]. Statistics Surveys, 2010, 4: 40-79.

[14] Arras L, Montavon G, Müller K R, et al. Explaining recurrent neural network predictions in sentiment analysis [J]. Computer Science, 2017 (4).

[15] Aubin J P. Applied functional analysis [M]. John Wiley & Sons, 2011.

[16] Chauvin Y, Rumelhart D E. Backpropagation: Theory, architectures, and applications [M]. Psychology Press, 2013.

[17] Benidis K, Feng Y, Palomar D P. Sparse portfolios for high-dimensional financial index tracking [J]. IEEE Transactions on signal processing, 2017, 66 (1): 155-170.

[18] Bennett S. A history of control engineering, 1930—1955 [M]. IET, 1993.

[19] Bennett S. Nicholas Minorsky and the automatic steering of ships [J]. IEEE Control Systems Magazine, 1984, 4 (4): 10-15.

[20] Berlinet A, Thomas-Agnan C. Reproducing kernel Hilbert spaces in probability and statistics [M]. Springer Science & Business Media, 2011.

[21] Bhattacharya D, Dupas P. Inferring welfare maximizing treatment assignment under budget constraints [J]. Journal of Econometrics, 2012, 167 (1): 168-196.

[22] Bini D A, Iannazzo B, Meini B. Numerical solution of algebraic Riccati equations [M]. Society for Industrial and Applied Mathematics, 2011.

[23] Bird S, Klein E, Loper E. Natural language processing with Python: Analyzing text with the natural language toolkit [M]. O'Reilly Media, Inc. , 2009.

[24] Bittanti S, Laub A, Willems J. The Riccati equation [M]. Berlin and New York, Springer-Verlag, 1991.

[25] Boyd S, El Ghaoui L, Feron E, et al. Linear matrix inequalities in system and control theory [M]. Society for industrial and applied mathematics, 1994.

[26] Camacho E F, Alba C B. Model predictive control [M]. Springer Science & Business Media, 2013.

[27] Cameron A C, Trivedi P K. Microeconometrics: Methods and applications [M]. Cambridge University Press, 2005.

[28] Campbell J Y, Champbell J J, Campbell J W, et al. The econometrics of financial markets [M]. Princeton University Press, 1997.

[29] Carmon Y, Duchi J C, Hinder O, et al. Accelerated methods for nonconvex optimization [J]. SIAM Journal on Optimization, 2018, 28 (2): 1751-1772.

[30] Casillo M, Clarizia F, D'Aniello G, et al. CHAT-Bot: A cultural heritage aware teller-

bot for supporting touristic *exp*eriences [J]. Pattern Recognition Letters, 2020, 131: 234-243.

[31] Cauchy A. Méthode générale pour la résolution des systemes d'équations simultanées [J]. Comp. Rend. Sci. Paris, 1847, 25 (1847): 536-538.

[32] Cavallanti G, Cesa-Bianchi N, Gentile C. Tracking the best hyperplane with a simple budget perceptron [J]. Machine Learning, 2007, 69 (2-3): 143-167.

[33] Cavallo A, Rigobon R. The billion prices project: Using online prices for measurement and research [J]. Journal of Economic Perspectives, 2016, 30 (2): 151-78.

[34] Cawley G C, Talbot N L C. Fast exact leave-one-out cross-validation of sparse least-squares support vector machines [J]. Neural networks, 2004, 17 (10): 1467-1475.

[35] Cesa-Bianchi N, Conconi A, Gentile C. A second-order perceptron algorithm [J]. SIAM Journal on Computing, 2005, 34 (3): 640-668.

[36] Che J, Wang J, Wang G. An adaptive fuzzy combination model based on self-organizing map and support vector regression for electric load forecasting [J]. Energy, 2012, 37 (1): 657-664.

[37] Chen B, Liang J, Zheng N, et al. Kernel least mean square with adaptive kernel size [J]. Neurocomputing, 2016, 191: 95-106.

[38] Chen D, Wang J, Zou F, et al. Time series prediction with improved neuro-endocrine model [J]. Neural Computing and Applications, 2014, 24 (6): 1465-1475.

[39] Chiha I, Liouane N, Borne P. Tuning PID controller using multiobjective ant colony optimization [J]. Applied Computational Intelligence and Soft Computing, 2012 (11).

[40] Cho K, Van Merrienboer B, Gulcehre C, et al. Learning phrase representations using RNN encoder-decoder for statistical machine translation [J]. Computer Science, 2014 (10).

[41] Chowdhary K R. Natural language processing [M] // Fundamentals of Artificial Intelligence. Springer, New Delhi, 2020: 603-649.

[42] Chung J, Gulcehre C, Cho K H, et al. Empirical evaluation of gated recurrent neural networks on sequence modeling [J]. Eprint Arxiv, 2014 (11).

[43] Cohen G H. Theoretical consideration of retarded control [J]. Trans. Asme, 1953, 75: 827-834.

[44] Collins M. Discriminative training methods for hidden markov models: Theory and *exp*eriments with perceptron algorithms [C] // The 2002 conference on empirical

methods in natural language processing (EMNLP 2002), 2002: 1-8.

[45] Collobert R, Bengio S. SVMTorch: Support vector machines for large-scale regression problems [J]. Journal of machine learning research, 2001, 1 (Feb): 143-160.

[46] Crammer K, Dekel O, Keshet J, et al. Online passive-aggressive algorithms [J]. Journal of Machine Learning Research, 2006, 7 (Mar): 551-585.

[47] Crammer K, Kandola J, Singer Y. Online classification on a budget [J]. Advances in neural information processing systems, 2003, 16: 225-232.

[48] Crammer K, Kulesza A, Dredze M. Adaptive regularization of weight vectors [J]. Advances in neural information processing systems, 2009, 22: 414-422.

[49] Cutler C R, Ramaker B L. Dynamic matrix control?? A computer control algorithm [C] //Joint Automatic Control Conference, 1980: 72.

[50] Cybenko G. Approximation by superpositions of a sigmoidal function [J]. Mathematics of control, signals and systems, 1989, 2 (4): 303-314.

[51] Dabbagh N, Bannan-Ritland B. Online learning: Concepts, strategies, and application [M]. Upper Saddle River, NJ: Pearson/Merrill/Prentice Hall, 2005.

[52] Dalamagkidis K, Valavanis K P, Piegl L A. Nonlinear model predictive control with neural network optimization for autonomous autorotation of small unmanned helicopters [J]. IEEE Transactions on Control Systems Technology, 2010, 19 (4): 818-831.

[53] Dekel O, Gilad-Bachrach R, Shamir O, et al. Optimal distributed online prediction using mini-batches [J]. The Journal of Machine Learning Research, 2012, 13: 165-202.

[54] Dekel O, Shalev-Shwartz S, Singer Y. The Forgetron: A kernel-based perceptron on a fixed budget [C] //Advances in neural information processing systems, 2006: 259-266.

[55] Deng L. The mnist database of handwritten digit images for machine learning research [best of the web] [J]. IEEE Signal Processing Magazine, 2012, 29 (6): 141-142.

[56] Devi S G, Sabrigiriraj M. Feature selection, online feature selection techniques for big data classification: -a review [C] //2018 International Conference on Current Trends towards Converging Technologies (ICCTCT). IEEE, 2018: 1-9.

[57] Diethe T, Girolami M. Online learning with (multiple) kernels: A review [J]. Neural computation, 2013, 25 (3): 567-625.

[58] Ding H, Chen K, Huo Q. Compressing CNN-DBLSTM models for OCR with teacher-student learning and Tucker decomposition [J]. Pattern Recognition, 2019, 96:

106957.

[59] Ding L, Li S, Gao H, et al. Adaptive partial reinforcement learning neural network-based tracking control for wheeled mobile robotic systems [J]. IEEE Transactions on Systems, Man, and Cybernetics: Systems, 2018 (99): 1-12.

[60] Dogan U, Glasmachers T, Igel C. A unified view on multi-class support vector classification [J]. J. Mach. Learn. Res., 2016, 17 (45): 1-32.

[61] Dorigo M, Di Caro G. Ant colony optimization: A new meta-heuristic [C] //The 1999 congress on evolutionary computation-CEC99 (Cat. No. 99TH8406). IEEE, 1999, 2: 1470-1477.

[62] Doyle J, Glover K, Khargonekar P, et al. State-space solutions to standard H_2 and H_∞ control problems [C] //1988 American Control Conference. IEEE, 1988: 1691-1696.

[63] Dredze M, Crammer K. Active learning with confidence [C] //ACL-08: HLT, Short Papers, 2008: 233-236.

[64] Duan S, He R, Zhao W. Exploiting document level information to improve event detection via recurrent neural networks [C] // The Eighth International Joint Conference on Natural Language Processing (Volume 1: Long Papers). 2017: 352-361.

[65] Duchi J, Hazan E, Singer Y. Adaptive subgradient methods for online learning and stochastic optimization [J]. Journal of machine learning research, 2011, 12 (7).

[66] Dvinskikh D, Ogaltsov A, Gasnikov A, et al. Adaptive gradient descent for convex and non-convex stochastic optimization [J]. Optimization and Control, 2019 (6).

[67] Elman J L. Finding structure in time [J]. Cognitive science, 1990, 14 (2): 179-211.

[68] El-Sayed S M, Ran A C M. On an iteration method for solving a class of nonlinear matrix equations [J]. SIAM Journal on Matrix Analysis and Applications, 2002, 23 (3): 632-645.

[69] Engel Y, Mannor S, Meir R. The kernel recursive least-squares algorithm [J]. IEEE Transactions on signal processing, 2004, 52 (8): 2275-2285.

[70] Engstrom R, Hersh J, Newhouse D. Poverty from space: Using high-resolution satellite imagery for estimating economic well-being [J]. The World Bank Economic Review, 2017 (12).

[71] Fan H, Song Q, Shrestha S B. Kernel online learning with adaptive kernel width [J]. Neurocomputing, 2016, 175: 233-242.

[72] Fan J, Gong W, Li C J, et al. Statistical sparse online regression: A diffusion approximation perspective [C] //International Conference on Artificial Intelligence and Statistics, 2018: 1017-1026.

[73] Fan J, Li R. Variable selection via nonconcave penalized likelihood and its oracle properties [J]. Journal of the American statistical Association, 2001, 96 (456): 1348-1360.

[74] Fang C, Li C J, Lin Z, et al. Spider: Near-optimal non-convex optimization via stochastic path-integrated differential estimator [C] //Advances in Neural Information Processing Systems, 2018: 689-699.

[75] Feng X, Lu B, Song X, et al. Financial literacy and household finances: A Bayesian two-part latent variable modeling approach [J]. Journal of Empirical Finance, 2019, 51: 119-137.

[76] Fletcher R. Practical methods of optimization [M]. John Wiley & Sons, 2013.

[77] Fontes F A C C. A general framework to design stabilizing nonlinear model predictive controllers [J]. Systems & Control Letters, 2001, 42 (2): 127-143.

[78] Freund Y, Schapire R E. Large margin classification using the perceptron algorithm [J]. Machine learning, 1999, 37 (3): 277-296.

[79] Fu K S. Applications of pattern recognition [M]. CRC press, 2019.

[80] Fu W, Knight K. Asymptotics for lasso-type estimators [J]. The Annals of statistics, 2000, 28 (5): 1356-1378.

[81] Fukushima K, Miyake S. Neocognitron: A self-organizing neural network model for a mechanism of visual pattern recognition [M] //Competition and cooperation in neural nets. Springer, Berlin, Heidelberg, 1982: 267-285.

[82] Glorot X, Bordes A, Bengio Y. Deep sparse rectifier neural networks [C] //The fourteenth international conference on artificial intelligence and statistics, 2011: 315-323.

[83] Golub G H, Van Loan C F. Matrix computations [M]. JHU Press, 2013.

[84] Goodfellow I, Bengio Y, Courville A, et al. Deep learning [M]. Cambridge: MIT Press, 2016.

[85] Gower R, Hanzely F, Richtárik P, et al. Accelerated stochastic matrix inversion: general theory and speeding up BFGS rules for faster second-order optimization [J]. Advances in Neural Information Processing Systems, 2018, 31: 1619-1629.

[86] Graves A, Mohamed A, Hinton G. Speech recognition with deep recurrent neural

networks [C] //2013 IEEE international conference on acoustics, speech and signal processing. IEEE, 2013: 6645-6649.

[87] Guo J, Chen H, Chen S. Improved kernel recursive least squares algorithm based online prediction for nonstationary time series [J]. IEEE Signal Processing Letters, 2020, 27: 1365-1369.

[88] Han M, Zhang S, Xu M, et al. Multivariate chaotic time series online prediction based on improved kernel recursive least squares algorithm [J]. IEEE transactions on cybernetics, 2018, 49 (4): 1160-1172.

[89] Harlim J. Data-driven computational methods: parameter and operator estimations [M]. Cambridge University Press, 2018.

[90] Haykin S, Widrow B. Least-mean-square adaptive filters [M]. Wiley, 2002.

[91] Haykin S. Neural Networks and learning machines [M]. 3ed. Pearson Education India, 2009.

[92] Hazan E, Agarwal A, Kale S. Logarithmic regret algorithms for online convex optimization [J]. Machine Learning, 2007, 69 (2-3): 169-192.

[93] Hazan E, Rakhlin A, Bartlett P. Adaptive online gradient descent [J]. Advances in Neural Information Processing Systems. 2007, 20: 65-72.

[94] Hazan E. Introduction to online convex optimization [J]. Foundations and Trends in Optimization, 2016, 2 (3-4): 157-325.

[95] He K, Zhang X, Ren S, et al. Deep residual learning for image recognition [C] //The IEEE conference on computer vision and pattern recognition, 2016: 770-778.

[96] Heckman J. Shadow prices, market wages, and labor supply [J]. Econometrica: journal of the econometric society, 1974: 679-694.

[97] Hespanha J P. Linear systems theory [M]. Princeton University Press, 2018.

[98] Hochreiter S, Schmidhuber J. Long short-term memory [J]. Neural Computation, 1997, 9 (8): 1735-1780.

[99] Hogg R V, McKean J, Craig A T. Introduction to mathematical statistics [M]. Pearson Education India, 2013.

[100] Hoi S C H, Jin R, Lyu M R. Learning nonparametric kernel matrices from pairwise constraints [C] // The 24th international conference on Machine learning, 2007: 361-368.

[101] Hoi S C H, Jin R, Zhao P, et al. Online multiple kernel classification [J]. Machine Learning, 2013, 90 (2): 289-316.

[102] Hoi S C H, Sahoo D, Lu J, et al. Online learning: A comprehensive survey [J]. Neurocomputing, 2021, 459: 249-289.

[103] Hornik K. Approximation capabilities of multilayer feedforward networks [J]. Neural Networks, 1991, 4 (2): 251-257.

[104] Hutter F, Kotthoff L, Vanschoren J. Automated machine learning: Methods, systems, challenges [M]. Springer Nature, 2019.

[105] Imai K, Ratkovic M. Estimating treatment effect heterogeneity in randomized program evaluation [J]. The Annals of Applied Statistics, 2013, 7 (1): 443-470.

[106] Iplikci S. A support vector machine based control application to the experimental three-tank system [J]. ISA transactions, 2010, 49 (3): 376-386.

[107] Iwasaki T, Skelton R E. All controllers for the general H∞ control problem: LMI existence conditions and state space formulas [J]. Automatica, 1994, 30 (8): 1307-1317.

[108] Jin R, Hoi S C H, Yang T. Online multiple kernel learning: Algorithms and mistake bounds [C] // Algorithmic Learning Theory: 21st International conference on algorithmic learning theory. Springer, Berlin Heidelberg, 2010: 390-404.

[109] Jing X, Cheng L. An optimal PID control algorithm for training feedforward neural networks [J]. IEEE Transactions on Industrial Electronics, 2012, 60 (6): 2273-2283.

[110] Jing X. An H_{∞} control approach to robust learning of feedforward neural networks [J]. Neural networks, 2011, 24 (7): 759-766.

[111] Jing X. Robust adaptive learning of feedforward neural networks via LMI optimizations [J]. Neural Networks, 2012, 31: 33-45.

[112] Jordan M I. Serial order: A parallel distributed processing approach [M] //Advances in psychology. North-Holland, 1997, 121: 471-495.

[113] Keskar N S, Socher R. Improving generalization performance by switching from adam to sgd [J]. arXiv preprint arXiv: 1712.07628, 2017.

[114] Kim D H, Hong W P, Park J I L L. Auto-tuning of reference model based PID controller using immune algorithm [C] // The 2002 Congress on Evolutionary Computation. CEC'02 (Cat. No. 02TH8600). IEEE, 2002, 1: 483-488.

[115] Kim D H. Tuning of PID controller using gain/phase margin and immune algorithm [C] //The 2005 IEEE Midnight-Summer Workshop on Soft Computing in Industrial Applications, 2005: 69-74.

[116] Kingma D P, Ba J. Adam: A method for stochastic optimization [C] //The 3rd International Conference on Learning Representations, 2015.

[117] Kivinen J, Smola A J, Williamson R C. Online learning with kernels [J]. IEEE transactions on signal processing, 2004, 52 (8): 2165-2176.

[118] Knight K, Fu W. Asymptotics for lasso-type estimators [J]. Annals of statistics, 2000: 1356-1378.

[119] Kohler J M, Lucchi A. Sub-sampled cubic regularization for non-convex optimization [C] //International Conference on Machine Learning. PMLR, 2017: 1895-1904.

[120] Krizhevsky A, Hinton G. Convolutional deep belief networks on cifar-10 [EB/OL]. [2011-04-02]. https://www.cs.toronto.edu/~kriz/conv-cifar10-aug2010.pdf.

[121] Krizhevsky A, Sutskever I, Hinton G E. Imagenet classification with deep convolutional neural networks [J]. Communications of the ACM, 2017, 60 (6): 84-90.

[122] Kumar S M G, Jain R, Anantharaman N, et al. Genetic algorithm based PID controller tuning for a model bioreactor [J]. Indian chemical engineer, 2008, 50 (3): 214-226.

[123] Lago J, De Ridder F, De Schutter B. Forecasting spot electricity prices: Deep learning approaches and empirical comparison of traditional algorithms [J]. Applied Energy, 2018, 221: 386-405.

[124] Langford J, Li L, Zhang T. Sparse online learning via truncated gradient [J]. Journal of Machine Learning Research, 2009, 10 (3).

[125] LeCun Y, Boser B, Denker J, et al. Handwritten digit recognition with a back-propagation network [J]. Advances in neural information processing systems, 1989, 2: 396-404.

[126] LeCun Y, Bottou L, Bengio Y, et al. Gradient-based learning applied to document recognition [J]. Proceedings of the IEEE, 1998, 86 (11): 2278-2324.

[127] Lee Y J, Huang S Y. Reduced support vector machines: A statistical theory [J]. IEEE Transactions on neural networks, 2007, 18 (1): 1-13.

[128] Lewis F L, Vrabie D, Syrmos V L. Optimal control [M]. John Wiley & Sons, 2012.

[129] Li G, Wen C, Li Z G, et al. Model-based online learning with kernels [J]. IEEE transactions on neural networks and learning systems, 2013, 24 (3): 356-369.

[130] Li S, Ding L, Gao H, et al. Adaptive neural network tracking control-based reinforcement learning for wheeled mobile robots with skidding and slipping [J].

Neurocomputing, 2018, 283: 20-30.

[131] Liang F, Cheng Y, Lin G. Simulated stochastic approximation annealing for global optimization with a square-root cooling schedule [J]. Journal of the American Statistical Association, 2014, 109 (506): 847-863.

[132] Liang F. Some connections between Bayesian and non-Bayesian methods for regression model selection [J]. Statistics & probability letters, 2002, 57 (1): 53-63.

[133] Lin W M, Gow H J, Tsai M T. An enhanced radial basis function network for short-term electricity price forecasting [J]. Applied Energy, 2010, 87 (10): 3226-3234.

[134] Liu L, Jiang H, He P, et al. On the variance of the adaptive learning rate and beyond [EB/OL]. [2021-10-26]. https: //doi. org/10. 48550/arXiv. 1908. 03265.

[135] Liu W, Pokharel P P, Principe J C. The kernel least-mean-square algorithm [J]. IEEE Transactions on Signal Processing, 2008, 56 (2): 543-554.

[136] Liu W, Principe J C, Haykin S. Kernel adaptive filtering: A comprehensive introduction [M]. John Wiley & Sons, 2011.

[137] Liu Y, Wang H, Yu J, et al. Selective recursive kernel learning for online identification of nonlinear systems with NARX form [J]. Journal of Process Control, 2010, 20 (2): 181-194.

[138] Liu Z, Zhong X, Zhang T, et al. Household debt and happiness: Evidence from the China Household Finance Survey [J]. Applied Economics Letters, 2020, 27 (3): 199-205.

[139] Loshchilov I, Hutter F. Sgdr: Stochastic gradient descent with warm restarts [EB/OL]. [2017-03-03]. https: //doi. org/10. 48550/arXiv. 1608. 03983.

[140] Lu J, Hoi S C H, Wang J, et al. Large scale online kernel learning [J]. The Journal of Machine Learning Research, 2016, 17 (1): 1613-1655.

[141] Lu J, Sahoo D, Zhao P, et al. Sparse passive-aggressive learning for bounded online kernel methods [J]. ACM Transactions on Intelligent Systems and Technology (TIST), 2018, 9 (4): 1-27.

[142] Lu J, Zhao P, Hoi S C H. Online sparse passive aggressive learning with kernels [C] // The 2016 SIAM International Conference on Data Mining. Society for Industrial and Applied Mathematics, 2016: 675-683.

[143] Luo L, Xiong Y, Liu Y, et al. Adaptive gradient methods with dynamic bound of learning rate [EB/OL]. [2019-02-26]. https: //doi. org/10. 48550/arXiv. 1902. 09843.

[144] Luo X, Deng J, Liu J, et al. A quantized kernel least mean square scheme with entropy-guided learning for intelligent data analysis [J]. China Communications, 2017, 14 (7): 1-10.

[145] Manly B F J. Randomization, bootstrap and Monte Carlo methods in biology [M]. CRC Press, 2006.

[146] Mayne D Q. Model predictive control: Recent developments and future promise [J]. Automatica, 2014, 50 (12): 2967-2986.

[147] McFadden D L. Quantal choice analaysis: A survey [M] //Annals of Economic and Social Measurement, 1976, 5 (4): 363-390.

[148] McMahan H B, Streeter M. Adaptive bound optimization for online convex optimization [EB/OL]. [2010-07-07]. https: //doi. org/10. 48550/arXiv. 1002. 4908.

[149] Mehndiratta M, Camci E, Kayacan E. Automated tuning of nonlinear model predictive controller by reinforcement learning [C] //2018 IEEE/RSJ International Conference on Intelligent Robots and Systems (IROS). 2018: 3016-3021.

[150] Mehta D, Rhodin H, Casas D, et al. Monocular 3d human pose estimation in the wild using improved cnn supervision [C] //2017 International Conference on 3D Vision (3DV). IEEE, 2017: 506-516.

[151] Metz C. Apple is bringing the AI revolution to your phone in wired [EB/OL]. [2016-06-14]. https: //www. wired. com/2016/06/apple-bringing-ai-revolution-iphone/.

[152] Minsky M, Papert S. An introduction to computational geometry [J]. Cambridge tiass. , HIT, 1969, 479 (480): 104.

[153] Moritz P, Nishihara R, Jordan M. A linearly-convergent stochastic L-BFGS algorithm [C] //Artificial Intelligence and Statistics. 2016: 249-258.

[154] Nesterov Y. A method for unconstrained convex minimization problem with the rate of convergence O (1/k2) [C] //Dokl. Akad. Nauk. SSSR. 1983, 269 (3): 543-547.

[155] Nguyen T T, Dang M T, Luong A V, et al. Multi-label classification via incremental clustering on an evolving data stream [J]. Pattern Recognition, 2019, 95: 96-113.

[156] Ning H, Qing G, Tian T, et al. Online identification of nonlinear stochastic spatiotemporal system with multiplicative noise by robust optimal control-based kernel learning method [J]. IEEE transactions on neural networks and learning systems,

2018, 30 (2): 389-404.

[157] Novikoff A B. On convergence proofs for perceptrons [C] //Sympos. Math. Theory of Automata, 1962: 615-622.

[158] Orabona F, Keshet J, Caputo B. Bounded Kernel-Based Online Learning [J]. Journal of Machine Learning Research, 2009, 10 (11).

[159] Osborne M R, Presnell B, Turlach B A. A new approach to variable selection in least squares problems [J]. IMA journal of numerical analysis, 2000, 20 (3): 389-403.

[160] Pal S K, Mitra S. Multilayer perceptron, fuzzy sets, classifiaction [EB/OL]. [1992-03-05]. http: //library. isical. ac. in: 8080/jspui/bitstream/10263/4569/1/308. pdf.

[161] Park T, Casella G. The bayesian lasso [J]. Journal of the American Statistical Association, 2008, 103 (482): 681-686.

[162] Parkhi O, Vedaldi A, Zisserman A. Deep face recognition [C] // The British Machine Vision Conference 2015. British Machine Vision Association, 2015.

[163] Pascanu R, Mikolov T, Bengio Y. On the difficulty of training recurrent neural networks [C] //International conference on machine learning. 2013: 1310-1318.

[164] Puhani P. The Heckman correction for sample selection and its critique [J]. Journal of economic surveys, 2000, 14 (1): 53-68.

[165] Quinlan J R. Induction of decision trees [J]. Machine learning, 1986, 1 (1): 81-106.

[166] Rault J, Richalet A, Testud J L, et al. Model predictive heuristic control: application to industrial processes [J]. Automatica, 1978, 14 (5): 413-428.

[167] Reddi S J, Kale S, Kumar S. On the convergence of adam and beyond [EB/OL]. [2019-04-19]. https: //doi. org/10. 48550/arXiv. 1904. 09237.

[168] Richard C, Bermudez J C M, Honeine P. Online prediction of time series data with kernels [J]. IEEE Transactions on Signal Processing, 2008, 57 (3): 1058-1067.

[169] Rosenblatt F. The perceptron: a probabilistic model for information storage and organization in the brain [J]. Psychological review, 1958, 65 (6): 386.

[170] Rouhani R, Mehra R K. Model algorithmic control (MAC); basic theoretical properties [J]. Automatica, 1982, 18 (4): 401-414.

[171] Rumelhart D E, Hinton G E, Williams R J. Learning internal representations by error propagation [J]. Biometrika, 1986, 71 (599-607): 6.

[172] Rumelhart D E, Hinton G E, Williams R J. Learning representations by back-

propagating errors [J]. Nature, 1986, 323 (6088): 533-536.

[173] Sahoo D, Hoi S C H, Li B. Online multiple kernel regression [C] //The 20th ACM SIGKDD international conference on Knowledge discovery and data mining, 2014: 293-302.

[174] Sarimveis H, Bafas G. Fuzzy model predictive control of non-linear processes using genetic algorithms [J]. Fuzzy sets and systems, 2003, 139 (1): 59-80.

[175] Schölkopf B, Smola A J. Learning with kernels: Support vector machines, regularization, optimization, and beyond [M]. MIT press, 2002.

[176] Schölkopf B, Burges C J C, Smola A J. Advances in Kernel Methods: Support Vector Learning [C] //Eleventh Annual Conference on Neural Information Processing (NIPS 1997) . MIT Press, 1999.

[177] Schuster M, Paliwal K K. Bidirectional recurrent neural networks [J]. IEEE transactions on Signal Processing, 1997, 45 (11): 2673-2681.

[178] Seide F, Li G, Yu D. Conversational speech transcription using context-dependent deep neural networks [C] //Twelfth annual conference of the international speech communication association, 2011.

[179] Shalev-Shwartz S, Singer Y. Online learning: Theory, algorithms, and applications [D]. Hebrew University, 2007.

[180] Shuai B, Zuo Z, Wang B, et al. Dag-recurrent neural networks for scene labeling [C] //The IEEE conference on computer vision and pattern recognition. 2016: 3620-3629.

[181] Simonyan K, Zisserman A. Very deep convolutional networks for large-scale image recognition [EB/OL]. [2015-04-10]. https://doi.org/10.48550/arXiv.1409.1556.

[182] Singer Y, Duchi J C. Efficient learning using forward-backward splitting [J]. Advances in Neural Information Processing Systems, 2009, 22: 495-503.

[183] Smale S, Yao Y. Online learning algorithms [J]. Foundations of computational mathematics, 2006, 6 (2): 145-170.

[184] Smith L N, Topin N. Super-convergence: Very fast training of neural networks using large learning rates [C] //Artificial Intelligence and Machine Learning for Multi-Domain Operations Applications. International Society for Optics and Photonics, 2019, 11006: 1100612.

[185] Smith L N. Cyclical learning rates for training neural networks [C] //2017 IEEE

Winter Conference on Applications of Computer Vision (WACV). 2017: 464-472.

[186] Soentpiet R. Advances in kernel methods: Support vector learning [M]. MIT press, 1999.

[187] Su W, Zhu Y. Statistical inference for online learning and stochastic approximation via hierarchical incremental gradient descent [EB/OL]. [2018-02-13]. https://www.semanticscholar.org/paper/Statistical-Inference-for-Online-Learning-and-via-Su-Zhu/425acc58a41a990f2ec3d30bd2641c7c6e4a3ffc.

[188] Su X, Tsai C L, Wang H, et al. Subgroup analysis via recursive partitioning [J]. Journal of Machine Learning Research, 2009, 10 (2).

[189] Sutton R S, Barto A G. Reinforcement learning: An introduction [M]. MIT press, 2018.

[190] Szegedy C, Liu W, Jia Y, et al. Going deeper with convolutions [C]//The IEEE Conference on Computer Vision and Pattern Recognition, 2015: 1-9.

[191] Szeliski R. Computer vision: Algorithms and applications [M]. Springer Science & Business Media, 2010.

[192] Taddy M, Gardner M, Chen L, et al. A nonparametric bayesian analysis of heterogenous treatment effects in digital *exp*erimentation [J]. Journal of Business & Economic Statistics, 2016, 34 (4): 661-672.

[193] Tang H S, Xue S T, Chen R, et al. Online weighted LS-SVM for hysteretic structural system identification [J]. Engineering Structures, 2006, 28 (12): 1728-1735.

[194] Tian L, Alizadeh A A, Gentles A J, et al. A simple method for estimating interactions between a treatment and a large number of covariates [J]. Journal of the American Statistical Association, 2014, 109 (508): 1517-1532.

[195] Tibshirani R. Regression shrinkage and selection via the lasso [J]. Journal of the Royal Statistical Society: Series B (Methodological), 1996, 58 (1): 267-288.

[196] Tibshirani R. The lasso method for variable selection in the Cox model [J]. Statistics in Medicine, 1997, 16 (4): 385-395.

[197] Tieleman T, Hinton G. Lecture 6.5-rmsprop, coursera: Neural networks for machine learning [J]. University of Toronto, Technical Report, 2012.

[198] Tso G K F, Yau K K W. Predicting electricity energy consumption: A comparison of regression analysis, decision tree and neural networks [J]. Energy, 2007, 32 (9): 1761-1768.

[199] Tüfekci P. Prediction of full load electrical power output of a base load operated combined cycle power plant using machine learning methods [J]. International Journal of Electrical Power & Energy Systems, 2014, 60: 126-140.

[200] Turing A M. Computing machinery and intelligence [M]. Springer Netherlands, 2009.

[201] Turing I B Y A M. Computing machinery and intelligence-AM Turing [J]. Mind, 1950, 59 (236): 433.

[202] Wager S, Athey S. Estimation and inference of heterogeneous treatment effects using random forests [J]. Journal of the American Statistical Association, 2018, 113 (523): 1228-1242.

[203] Wang J, Zhao P, Hoi S C H. Exact soft confidence-weighted learning [C] //The 29th International Conference on Machine Learning, 2012: 107-114.

[204] Wang J, Zhao P, Hoi S C H. Soft confidence-weighted learning [J]. ACM Transactions on Intelligent Systems and Technology (TIST), 2016, 8 (1): 1-32.

[205] Wang S Y, Wang W Y, Dang L J, et al. Kernel least mean square based on the Nyström method [J]. Circuits, Systems, and Signal Processing, 2019, 38 (7): 3133-3151.

[206] Wang X, Xiao J. PSO-based model predictive control for nonlinear processes [C] // International Conference on Natural Computation. Springer, Berlin, Heidelberg, 2005: 196-203.

[207] Wang Z, Crammer K, Vucetic S. Breaking the curse of kernelization: Budgeted stochastic gradient descent for large-scale svm training [J]. The Journal of Machine Learning Research, 2012, 13 (1): 3103-3131.

[208] Wang Z, Vucetic S. Online passive-aggressive algorithms on a budget [C] //The Thirteenth International Conference on Artificial Intelligence and Statistics. 2010: 908-915.

[209] Wang Z, Zhou Y, Liang Y, et al. Cubic regularization with momentum for nonconvex optimization [C] //Uncertainty in Artificial Intelligence. PMLR, 2020: 313-322.

[210] Wei B, Hao K, Tang X, et al. A new method using the convolutional neural network with compressive sensing for fabric defect classification based on small sample sizes [J]. Textile Research Journal, 2019, 89 (17): 3539-3555.

[211] Werbos P J. Backpropagation through time: What it does and how to do it [J]. The

IEEE, 1990, 78 (10): 1550-1560.

[212] Willems J C. The riccati equation [M]. Springer Science & Business Media, 2012.

[213] Wooldridge J M. Introductory econometrics: A modern approach [M]. Nelson Education, 2016.

[214] Xiao L. Dual averaging methods for regularized stochastic learning and online optimization [J]. Advances in Neural Information Processing Systems, 2009, 22.

[215] Xu P, Roosta F, Mahoney M W. Newton-type methods for non-convex optimization under inexact hessian information [J]. Mathematical Programming, 2020, 184 (1): 35-70.

[216] Xu Y, Jin R, Yang T. First-order stochastic algorithms for escaping from saddle points in almost linear time [C] //Advances in Neural Information Processing Systems. 2018: 5530-5540.

[217] Yenter A, Verma A. Deep CNN-LSTM with combined kernels from multiple branches for IMDb review sentiment analysis [C] // 2017 IEEE 8th Annual Ubiquitous Computing, Electronics and Mobile Communication Conference (UEMCON). 2017: 540-546.

[218] Yu J, Shi P, Dong W, et al. Observer and command-filter-based adaptive fuzzy output feedback control of uncertain nonlinear systems [J]. IEEE Transactions on Industrial Electronics, 2015, 62 (9): 5962-5970.

[219] Zames G. Feedback and optimal sensitivity: Model reference transformations, multiplicative seminorms, and approximate inverses [J]. IEEE Transactions on automatic control, 1981, 26 (2): 301-320.

[220] Zeileis A, Hothorn T, Hornik K. Model-based recursive partitioning [J]. Journal of Computational and Graphical Statistics, 2008, 17 (2): 492-514.

[221] Zhang C H. Nearly unbiased variable selection under minimax concave penalty [J]. The Annals of statistics, 2010, 38 (2): 894-942.

[222] Zhang M, Lucas J, Ba J, et al. Lookahead optimizer: k steps forward, 1 step back [C] //Advances in Neural Information Processing Systems. 2019: 9597-9608.

[223] Zhao P, Wang J, Wu P, et al. Fast bounded online gradient descent algorithms for scalable kernel-based online learning [EB/OL]. [2012-06-18]. https: //doi. org/10. 48550/arXiv. 1206. 4633.

[224] Zhao Y P, Sun J G, Du Z H, et al. Online independent reduced least squares support

vector regression [J]. Information Sciences, 2012, 201: 37-52.

[225] Zhao Y P, Wang K K, Liu J, et al. Incremental kernel minimum squared error (KMSE) [J]. Information Sciences, 2014, 270: 92-111.

[226] Zhou C, Meng Q. Dynamic balance of a biped robot using fuzzy reinforcement learning agents [J]. Fuzzy sets and Systems, 2003, 134 (1): 169-187.

[227] Ziegler J G, Nichols N B. Optimum settings for automatic controllers [J]. Transactions of the American society of mechanical engineers, 1942, 64 (8): 759-765.

[228] Zinkevich M. Online convex programming and generalized infinitesimal gradient ascent [C] //The 20th international conference on machine learning (icml-03), 2003: 928-93.

[229] 关君蔚. 生态控制系统工程 [M]. 北京: 中国林业出版社, 2007.

[230] 韩力群. 人工神经网络教程 [M]. 北京: 北京邮电大学出版社, 2006.

[231] 韩璞, 王东风, 王国玉, 等. 多模型预测函数控制及其应用研究 [J]. 控制与决策, 2003, 18 (3): 375-377.

[232] 胡宏伟, 张小燕, 赵英丽. 社会医疗保险对老年人卫生服务利用的影响——基于倾向得分匹配的反事实估计 [J]. 中国人口科学, 2012, 000 (2): 57-66.

[233] 科林·卡梅隆, 普拉温·特里维迪, 卡梅伦, 等. 微观计量经济学: 方法与应用 (英文版) [M]. 北京: 机械工业出版社, 2008.

[234] 李尚义, 赵克定. 三轴飞行仿真转台总体设计及其关键技术 [J]. 宇航学报, 1995, 16 (2): 63-66.

[235] 李铮. 基于卡尔曼滤波的统计套利研究 [D]. 上海: 复旦大学, 2016.

[236] 梁志珊, 张化光, 王红月, 等. 同步发电机励磁非线性预测控制 [J]. 中国电机工程学报, 2000, 20 (12): 52-56.

[237] 刘晓华, 于晓华. 多面体不确定系统时滞依赖鲁棒预测控制 [J]. 控制与决策, 2008, 23 (7): 808-812.

[238] 马大中. 非线性无穷分布时滞系统的故障诊断与容错控制研究 [D]. 沈阳: 东北大学, 2010.

[239] 宋健, 于景元, 孔德涌. 人口控制论 [J]. 中国软科学, 1989 (1): 1-7.

[240] 宋健. 控制论和系统科学与中国的缘分 [J]. 系统工程理论与实践, 1996.

[241] 孙易冰, 赵子东, 刘洪波, 等. 一种基于网络爬虫技术的价格指数计算模型 [J]. 统计研究, 2014, 31 (10): 74-80.

［242］陶永华．新型 PID 控制及其应用［M］．2 版．北京：机械工业出版社，2002.
［243］万百五，韩崇昭，蔡远利．控制论：概念、方法与应用［M］．北京：清华大学出版社，2014.
［244］乌家培．宏观经济控制论［M］．沈阳：辽宁人民出版社，1990.
［245］吴胜．工业过程的预测控制与 PID 控制研究［D］．杭州：杭州电子科技大学，2014.
［246］夏泽中，张光明．预测函数控制及其在伺服系统中的仿真研究［J］．中国电机工程学报，2005，25（14）：130-134.
［247］徐祖华．模型预测控制理论及应用研究［D］．杭州：浙江大学，2004.
［248］杨青，王晨蔚．基于深度学习 LSTM 神经网络的全球股票指数预测研究［J］．统计研究，2019，36（3）：65-77.
［249］杨晓兰，沈翰彬，祝宇．本地偏好、投资者情绪与股票收益率：来自网络论坛的经验证据［J］．金融研究，2016（12）：147-162.
［250］易洪波，赖娟娟，董大勇．网络论坛不同投资者情绪对交易市场的影响——基于 VAR 模型的实证分析［J］．财经论丛，2015（1）：46-54.
［251］张汉中，张倩，董起航，等．大数据下基于房屋交易网站的数据获取的二手房价格走势分析——以上海为例［J］．科学技术创新，2017（21）：142-144.
［252］张显库，贾欣乐，王兴成，等．H_∞ 鲁棒控制理论发展的十年回顾［J］．控制与决策，1999（4）：289-296.
［253］周黎安，陈烨．中国农村税费改革的政策效果：基于双重差分模型的估计［J］．经济研究，2005，40（8）：44-53.
［254］周志华．机器学习［M］．北京：清华大学出版社，2016.